建设用地土壤污染风险管控与修复技术

主　编　徐智敏　　刘承帅　　尧一骏

副主编　卢桂宁　　邓一荣　　历　军　　罗　涛
　　　　　　方　皓　　魏　佳　　吕　耀

编　委（以姓氏拼音为序）

邓一荣	方　皓	方雁雄	冯茜丹
郭世鸿	黄侦玉	李智鸣	历　军
刘　晖	刘　娜	刘承帅	刘春光
刘丽丽	卢桂宁	罗　涛	吕　耀
钱　伟	石传松	孙蔚旻	魏　佳
吴文成	徐华清	徐智敏	许桂贤
杨杰文	尧一骏	张家伟	章生卫

华中科技大学出版社

中国·武汉

内 容 简 介

本书共 10 章,系统介绍了污染场地全生命周期利用各个环节的技术要求和工作方法。第 1 章介绍污染场地的概述及发展历史,第 2 章介绍我国建设用地土壤污染防治法律法规体系建设情况,第 3 章介绍污染物在环境中的迁移转化,第 4 章介绍污染场地调查与监测方法,第 5 章介绍土壤污染风险评估的方法及案例,第 6 章系统介绍各类污染土壤修复技术,第 7 章介绍污染场地地下水修复技术,第 8 章重点介绍污染场地土壤修复工程环境监理工作的方法及相关制度,第 9 章是对污染场地修复效果评估的总体概述,第 10 章介绍不同类型土壤修复工程典型案例。

本书可供相关环境保护领域从业者阅读使用,也可作为本、专科院校教学课程的实践辅导书使用和参考。

图书在版编目(CIP)数据

建设用地土壤污染风险管控与修复技术/徐智敏,刘承帅,尧一骏主编. —武汉:华中科技大学出版社,2022.11
ISBN 978-7-5680-8819-0

Ⅰ.①建… Ⅱ.①徐… ②刘… ③尧… Ⅲ.①土壤污染-风险管理 ②土壤污染-修复 Ⅳ.①X53

中国版本图书馆 CIP 数据核字(2022)第 197444 号

建设用地土壤污染风险管控与修复技术   徐智敏   刘承帅   尧一骏   主编
Jianshe Yongdi Turang Wuran Fengxian Guankong yu Xiufu Jishu

策划编辑:王新华
责任编辑:丁 平 李 佩
封面设计:潘 群
责任校对:张会军
责任监印:周治超
出版发行:华中科技大学出版社(中国·武汉)   电话:(027)81321913
         武汉市东湖新技术开发区华工科技园   邮编:430223
录   排:武汉市洪山区佳年华文印部
印   刷:武汉开心印印刷有限公司
开   本:787mm×1092mm   1/16
印   张:16.25
字   数:422 千字
版   次:2022 年 11 月第 1 版第 1 次印刷
定   价:49.80 元

前　言

　　土地资源是人类赖以生存的基础资源,其中建设用地资源在当前"执行最严格节约集约用地制度"下也逐步面临用地紧张的问题。我国经过多年的粗放式发展,产业转移和产业结构调整势在必行,位于城市中心的高污染企业陆续搬迁出去,城市出现了大量的废弃场地。因此,越来越多此类建设用地进入城市更新改造的范围,但其存在的土壤污染问题在开发利用过程中也逐渐进入人们视野。我国自 2004 年以来,陆续出台了建设用地土壤污染风险管控相关政策及法规文件,特别是 2014 年原环境保护部发布相关技术规范及 2016 年国务院印发《土壤污染防治行动计划》,大大加速了建设用地土壤污染风险管控与修复相关产业的发展。数据显示,"十三五"期间,我国土壤修复产业市场规模接近 6900 亿元;"建设用地土壤污染风险管控和修复从业单位和个人执业情况信用记录系统"中最新数据显示,截至 2022 年 9 月,已在该系统登记的从业单位有 5700 多家,从业人员有 29000 多名,但从业经验超过 5 年的专业人才和专家数量仍非常有限,在看到行业规模发展的同时也不能忽略支撑土壤修复、咨询服务和工程实施需要多学科的专业背景、知识和技能的事实,当前我国咨询服务从业资格和单位门槛低,总体从业水平不高,人才队伍的培养缺乏总体设计,商业化的短期培训效果不佳;获取工程实践经验的渠道和途径非常有限,人才队伍短缺已经成为制约行业发展的重要瓶颈。

　　本书编写团队充分调研了我国建设用地土壤污染风险管控实际开展情况和各地典型修复工程案例,同时借鉴国外相关污染土壤修复先进经验,收集了土壤污染状况调查、土壤污染风险评估、土壤修复技术选择、土壤修复效果评估或管控、土壤修复工程环境监理等相关资料,并基于相关企、事业单位丰富的实践经验,完成了编写。本书主要内容包括污染场地概述、建设用地土壤污染防治法律法规标准体系、土壤污染风险管控和修复技术及工程案例等,旨在阐述土壤污染防治工作全流程运作体系,涉及环境、化学、生物、工程等多学科交叉融合,构筑理论-实践相融合的知识体系。本书既是一本相关领域从业者的指导书,也是本科、专科院校教学课程的实践辅导书。

　　本书共 10 章,系统介绍了污染场地全生命周期利用各个环节的技术要求和工作方法。第 1 章介绍污染场地的概述及发展历史,第 2 章介绍我国建设用地土壤污染防治法律法规体系建设情况,第 3 章介绍污染物在环境中的迁移转化,第 4 章介绍污染场地调查与监测方法,第 5 章介绍土壤污染风险评估的方法及案例,第 6 章系统介绍各类污染土壤修复技术,第 7 章介绍污染场地地下水修复技术,第 8 章重点介绍污染场地土壤修复工程环境监理工作的方法及相关制度,第 9 章是对污染场地修复效果评估的总体概述,第 10 章介绍不同类型土壤修复工程典型案例。

　　本书的编写工作由徐智敏副教授、刘承帅研究员、尧一骏研究员共同主持,参与编写的作者大多是国内土壤污染调查与修复领域的知名专家学者,包括仲恺农业工程学院的徐智敏、冯茜丹、刘晖、钱伟、杨杰文,中国科学院地球化学研究所的刘承帅,中国科学院南京土壤研究所的尧一骏,华南理工大学的卢桂宁,广东省环境科学研究院的邓一荣、刘丽丽,广州草木蕃环境科技有限公司的历军、方雁雄、徐华清、张家伟,广州市环境保护科学研究院的罗涛、魏佳、吕耀、章生卫,广东环境保护工程职业学院的方皓,南开大学的刘春光,广东省科学院生态环境与土壤研究所的孙蔚旻,生态环境部华南环境科学研究所的吴文成,福建省环境科学研究院的郭世鸿,铁汉环保集团有限公司的石传松、许桂贤,广东国地规划科技股份有限公司的刘娜、李智鸣,广东禹航环境工程有限公司的黄侦玉。本书编者以认真、严谨、负责任的态度积极参与各章节的编写。本书的出版得到"十三五"国家重点研发计划"场地土壤污染成因与治理技术"专项项目"污染场地修复后土壤与场地安全利用监管技术和标准"(项目号 2018YFC1801400)的资助。封面所用土壤修复工程图由铁汉环保集团有限公司友情提供。本书在编写过程中,还得到华中科技大学出版社的支持和指导。在此一并表示感谢。

　　在本书的编写过程中,尽管编者力求做到可读性、科学性、系统性及实用性的有机结合,但因该领域相关标准、法规、导则等材料更新较快,难以做到内容全面完整,书中难免存在疏漏及不妥之处,恳请广大读者不吝指教。

仲恺农业工程学院　徐智敏

中国科学院地球化学研究所　刘承帅

中国科学院南京土壤研究所　尧一骏

目　　录

第1章 绪 论

1.1 污染场地概述

资源环境问题是长期制约我国社会经济可持续发展的重大问题。随着人类社会的发展，城市化进程不断加快，越来越多的工业企业搬迁，遗留下来大量存在潜在环境污染风险的场地。我国数以万计的工业企业关停或搬迁遗留下了大量的污染场地，据《中国环境年鉴》(2002—2009年)，2001—2008年，我国关停或搬迁企业数量由每年6611个迅速增加到每年22488个，增速为1984个/年，关停或搬迁企业总数超过10万个。场地再利用需求量大，场地开发市场规模急剧膨胀，然而未经环境调查或修复的场地，再利用时就可能存在污染与健康隐患，场地土层中所含的易迁移污染组分对地下水也会产生一定的影响，甚至引发严重后果。在国外，因为缺乏规范的场地环境调查和修复制度及标准，发达国家场地再利用过程中曾经多次出现污染事故，尤其是一些污染严重企业遗留下来的场地，如美国拉夫运河废物污染事件、日本东京都铬污染事件、英国Loscoe事件。

在美国《化学文摘》上正式收录的化合物种数已超过1.5亿，已经进入环境中的化学物质有10万种。全球人工合成的化学物质，1970年已超过6000万吨，到1985年增加到2亿5000万吨。据统计，2015年全世界平均每年排放Hg、Cu、Pb、Mn、Ni分别达到1.5万吨、340万吨、500万吨、1500万吨、100万吨。进入自然界中的化合物(污染物)受到物理、化学、光化学和生物的作用而降解转化。从20世纪70年代，荷兰、美国等发现化学废弃物的倾倒导致土壤严重污染至今，土壤污染已遍布全球并主要集中在欧洲，其次是亚洲和美洲。我国近30年来伴随工业化、城市化、农村集约化进程的加速，土壤污染问题日益突出。我国原农业部进行的全国污灌区调查结果显示，在约140万公顷的污灌区中，遭受重金属污染的土地面积占污灌区面积的64.8%，其中轻度污染占46.7%，中度污染占9.7%，严重污染占8.4%。土壤污染不仅影响土壤与土地生产力、导致水体与大气质量下降，而且对我国实现可持续发展构成威胁。大量环境异生物质通过各种途径进入环境，含量不一，变化多端，给环境带来巨大影响，给地球生物带来各种即时的或潜在的危害。污染场地对环境的危害主要包括以下几种：

① 污染场地渗漏液导致地下水与地表水质量恶化；

② 公众直接与污染土壤接触，或污染土壤对植物产生影响并通过食物链传递；

③ 垃圾填埋场气体的爆炸、燃烧与渗漏液对地下水产生危害；

④ 污染场地渗漏液对地下管道和建筑物产生侵蚀。

在环境产业发达的国家，土壤修复产业占环保产业的市场份额达30%～50%。污染场地修复技术起源于欧美发达国家和地区，全球每年总修复费用为200亿～400亿美元。从表1.1可以看出，污染场地修复市场巨大。

表 1.1　2009 年全球污染场地修复市场

国家	污染场地数量/个	目前市场值	未来潜在市场
美国	50000	120 亿美元,约占全球 需求量的 30%	30 年后,估计达到 1000 亿美元
加拿大	30000	2.5 亿~5 亿美元	10 年内达到 35 亿美元
澳大利亚	160000	—	—
英国	100000	69.6 亿美元	—
日本	500000	12 亿美元	2010 年达到 30 亿美元

1.2　土壤污染状况

1.2.1　土壤污染的定义与特点

土壤污染是指污染物通过多种途径进入土壤,其数量和速度超过土壤自净能力,导致土壤的组成、结构和功能发生变化,微生物活动受到抑制,有害物质或其分解产物在土壤中逐渐积累,通过"土壤—植物—人体"或"土壤—水体—人体"途径间接被人体吸收,危害人体健康的现象。

污染物进入土壤后,通过土壤对污染物的物理吸附、胶体作用、化学沉淀、生物吸收等一系列过程与作用,不断在土壤中累积,当其含量达到一定程度时,就会引起土壤污染。

土壤中污染物对生物、水体、空气或人体健康产生危害。

土壤是复杂的三相共存体系。有害物质在土壤中可与土壤相结合,部分有害物质可被土壤中的微生物分解或吸收,当土壤有害物质迁移至农作物,再通过食物链损害人畜健康时,土壤本身可能还继续保持其生产能力,这更增加了人们对土壤污染危害性认识的难度,以致污染危害持续发展。

1.2.2　土壤污染的特点

1. 隐蔽性或潜伏性

土壤污染被称作"看不见的污染",它不像大气、水污染一样容易被人们发现和觉察,土壤污染往往要通过对土壤样品进行分析化验和农作物的残留情况检测,甚至通过粮食、蔬菜和水果等农作物以及摄食的人或动物的健康状况才能反映出来,从遭受污染到产生"恶果"往往需要一个相当长的时间。也就是说,土壤污染从产生污染到出现问题通常会滞后较长的时间,如日本的"痛痛病"经过了 10~20 年才被人们所认识。

2. 累积性与地域性

土壤对污染物进行吸附、固定,其中也包括植物吸收,从而使污染物聚集于土壤中。进入土壤的污染物,多数是无机污染物,特别是重金属和放射性元素都能与土壤有机质或矿物质相结合,并且长久地留存土壤中,无论它们如何转化,也很难重新离开土壤,从而成为顽固的环境污染物。污染物在土壤中并不像在大气和水中那样容易扩散和稀释,因此容易在土壤环境中不断累积而达到很高的浓度。由于土壤性质差异较大,而且污染物在土壤中迁移慢,故土壤中污染物分布不均匀,空间变异性较大。因此,土壤污染具有很强的地域性。

3. 不可逆转性

积累在污染土壤中的难降解污染物很难靠稀释作用和自净作用来消除。重金属污染物对土壤环境的污染基本上是一个不可逆转的过程,主要表现为两个方面:① 进入土壤环境后,很难通过自然过程从土壤环境中稀释或消除;② 对生物体的危害和对土壤生态系统结构与功能的影响不容易恢复。例如,被某些重金属污染的农田生态系统可能需要 $100\sim200$ 年才能恢复。同样,许多有机物的土壤污染也需要较长的时间才能降解,尤其是那些持久性有机污染物在土壤环境中基本上很难降解,甚至会产生毒性较大的中间产物。例如,六六六和滴滴涕(DDT)在中国已禁用 20 多年,但由于这类农药难以降解,至今人们仍能从土壤中检出这类农药。

4. 治理难且周期长

土壤污染一旦发生,仅仅依靠切断污染源的方法往往很难自我恢复,须采用各种有效的治理技术才能解决现实污染问题。但是,就现有的治理方法来看,土壤污染治理仍然存在成本较高和治理周期较长的问题。因此,需要有更大的投入来探索、研究、发展更为先进、更为有效和更为经济的污染土壤修复、治理的各项技术与方法。

1.3 污染场地发展历史

1.3.1 污染场地相关概念

场地是指某一地块范围内的土壤、地下水、地表水以及地块内所有构筑物、设施和生物的总和,或具有一定平面(面积为几百平方米至几平方千米)或空间范围的地域,包括地表附属物及地表以下的土壤和地下水。

污染场地是指因从事生产、经营、使用、储存、堆放有毒有害物质,或者处理、处置有毒有害废物,或者因有毒有害物质迁移、突发事故,造成场地内及周边不同程度的环境污染,涉及场地内部各种废弃物、建筑物墙体和设备,场地及周边土壤、地下水、地表水等,从而超过人体健康、生态环境可接受风险水平的场地。

我国生态环境部对污染场地的定义如下:污染场地是指因堆积、储存、处理、处置或其他方式(如迁移)承载了有害物质的,对人体健康或环境产生危害或具有潜在风险的空间区域。

污染场地构成必须包括一定区域或范围内存在的有害物质的含量或浓度对人类健康或生态环境构成威胁。其中有毒有害物质是污染场地的必要条件,污染场地法律规范研究和保护的对象为敏感受体并具有生命特征。污染场地属于非区域性环境问题,是非自然因素引起的有毒有害物质在环境中浓度升高(自然背景),且有毒有害物质浓度超过风险可接受水平。

国外对污染场地的定义与评论见表 1.2。

表 1.2 国外对污染场地的定义与评论

出 处	定 义	评 论
美国环保署《超级基金法》	因堆积、储存、处理或其他方式(如迁移)承载了有害物质的任何区域或空间	定义中没有规定有害物质浓度或累积的量需要达到何种程度,故污染场地数量有夸大的可能

出　处	定　义	评　论
加拿大标准协会	因有害物质存在于土壤、水体、空气等环境介质中,可能对人类健康或自然环境产生负面影响的区域	"可能"一词用得不当,极易与潜在污染场地混淆
荷兰《土壤保护法》(2013)	已被有害物质污染或可能被污染,并对人类、植物或动物的功能属性已经或正在产生影响的场地	"或可能被污染"有些画蛇添足,去掉为好
西班牙	因人为活动产生的有毒有害物质的污染,使土壤功能失去平衡的区域	"功能失去平衡"只指土壤,范围太局限,还有地下水、地表水等环境介质未被纳入
奥地利《污染土地清洁法》(1989)	依据风险评价结果,包括土壤和地下水在内的对人类和环境构成相当威胁的废物场地和工业场地	定义的"废物场地和工业场地"范围有些局限,问题出在对场地概念的理解
比利时《土壤修复与保护法》	因人类活动产生的污染物质存在于土壤环境,并造成直接或间接的负面影响,或可能产生潜在负面影响的区域	只指土壤,范围太局限,与西班牙定义的缺陷一样
丹麦《土壤污染法》	物质浓度高于制定的质量标准,对人类或环境存在威胁的场地	这一定义包括了自然状况下有害物质情形,若增加"人类活动或影响"这样的定语就完善了
芬兰《废物法》	土壤中过量有害物质导致急性或长期危害	只指土壤,范围太局限,与西班牙、比利时定义的缺陷一样
瑞典环保署	经由工业或其他活动,故意或非故意污染的区域,如垃圾场地、土地、地下水或沉积物	用"污染的区域"来定义"污染场地",概念转移,等同于没有解释
欧盟环保署《西欧污染场地管理》(2000)	依据风险评价结果,废物或有害物质的量或浓度构成对人类或环境威胁的场所	把"场地"解释为"场所",不太准确

1.3.2　美国污染场地

1962 年,蕾切尔·卡逊的《寂静的春天》直接推动了包括 DDT 在内的一系列杀虫剂的禁用,导致公众目光聚焦到农药污染土壤上。美国于 1976 年颁布《资源保护与回收法》,其对场地污染作了法律规定;1980 年发布的《综合环境反应、补偿和责任法》(CERCLA,一般称为《超级基金法》)规定,土地拥有者和使用者必须对土地的污染负责且有清除污染的义务,并批准设立污染场地管理与修复的超级基金制度。

1. 美国超级基金制度

拉夫运河事件:1894 年,美国加利福尼亚州开凿运河,1920 年废弃运河成为人们游泳和休闲之地,1943—1953 年胡克化工公司,将约 2.1 万吨的化学物质废料封存入铁桶中,放入拉夫运河,并用泥土覆盖,此约 2.1 万吨废料中有超过 248 种化学品,59 kg 二噁英;1953 年,胡克化工公司将该地块卖给了尼亚加拉瀑布市教育局,随后该局在该地块上建立了学校,并将其他部分卖出用作居住用地,最终导致污染物在地面聚集并四处流窜。1976 年及随后大量的调查报告表明,有毒污染物已渗入居民的地下室,该地区出现了人、动物、植物异常,包括流产率、婴儿死亡率、肾和泌尿系统疾病发生率增高等。主要有毒废物包括二噁英等。1994 年,西方石油公司(收购胡克化工公司)被裁定"在废物处理和出售土地方面疏忽但不莽撞",胡克化工公司的母公司被勒令支付 2.36 亿美元的赔偿。截至 2004 年,在付出 4 亿美元的代价和 24 年的时间后,拉夫运河的污染物清除工作才宣告完成。最终修复后的拉夫运河地区再次成为繁荣社区。

在拉夫运河事件后,美国联邦政府于 1980 年通过了《超级基金法》,该法案强迫污染者付费清理被倾倒废弃物的垃圾场和自己制造的新废弃物。1980 年,《超级基金法》赋予美国联邦政府管理污染场地的责任和权力,提出全国污染场地管理计划(超级基金计划),确定相关责任方的原则,设立场地污染治理资金(16 亿美元信托基金,又称超级基金),该基金主要用于风险评估、责任追溯。而对于无主和污染者无力承担清理任务的污染场地,超级基金可支付约 30% 的费用。

美国超级基金制度与评价体系分为评估和修复两个阶段,场地评估是起始工作,筛选污染严重、危害最大的污染场地作为优先治理的场地列入国家优先控制场地名录,并基于《超级基金法》进行修复。评估包括如下内容。

1)通知和发现污染场地,列入综合环境反应、赔偿和责任信息系统(CERCLIS)

CERCLA 规定,如果污染物质释放量超过了其常规限值——"值得上报数量",当事人必须上报国家应急中心,否则会受到处罚。国家应急中心通知相应的职责部门,并采取必要的执法行动。污染场地的发现不仅包括各级环保机构的稽查行动、历史清单或调查项目,而且任何公民和组织均可检举可能存在的危险物质释放。

2)初步评估(preliminary assessment,PA)

PA 包括文件搜索、桌面数据、收集地图、地质信息、数据库和地理信息系统、航拍照片、电话咨询、实地勘察(实地勘察准备、进行场内勘察、污染源特性描述和目标识别、额外数据收集、场地草图和照片文件材料、健康和安全问题)、场外勘察(周边考察、场地周围地区考察、额外数据收集)、应急反应相关问题。

PA 是针对 CERCLIS 中的所有场地都要进行的一项概况调查工作。PA 的目标是在有限的经费支持下,根据有限的数据资料,区分出场地对人类健康和环境的危害程度,减轻超级基金后续工作任务和节约管理成本。PA 调查人员根据美国环保署(USEPA)于 1991 年颁布的《场地初步评估手册》进行评估。调查人员收集场地有关的数据、文件记录和图文资料等,通常还包括实地勘察,但不进行采样分析,根据 PA 指南或 USEPA 提供的 PA-Score 评分软件评估场地的危害程度,如果场地得分大于 28.50,则要求进一步调查,给出场地调查的建议。PA 过程中还需要评估采取应急清除措施的必要性。如果调查人员判断可以不需要进行完整的 PA 就可以达成目标,则可以进行简化 PA。在 PA 阶段,可能尚缺乏部分重要数据,比如环境介质的污染分析浓度和受体实际暴露状况等,这些都是后续灾害分级系统(HRS)评分的关键因子,在 PA 阶段只能依赖调查人员合理且具有一致性的专业判断来评估,以做出对于有害物质释放及其传播到受体状况的假设。PA 阶段所做的专业判断是后续场地调查(SI)阶段所需印证的各种假设的基础和工作重点。由于 PA 的局限性,定性评估在 PA 阶段扮演重要角色,因此调查人员的专业素养和从业经验非常重要。关键的专业判断包括以下两种假设形式:

① 排放可能性——存在或不存在可疑的危险物质排放；② 暴露目标——存在或不存在可疑的、暴露于危险物质的可能性较高的具体目标。

PA 后所建立的 CERCLIS 是 USEPA 维护的超级基金污染场地的数据库。CERCLIS 包含美国各地污染场地的基本信息，包括场地识别号码（CERCLIS 识别号码）、名称、位置（市、县、州）、国家优先控制场地名录（NPL）状态，污染物当前清理工作状态，清理行动的里程碑，已经清理污染介质（固体或液体）的数量，还有场地的记录文件，比如 RODs、五年审查等。

3）场地调查（site investigation，SI）、扩展 SI（如有必要）

完成 PA 以后，如果场地得分大于 28.50，则需进行 SI，为灾害分级系统（HRS）评分提供确切信息，判断场地是否列入 NPL 以及进行相关数据文件的建档管理。

SI 是对场地进行的第一次实际采样分析，其取样位置经过策略性布置，以便确认场地存在哪些危险物质，并确认这些危险物质是否已经释放到环境中，以及这些物质是否已经对特定受体造成威胁。SI 可以分为一个阶段或两个阶段进行。第一个阶段分析检验 PA 的各项假设，并获得 HRS 评分所需要的信息。如果还需要更多数据才足以完成 HRS 评分，则进行扩展 SI。SI 现场作业包括场地踏勘、现场观测、采样测量、健康与安全监测。SI 方法包括重点场地调查、扩展场地调查、单一场地调查。

4）灾害分级系统（HRS）

根据 HRS 指导手册，HRS 采用结构化分析方法，根据各污染因子与风险的相关程度对其进行赋值计分。污染物危害人体的方式包括四个途径：地下水迁移（饮用水）、地表水迁移（饮用水、人类食物链、敏感环境）、土壤暴露（居住人口、附近人口、敏感环境）、空气迁移（人口、敏感环境）。每条途径考虑三个涉及风险的因素：排放/暴露可能性、废物特性和目标。HRS 采用结构化分析方法，根据各污染因子与风险的相关程度对其进行赋值计分，并转化成百分制，从而得到场地每个途径的百分比，场地最终 HRS 得分采用均方根法综合各个途径的得分。HRS 得分大于等于 28.50 分的场地列入 NPL。

5）国家优先控制场地名录（NPL）

NPL 是对已知存在威胁或存在潜在威胁的危险物质或污染排放场地，进入优先排序的国家级管理清单。根据 CERCLA，NPL 场地引入机制包含以下三种方式。

（1）灾害分级系统（HRS）：一旦场地 HRS 评分超过 28.50，就可能列入 NPL，这是最主要的引入方式。

（2）NPL 允许各州或美国属地指定一个最高优先级的场地，而不管其 HRS 评分结果如何。USEPA 统计的 60 个州和属地中，目前大概有 43 个州和属地指定了这样的场地列入 NPL。

（3）场地满足以下三个条件：① 美国卫生部的有毒物质与疾病登记署发出健康警报，建议人们从场地撤离；② USEPA 确定场地对公众健康构成重大威胁；③ USEPA 预计对场地采取修复程序比应急清除更符合成本效益（只有列入 NPL 的场地可以使用超级基金支持修复行动，不管是否列入 NPL 的场地都可以使用超级基金支持清除行动）。

NPL 包括两个部分：一部分由 USEPA 主管，负责评估和修复治理的普通污染场地，一般也被称为"常规超级基金部分"；另一部分被称为联邦设施部分，因为这些污染场地都属于其他联邦部门所有或管理。联邦设施部分场地一般由所属联邦部门负责响应行动。根据《超级基金法》和 12580 号行政命令，每个联邦部门都有责任对自己管辖、保管或控制的设施开展最大限度的响应行动，包括评估调查和清除、修复治理等。对于联邦设施部分场地，USEPA 一般只负责为其准备 HRS 评分和确定是否能列入 NPL,以及后续的修复监管等。

USEPA 每年都对 NPL 进行更新,主要是根据 HRS 提议一些新的场地列入清单,并将已完成公示并符合 NPL 引入机制的场地列入清单中,对已完成修复治理、污染排放风险可接受、或依据《超级基金法》不需要进一步行动的场地进行"删除",使之退出清单。

1992 年之前,USEPA 实施超级基金项目主要分为两个阶段:一是场地评估阶段,其主要目标是获取必要的数据,以鉴别出那些对人类健康和环境具有最大威胁的场地,列入 NPL;二是场地修复阶段,其主要目标是对场地实施修复,以去除、减少或控制对人类和环境产生的风险。1992 年之后,USEPA 改革了超级基金项目过程,引入了"超级基金加速场地净化模式"(SACM)。SACM 对早期的超级基金项目过程的重要改进有两点。一是将场地评价行动组合,取消了一系列经常重复的评价,即将原来的场地初步评估(PA)、场地调查(SI)和修复调查(RI)过程组合为一个单一、连续的场地筛查和评价过程。筛查工作完成后,对于具有潜在威胁的污染场地,直接进入修复调查(RI)的层次采集数据。二是取消了原有超级基金去除项目和修复项目中净化过程类型的交叉部分,将超级基金的净化行动重新定义和区分为早期行动和长期行动。

美国超级基金项目(1980 年)至今已有 40 多年的历史,USEPA 已发展出一套完整、有效的工作程序和方法。超级基金工作流程可分为场地评估和场地修复两个阶段。场地评估工作是超级基金项目的起始工作,其主要目的在于筛选污染严重、危害最高的污染场地,筛选出需要优先治理的场地列入 NPL,并基于《超级基金法》进行修复。超级基金场地评估工作主要包括以下内容:通知和发现污染场地、列入 CERCLIS、初步评估(PA)、场地调查(SI)、扩展 SI(如有必要)、灾害分级程序包准备和列入 NPL 等。超级基金项目在实施过程中不断改革和完善(如 SACM 技术改革和 1995 年的两轮管理改革),使得该项目朝着更加快速、更加公平、更加有效的方向发展。

2. 美国污染场地现状

发达国家在工业化过程中,工业土地污染率高达 20% 以上,美国 10%～30% 的地下储油罐存在不同程度的泄漏。美国有 1680 万个化粪池和污水渗井(坑)(1971 年),它们的主要污染物是 BOD、COD、TSS、TN 和 TP。这些化粪池和污水渗井(坑)是地下水氮污染、细菌污染的主要来源。美国在 20 世纪 90 年代用于污染土壤及地下水修复方面的投资接近 1000 亿美元。截至 2013 年 10 月,美国 1685 个 NPL 场地中已有 371 个达到修复目标,平均每个场地修复费用约为 4000 万美元,花费时间为 15 年左右。1970 年,美国环保产业总产值为 390 亿美元,占 GDP 的 0.9%。2003 年,美国环保产业总产值为 3010 亿美元,占 GDP 的 2.74%。2010 年,美国环保产业总产值达 3570 亿美元,环保就业人数达 539 万人。2015 年,美国以土壤和地下水修复为主的环境修复产业产值预计在 700 亿美元(约 4200 亿元人民币)。据估计,如果美国于 2030 年将目前 30 万个场地全部修复,需要 2000 亿美元,需要 30～35 年才能完成大部分修复工作,而且很大一部分地下水污染在未来 50～100 年内很难达到预期修复目标。很多场地实际上由于原先调查的不确定性、水文地质条件的复杂性和技术本身问题,很难达到预期修复目标。

3. 美国环境修复行业可资借鉴的经验

与中国正处于成长期的环境修复行业不同,美国环境修复行业起步早,发展迅速,体系健全,行业产业链完整,涵盖了调查评估、方案设计、修复工程施工监理、设备制造、药剂研发应用等方面,仅 2012 年营收就高达 80.7 亿美元。借鉴美国市场的成熟经验有助于我国环境修复行业利用后发优势,实现"弯道超车"式的健康发展。

1) 完善政策法规,注重顶层设计

美国污染场地修复市场的兴起,起源于1980年制定的《超级基金法》以及配套的《国家应急计划》。这两个法案不仅在法律上解决了"为什么要对污染场地进行修复?"的法理问题,而且解决了"如何进行污染场地管理?"的问题,同时在技术上对超级基金项目的工作程序做了详细的规定,在超级基金项目工作流程中,场地地籍信息和风险评价得到了重视,在摸清美国污染场地底数的基础上,结合场地评估结果实行优先修复制度,对敏感区域和重点类型场地进行优先处理。

2) 细分行业市场,重视评价监测

污染场地修复业务按照其生命周期可以划分为场地调查、风险评价和可行性研究,修复设计,修复施工,验收和监测四个阶段。2009—2013年,美国的场地修复市场份额以修复施工为主,并且有逐年稳步上升的趋势,这与美国大量的超级基金项目已经从前期的调查和设计阶段进入修复施工阶段有关,而修复设计市场份额的逐年降低正好与之对应。场地调查、风险评价和可行性研究的市场份额非常稳定,保持在18%,表明场地修复是一个长期持续的市场,即使经过30余年的发展,美国仍然有大量的污染场地陆续被发现,并进入待修复队列。同样地,每年大约有8%的费用花费在验收和监测阶段,且这一数值较为稳定。这是因为虽然投入了大量的人力和财力进行场地修复,但是大多数污染场地并不能够修复到完全没有残余风险,因此,在完成修复后的污染场地上实施规划限制、交易约束和社区防护等多种制度性控制措施还是非常必要的。因此,对修复效果及制度性控制措施的有效性进行长期持续的监测在修复市场上必然占据一席之地。

3) 设立专项基金,解决资金来源

由于污染场地修复工程往往耗资巨大,因此在修复行业初始阶段,为解决修复资金来源问题,《超级基金法》设立了总额高达16亿美元的信托基金,专门用于污染场地的治理。但单一资金来源无法解决大量亟待修复的场地,因此修复行业要面临的另一个问题就是必须解决资金来源。《超级基金法》通过确定"潜在责任方"的方式,按照"污染者付费原则"解决修复经费问题。与当前国内的"谁污染,谁治理"原则相比,《超级基金法》在司法实践上用身份认定代替行为认定,即政府追责的潜在责任方未必一定是直接导致场地污染的行为人。因此,在《超级基金法》中规定的首要"潜在责任方"就是污染场地的业主或者当前的经营者。这一司法实践原则直接导致了工业界对污染场地责任厘清和减缓的强烈需求,并最终形成了污染场地管理业务在环保公共管理部门和自由市场并驾齐驱的局面。同时,除了设立超级基金作为修复资金的来源以外,拓展多元化的资金来源也是美国环保署筹集资金的重要渠道。美国联邦直属机构、军方和私有企业是美国污染场地修复的三大责任方。如美国能源部是当前美国污染场地修复的最大责任方,花在污染场地修复方面的费用年均超过20亿美元,同时在2009—2013年,私有企业作为修复资金的来源所占比例一直在增加。

1.3.3　英国污染场地

欧美等发达国家和地区在污染场地风险管理方面构建了比较完善的相关标准、规范、法律法规体系,以英国、德国、荷兰较有代表性。英国污染场地的界定是在风险评估基础上确定的,被称为"重新开发利用管理模式",存在治标不治本的现象。污染场地修复制度是通过法定指南实施的。英国环境署在2000年《污染土地管理模板程序》中,提出了基于风险评价的场地调查框架。调查框架包括初步调查、探索性调查、主要调查三个阶段,各阶段调查目的和主要工作内容简述如下。

（1）初步调查阶段主要是获取场地足够的信息,初步了解场地可能的风险,建立场地初步概念模型。该阶段主要工作内容包括案件信息研究、场地踏勘、场地概念模型的初步建立。

（2）探索性调查阶段主要是确定污染链,修正初步调查阶段建立的概念模型,设计包括安全和环境保护在内的详细调查计划。该阶段主要工作内容包括核查已有的信息,补充案件研究,开展有限的地面调查、取样和分析,修正场地概念模型。

（3）主要调查阶段是为评估场地风险获取足够的信息,并评价风险的可接受性,检验和修正场地概念模型,开展风险评价和修复设计,进一步获取风险评价和修复设计的信息,评价修复行动的效果。该阶段主要工作内容包括综合调查、取样和分析(包括侵入式和非侵入式调查),修正场地概念模型,开展进一步调查,安排一定时间调查和监测。

英国污染场地估计有 10 万个。英国 30% 以上的加油站以及几乎所有的化工厂、炼油厂、化学物质存放点均存在严重污染。最早提出经济、社会、环境三要素共同发展的英国,其土壤修复标准是在现有的经济情况下,选择最适用的技术手段处理并达到人体健康可接受的标准。英国奥林匹克公园的污染场地由于没有资金用于土壤修复,土壤修复工作就一直停滞不前。2008 年在奥运场馆建设过程中,通过水泥和垫土修复后把污染场地转换成了运动场,不用花费政府的钱,让奥运投资商、赞助商出钱治理污染场地。英国土壤修复由工业界(如英国污染场地实地应用组织)通过前期调查、实际案例,对行业行为自发地进行规范。但英国没有与美国超级基金对等的资金安排,也没有这样的框架。根据英国《环境保护法案》第 2A 部分,主管机构有权对相应责任的污染场地进行修复,由当地主管部门介入或带队进行清理修复,修复费用由现在的场地持有人承担。场地持有人不一定是历史污染人,但若排污的企业找不到,则由继承土地的人治理。英国的这种污染管理模式与美国相同,在美国,法律规定,能够找到原污染者,让原污染者治理;找不到原污染者,就让现在的土地使用者或拥有者承担治理责任。甚至银行也需要负责任,即所谓的责任延伸,因为银行贷款给污染者从中获得了利润。

1.3.4　日本污染场地

1999 年,日本环境省在借鉴美国污染场地管理模式的基础上制定了《土壤与地下水污染调查与应对指南》(以下简称《指南》)。《指南》的调查程序中有一个核心模块,即场地污染调查,场地污染调查分为资料调查、一般条件调查、详细调查三个阶段。

资料调查主要是进行资料搜集、访问调查及场地踏勘等工作,不包括采样分析工作。一般条件调查主要是进行地面及表层土壤的调查与样品分析等工作,不包括采用钻探设备的调查。详细调查主要是采用钻探设备等技术手段,圈出污染物空间分布范围,特别是要圈出需要整治的土壤与地下水污染范围。

日本对农业土壤污染防治采用政府直接实施的模式,《农业用地土壤污染防治法》通过防止和去除特定有害物质对农用地土壤的污染,并合理利用受污染土地,防止受污染土地妨碍农作物的生长及农产品危害人体健康,即由政府监测农用地的土壤污染状况,及时划定污染对策区域并制定对策计划,组织实施修复工作,修复费用由政府承担。日本《土壤污染对策法》通过对土壤中有害物质污染状况进行调查,采取相应修复措施,防止工业用地污染对人体健康和环境造成损害。

1.3.5　加拿大污染场地

加拿大的土壤保护相关法律大多由省级政府制定,在污染场地修复与管理方面赋予各省更大的自主权责,但均具有如下特点:污染者付费原则;污染者责任具有溯及力;出于控制污染行动或场地的考虑,非污染者也可能被追究责任;在某些情况下,公司主要管理人员与股东将承担相应的个人责任。在联邦政府层面,设立了一个跨省的协调委员会及加拿大环境部长委员会,针对污染场地的主要法律法规有《污染场地法规》(1997 年)和《污染场地条例》(2005年),以提供人力与资金支持对污染场地的确定、评估与修复高风险的遗弃场地或无主废弃地,并支持相关的修复技术、法律责任和修复标准的研究。

1. 初步采样测试

通过初步采样测试提供初步的场地条件,对污染情况进行描述。初步采样测试具体步骤如下。

1)方案制订

方案制订内容包括确定采样类型(表层土壤、下层土壤、地下水或地表水)、采样方法(非干扰式方法,如土壤挥发物的测定;干扰式方法,如钻井、挖坑、钻孔等)、样品分析方法和质控程序方法。

2)野外调查和采样

通过历史回顾识别出热点区,并通过采样获得关于污染物性质和范围的直接信息,采样时应选择适宜的采样技术、采样工具、采样密度、采样介质。

3)样品分析

一般运用野外现场速测的方法,以筛选出高浓度污染区和需要进行实验室分析的采样区。

4)数据的解释和评价

数据的解释和评价包括数据质量目标和测定结果的比较、质控措施和质控数据的评价、根据样品分析结果推测场地的情况。

5)风险识别

采样分析得出污染物的性质和位置、污染物潜在的迁移暴露途径、敏感受体的位置、直接或潜在的人群暴露途径。

6)建立场地概念模型

概念模型是对场地污染物物理化学性质的描述,建立场地概念模型包括明确地下污染物的类型和数量、确定污染物迁移的途径、识别潜在受体等内容。

2. 污染场地分类

加拿大环境部长委员会开发的污染场地国家分类系统(NCSCS)用于划分污染场地的优先管理程序,可筛选出需要采取进一步措施的污染场地。NCSCS 包括污染物性质、暴露途径和受体 3 个方面要素,共 9 个因子,总分值为 100 分,3 个要素的单项总分值分别为 33 分、33分和 34 分,每个因子分 4 个等级赋分。NCSCS 的技术基础是依据对场地性质因子的评分进而将场地污染危害或危害潜力分级,根据 NCSCS 评估得分可将污染场地分为高风险(>70分)、中风险(50~70 分)、低风险(37~<50 分)和基本无风险(<37 分)4 类。

在场地分类的基础上,对初步测试识别的关注区域进行详细的调查和分析,目的是量化所有的污染物浓度和边界,更详细地说明场地条件以识别与风险有关的污染物迁移途径,为制订修复方案和风险评价提供有关污染物及其他方面的信息。根据详细调查的结果重新利用 NCSCS 为场地赋分,分类排序,对场地再分类。

因为各因子可能存在不同的赋值,NCSCS 对赋值方法给出了参考,场地评估者可在不超过最高分值的情况下对评估因子进行赋值评分。若场地评估总分值为 0,则表示场地污染危害程度最低;如场地评估总分值为 100,则表示场地污染危害程度最高。

3. 制订和实施修复管理措施

如果场地的采样测试结果(初步测试以及详细的调查和分析结果)超过修复指导值,则需制订场地特定的修复措施和场地风险管理计划。

(1) 场地修复目标的确定:制订场地修复目标可通过两种方法实现。

第一种方法是根据修复指导值确定修复目标,这种方法相对比较简单。通用修复指导值是指在假定条件下,对大多数区域和受体等都是安全无危害的污染物浓度值。当场地条件、土地利用方式、受体、暴露途径与通用修复指导值的假定条件有所不同时,需要对通用修复指导值进行修正,得出场地特定的修复指导值,作为制订场地修复目标的依据。

第二种方法是当场地存在下列任何一种情况时,通过风险评估的方法制订修复目标:

① 存在敏感环境,存在稀有、濒危、敏感的物种或生态环境,现有或计划的土地利用涉及自然公园或自然保护区;

② 存在污染物的转移介质(如饮用水源);

③ 污染物的暴露途径是制订通用修复指导值的假定条件中未考虑的;

④ 土地利用方式发生变化;

⑤ 场地上出现的污染物至少有 1 种毒性和环境行为不清楚;

⑥ 场地条件特殊(如有地质断裂或石灰岩地层、永久冻结带,污染物的归趋不确定);

⑦ 土壤厚度和性质使污染物能淋滤到地下岩层;

⑧ 缺乏污染物的环境质量指导值;

⑨ 土壤 pH$<$5 或 pH$>$9 时,污染物有更高的活性;

⑩ 按通用修复指导值或场地修正指导值作为修复目标,修复的代价太大。

(2) 修复措施的制订和实施:当修复目标确定以后,就要决定是否需要对场地进行修复。如果需要,就要选择合适的修复措施。不仅要考虑风险因素,还要考虑技术、经济、社会和政治等因素,通常是将场地污染物水平降低到场地管理者、所有者及其他各利益方都可接受的水平。修复措施包括移除或减少污染物、减少或限制受体对场地的使用、拦截或截断暴露途径。

(3) 评估修复技术关键看修复的效率。修复计划必须融合公众和各利益方的意见,并在执行前得到权威部门的认可。修复计划的成功实施,除了要有详细的规范和文件外,专业的、有经验的工程承包商也是必需的。承包商和分包商必须具有类似场地利用相同技术修复的成功经验,有适宜的健康安全保护计划,并且在修复实施过程中,必须有连续、完整的记录文件。修复计划要足够灵活可调,这包括系统处理能力的增减、个人防护设备的变化、监测行为的变化等。

4. 最终报告及长期监测

确认采样和最终报告再次采样以证明修复效果并形成最终报告,作为场地文件存档以备以后核查。采样应由有资质的第三方执行,并采用标准的采样方法。承担样品分析的实验室也应该是有资质并经过加拿大环境分析实验室协会认可的、有质量保证和质量控制程序的实验室,并保证分析方法的一致性。若证实已达到修复目标或者风险评价证明残留水平可接受,则修复行动结束;若未达到修复目标,则需要进一步修复,土地利用仍有限制。

长期监测是为了证实修复行动是否已执行并已作为场地管理的目标。长期监测计划必须根据场地特定的条件制订,由有资质的人员定期进行。如果监测结果超过修复目标,应该报告超过的数额并重新评估修复行动计划以便采取应变措施。有时还要考虑是否需要再一次修复。

加拿大的污染场地法规与美国的《超级基金法》非常相似,实行 10 步管理流程:① 识别可疑场地;② 场地历史调查;③ 初步采样测试;④ 场地分类;⑤ 详细采样测试;⑥ 场地再分类;⑦ 制订修复管理措施;⑧ 实施修复管理措施;⑨ 确认采样和最终报告;⑩ 长期监测。加拿大污染场地管理方法的 10 个步骤中,每一个步骤都涉及若干指导性文件,这些指导性文件都是在多年研究的基础上形成的。在加拿大的 10 步管理流程中,步骤①识别可疑场地和步骤②场地历史调查均采用国际普遍采用的方法,如识别有潜在污染的场地的依据包括过去的环境记录、其他有关的环境项目、周围居民的反映、其他类似污染场地的情况、可观察到的或曾经发生的污染物泄漏、过去或现在场地上及其周边活动的性质等。场地历史调查包括收集、回顾所有与场地有关的历史信息,如文献综述、场地勘察和走访知情者等,通过场地历史回顾,可基本获得场地利用特征、可能存在的污染物的性质和场地的物理特征等信息。

1.3.6　荷兰污染场地

荷兰是欧盟中最先制定专门的土壤保护法律的国家,荷兰于 1983 年开始土壤修复立法,1987 年荷兰《土壤保护法》生效。荷兰首先制定法律标准(即干预值)。2008 年生效的荷兰《土壤质量法令》建立了新的土壤质量标准框架,设立了三大类、十种不同土壤功能的国家标准,三大类即自然/农业、住宅区、工业。新的标准体系包括目标值(背景值)、干预值(基于严重风险水平,确定修复的紧迫性)和国家土壤用途值(基于特殊土壤用途的相关风险,确定修复目标)。若某一场地的土壤浓度高于干预值,可使用逐级风险评估系统(土壤修复标准)以确定修复的紧迫性。场地污染调查的判定标准为在至少 19 m³ 土壤范围内,一种或多种化学物质的平均浓度高于干预值,判定为严重污染;在至少 100 m³ 孔隙饱和土壤中,一种或多种化学物质的平均浓度高于干预值,判定为地下水严重污染。然后利用模型评估污染土壤对人类、生态系统的风险及污染扩散对地下水的风险。

但荷兰污染场地管理方面存在土壤质量标准不够细致的问题,缺乏相应的污染场地应对机制,尤其是对突发事故引起的污染场地缺乏相应的应对机制。

1.3.7　德国污染场地

1999 年,德国开始实施《联邦土壤保护法》《联邦土壤保护和污染地块条例》和《建设条例》等较为完善的污染场地管理制度,德国污染场地管理包括污染场地的识别、风险评价、修复和检测四个阶段,强调可持续发展思想与预防性的土壤保护理念和对农业土壤的保护。

1.3.8　国外污染场地调查修复特点

纵观国内外关于污染场地的法律标准和技术规范,它们有一个共同点,都是基于保护生态受体和人体健康的原则制定的,旨在保护直接或间接暴露于污染土地上的土壤生物和人群,换言之,这些污染场地法律规范研究和保护的对象(又称为"敏感受体")具有"生命特征"。在进行场地环境评价(ESA)和污染场地土壤修复治理时,若评价的对象是具有"非生命特征"的"非敏感受体"时,目前国内外已颁布和实施的污染场地评价标准体系便不再适用。

从世界范围看,无论是发达国家,还是发展中国家,场地污染调查评价工作都是按阶段进行的,这是国际上污染场地调查评价普遍认同和采用的一种工作模式。发达国家场地污染调查程序有以下共同特征。

(1) 阶段性特征。世界发达国家开展污染场地的调查工作都是按阶段进行的,以三个阶段居多。

(2) 驱动性特征。场地污染调查是在不同目的驱动下进行的,一般以土地利用过程中健康风险、生态风险评价或污染场地修复为目的开展相应的调查。为此,场地调查应先弄清调查的目的,然后采取相应的调查步骤和技术方法进行调查。

(3) 因国制宜、不断完善的特征。场地污染调查的技术要求应与各国的国情和发展阶段相适应。这是因为处于不同发展水平的国家,其生产力水平、需要解决的污染问题的迫切性等均有所不同,因此场地污染调查需要因国制宜,并且与时俱进,在实践中不断修订和完善。表1.3列出了污染场地修复管理的相关导则。

表 1.3 污染场地修复管理的相关导则

国 家	部门或项目	导 则 名 称
英国	环境署	《固定化、稳定化技术处理污染土壤使用导则》(2004)
	环境署	《污染土地报告》
加拿大	污染场地管理工作组	《场地修复技术:参考手册》(1997)
	新不伦瑞克省和当地政府	《污染场地管理导则》(2003)
	爱德华王子岛	《石油污染场地修复技术导则》(1999)
	萨斯喀彻温省环境资源管理部门	《市政废物处置场石油污染土壤的处理和处置导则》(1995)
美国	新泽西州环境保护局	《污染土壤修复导则》(1998)
	环保署超级基金	《修复技术调查与可行性研究导则》(1988)
	华盛顿州生态毒物清洁项目	《石油污染土壤修复技术导则》(1995)
丹麦	环保局	《污染场地修复导则》(2004)
新西兰	环境部	《木材处理化学品健康和环境导则》(1997)
	环境部	《新西兰煤气厂污染场地评估和管理导则》(1997)
	环境部	《新西兰石油烃类污染场地评估和管理导则》(1999)
	澳大利亚和新西兰环境部	《澳大利亚和新西兰污染场地评估和管理导则》(1992)
澳大利亚	环境部	《昆士兰污染土地评估和管理导则(草案)》(1998)
	南澳环保局	《环保局导则:土壤生物修复技术(异位)》(2005)

(4) 加拿大和美国的技术导则侧重于对具体修复技术的阐述,而丹麦的导则侧重于土壤修复过程。加拿大的《场地修复技术:参考手册》大篇幅阐述了五类修复技术:土壤和地下水原位处理技术、抽提的地下水处理技术、溢出气体处理技术、土壤和地下水原位控制技术及挖掘的土壤异位处理技术。美国新泽西州环境保护局《污染土壤修复导则》主要阐述了挖掘技术、污染土壤处理技术、土壤再利用技术、限制和控制暴露技术这四类修复技术。丹麦环保局的

《污染场地修复导则》则关注土壤修复过程,并将该过程分为初始调研,场地调查,风险评估,土壤、空气和地下水质量标准,报告,设计,修复措施和操作,评估八个阶段,该导则对修复措施并没有过多阐述。

(5) 尽管导则使用的名字略有不同,但是由于土壤和地下水的密不可分性,这些国家在处理场地土壤修复技术时,都包括了对地下水的修复。加拿大和丹麦修复的对象是"site"(场地),美国新泽西州的修复对象是"soil"(土壤)。

1.3.9 土壤污染物

1. 根据污染物性质分类

根据污染物性质,土壤污染物可大致分为无机污染物和有机污染物两大类(表1.4)。

表1.4 土壤主要污染物

污染物种类			主 要 来 源
无机污染物	重金属	汞(Hg) 镉(Cd) 锌(Zn) 铬(Cr) 铅(Pb) 镍(Ni) 铜(Cu)	制碱、汞化物生产等工业废水和污泥,含汞农药,金属汞蒸气冶炼、电镀、染料等工业废水、污泥和废气,肥料制造、镀锌、纺织等工业废水、污泥和废渣,含锌农药,磷肥制造、电镀、制革、印染等工业废水和污泥,颜料制造等工业废水,汽油防爆燃烧排气,农药制造、电镀、炼油、染料制造等工业废水和污泥
	放射性元素	铯(Cs) 锶(Sr)	原子能、核动力、同位素生产等工业废水和废渣,大气层核爆炸
	其他	氟(F) 盐 碱 酸 砷(As) 硒(Se)	氟硅酸钠、磷酸和磷肥制造等工业废气,肥料、纸浆、纤维、化学等工业废水,硫酸、石油化工、酸洗、电镀等工业废水,化肥、农药、医药、玻璃等工业废水,废弃电子、电路、油漆、墨水等工业的排放物
有机污染物	有机农药 酚类物质 氰化物 多环芳烃 石油 有机洗涤剂 有害微生物		农药生产和使用,炼油,苯酚、橡胶、化肥、农药合成等工业废水,电镀、冶金、印染等工业废水,肥料、石油、炼焦等工业废水,石油开采,输油管道漏油,城市污水,机械工业,厩肥

1) 无机污染物

污染土壤的无机物,主要有重金属(汞、镉、铅、铬、铜、锌、镍等)、放射性元素(铯-137、锶-90等)、氟、酸、碱、盐等。其中重金属和放射性元素的污染危害较为严重,因为这些污染物都是具有潜在威胁的,一旦污染了土壤,就难以彻底消除,并较易被植物吸收,通过食物链而进入人体,危害人类健康。

2）有机污染物

污染土壤的有机物,主要有人工合成的有机农药、酚类物质、氰化物、石油、多环芳烃、有机洗涤剂以及有害微生物、高浓度耗氧有机物等,其中以有机氯农药、有机汞制剂、多环芳烃等性质稳定且不易分解的有机物为主,它们在土壤环境中易累积,污染危害大。

2. 根据危害程度及出现频率大小分类

1）重金属

土壤重金属污染是指由于人类活动将重金属排入土壤中致使土壤中重金属含量明显高于原生含量并造成生态环境质量恶化的现象。

污染土壤的重金属主要包括汞（Hg）、镉（Cd）、铅（Pb）、铬（Cr）,以及有一定毒性的锌（Zn）、铜（Cu）、镍（Ni）等元素。重金属主要来自农药、废水、污泥和大气沉降等,如汞主要来自含汞废水,镉、铅主要来自冶炼排放和汽车废气沉降。过量重金属可引起植物生理功能紊乱、营养失调,镉、汞等元素在作物籽实中富集系数较高,即使超过食品卫生标准,也不影响作物生长、发育和产量,此外汞等能减弱和抑制土壤中硝化细菌、氨化细菌活动,影响氮素供应。重金属污染物在土壤中移动性很小,不易随水淋滤,不为微生物降解,通过食物链进入人体后,潜在危害极大,应特别注意防止重金属对土壤的污染。一些矿山在开采过程中尚未建立石排场和尾矿库,废石和尾矿随意堆放,致使尾矿中富含的难降解的重金属进入土壤,加之矿石加工后余下的金属废渣随雨水进入地下水系统,造成严重的土壤重金属污染。土壤重金属污染的主要特征有以下两点。

① 形态多变:随 pH、氧化还原电位、配位体不同,常有不同的价态、化合态和结合态,形态不同则其毒性也不同。

② 难以降解:污染元素在土壤中一般只能发生形态的转变和迁移,难以降解。

2）石油类污染物

土壤中石油类污染物组分复杂,主要有 $C_{15} \sim C_{36}$ 的烷烃、烯烃、酯类等,其中美国规定的优先控制污染物达 30 余种。

石油已成为人类主要的能源之一,随着石油产品需求量的增加,石油类污染物进入土壤,给生物和人类带来危害,造成土壤石油污染日趋严重的环境问题。全世界大规模开采石油是从 20 世纪初开始的,1900 年,全世界的石油消费量约为 2000 万吨,而到 2021 年,全球石油产量约为 44.23 亿吨,其中约 17.5 亿吨是由陆地油田生产的,石油的开采、运输、储存以及事故性泄漏等原因造成每年超过 800 万吨石油烃类进入环境(不包括石油加工行业的损失),引起土壤、地下水、地表水和海洋环境的严重污染。目前中国是世界上第二大石油消费国,中国石油经济技术研究院发布的数据显示,2021 年国内原油消费量为 7.12 亿吨左右。

在石油生产、储运、炼制、加工及使用过程中,由于事故、不正常操作及检修等原因,会有石油烃类的溢出和排放,例如,油田开发过程中的井喷事故、输油管线和储油罐的泄漏事故、油槽车和油轮的泄漏事故、油井清蜡和油田地面设备检修、炼油和石油化工生产装置检修等。石油烃类大量溢出时,应当尽可能予以回收,但有的情况下回收很困难,即使尽力回收,仍会残留一部分,从而对环境(土壤、地面和地下水)造成污染。由于过去数十年间各大油田区域采油工艺相对落后、密闭性不佳,加之环境保护措施和影响评价体系相对落后、污染控制和修复技术缺乏,我国土壤石油烃类污染程度较高,石油烃类污染呈逐年累积加重态势。

近年来,随着我国国民经济和各类等级公路的飞速发展,以及汽车保有量的大量增加,汽车加油站数量在迅速增加的同时也给环境带来了巨大的潜在危害，加油站埋地储油罐一旦腐蚀渗漏，就会污染土壤和地下水。我国加油站从 20 世纪 80 年代中期开始快速增长，截至 2020 年底，全国共有加油站 10.2 万座。

3）持久性有机污染物（POPs）

最为常见的持久性有机污染物包括多环芳烃（PAHs）、多氯联苯（PCBs）、多氯二苯二噁英（PCDDs）、多氯二苯呋喃（PCDFs），以及农药残体及其代谢产物。

农药是存在于土壤环境中的一类重要的有机污染物。农药的作用是对付、杀死自然界中各种昆虫、线虫、蛹、杂草、真菌病原体，在农药生产过程和农业生产使用过程中可能导致土壤污染。目前，农业上农药的使用量一般为 $0.2 \sim 5.0 \ kg/hm^2$，而非农业目的的应用，其用量往往更高。例如，在英国，大量除草剂用于铁路或城市道路上杂草的清除，其用量也在不断增加，复合年增长率达到 9%。一般来说，只有小于 10% 的农药用于达到设想的目的，其余则残留在土壤中。进入土壤中的农药，部分挥发进入大气，部分经淋溶过程进入地下水，或经排水进入水体或河流。大部分农药的溶解度大于 10 mg/L，因而在土壤中有淋溶的倾向。在肥沃的土壤中，许多农药的半衰期为 10 天至 10 年，因此，在许多场合足以被淋溶。如阿特拉津的半衰期为 50～100 天，能够引起广泛的地下水污染问题。

由于涉及的化合物种类很多，这种类型的污染物在土壤环境中的生态行为及其对植物、动物、微生物甚至人类的毒性差异很大。许多农药还可能降解为毒性更大的衍生物，导致敏感作物的植物毒性问题。与土壤的农药污染有关的最为严重的问题是进一步导致地表水、地下水的污染以及通过农作物或动物进入人类食物链。

4）其他工业化学品

据估计，目前有 6 万～9 万种化学品已经进入商业使用阶段，并且每年有上千种新化学品进入日常生活。尽管并不是所有的化学品都存在潜在毒性危害，但是有许多化学品，尤其是优先有害化学品（DDT、六六六、艾氏剂等），由于储存过程的泄漏、废物处理以及在应用过程中进入环境，可导致土壤的污染问题。

5）富营养废弃物

污泥（也称生物固体）是世界性的土壤污染源。随着污水处理事业的发展，我国产生越来越多的污泥。目前，污泥的处理方式主要有农业利用（美国占 22%，英国占 43%）、抛海（英国占 30%）、土地填埋和焚烧等。

污泥是有价值的植物营养物质的来源，尤其是氮、磷，还是有机质的重要来源，对土壤整体稳定性具有有益的影响。然而，它的价值因为含有一些潜在的有毒物质（如镉、铜、镍、铅和锌等重金属和有机污染物）而被抵消。污泥中还含有一些在污水处理过程中没有被杀死的致病微生物，这些微生物可能会通过人类食用农作物进入人体而危害健康。

厩肥和动物养殖废弃物含有大量氮、磷、钾等营养物质，它们对农作物的生长具有营养价值。但与此同时，因为含有食品添加剂、饲料添加剂以及兽药，厩肥和动物养殖废弃物常会导致土壤的砷、铜、锌污染和病菌污染。

6）放射性元素

核事故、核试验和核电站的运行，都会导致土壤的放射性元素污染。最长期的污染问题被认为是由半衰期为 30 年的铯-137 引起的，在土壤和生态系统中，其化学行为基本上与钾接近。核武器的大气试验，导致大量半衰期为 25 年的锶-90 扩散，其行为类似生命系统中的钙，由于可储藏于骨骼中，锶-90 对人体健康会构成严重危害。

7) 致病生物

土壤还常被诸如细菌、病毒、寄生虫等致病微生物所污染,其污染来源包括动物或患者尸体的埋葬、废物和污泥的处置与处理等。土壤被认为是这些致病微生物的"仓库",能够进一步构成对地表水和地下水的污染,通过土壤颗粒传播,使植物受到危害,家畜和人感染疾病。

1.3.10 土壤污染物的来源

土壤是一个开放系统,土壤与其他环境要素之间进行着物质和能量的交换,因而造成土壤污染的物质来源极为广泛,有自然污染源,也有人为污染源。自然污染源是指某些矿床的元素和化合物的富集中心周围,由于矿物的自然分解与分化,往往形成自然扩散带,使附近土壤中某元素的含量超过一般土壤的含量。人为污染源是土壤环境污染研究的主要对象,包括工业污染源、农业污染源和生活污染源。

1. 工业污染源

由于工业污染源具备确定的空间位置并稳定排放污染物质,其造成的污染多属点源污染。工业污染源造成的污染主要有以下几种情况。

1) 采矿业对土壤的污染

对自然资源的过度开发造成多种化学元素在自然生态系统中超量循环。改革开放以来,我国采矿业发展迅猛,年采矿石总量约 6 亿吨,我国已成为世界第三大矿业大国。而其引发的环境污染和生态破坏问题也与日俱增。采矿业引发的土壤环境污染可以概括为挤占土地、尾渣污染土壤、水质恶化。

2) 工业生产过程中产生的"三废"

工业"三废"主要是指工矿企业排放的"三废"(废水、废气、废渣),一般直接由工业"三废"引起的土壤环境污染限于工业区周围数公里范围内,工业"三废"引起的大面积土壤污染都是间接的,且是由于污染物在土壤环境中长期积累而造成的。

(1) 废水:主要来源于城乡工矿企业废水和城市生活污水,直接利用工业废水、生活污水或用受工业废水污染的水灌溉农田,均可引起土壤及地下水污染。

(2) 废气:工业废气中有害物质通过工矿企业的烟囱、排气管或无组织排放进入大气,以微粒、雾滴、气溶胶的形式飞扬,经重力沉降或降水淋洗沉降至地表而污染土壤。钢铁厂、冶炼厂、电厂、硫酸厂、铝厂、磷肥厂、氮肥厂、化工厂等均可通过废气排放和重金属烟尘的沉降而污染周围农田。这种污染明显地受气象条件影响,一般在常年主导风向的下风向比较严重。

(3) 废渣:工业废渣、选矿尾渣如不加以合理利用和进行妥善处理,任其长期堆放,不仅占用大片农田,淤塞河道,还可因风吹、雨淋而污染堆场周围的土壤及地下水。生产工业废渣的主要行业有采掘业、化学工业、金属冶炼加工业、非金属矿物加工、电力煤气生产、有色金属冶炼等。另外,很多工业原料、产品本身也是环境污染物。

2. 农业污染源

在农业生产中,为了提高农产品的产量,过多地施用化学农药、化肥、有机肥,以及污水灌溉、施用污泥,生活垃圾以及农用薄膜残留、畜禽粪便及农业固体废弃物等,都可使土壤环境不同程度地遭受污染。由于农业污染源大多无确定的空间位置、排放污染物的不确定以及无固定的排放时间,农业污染多为面源污染,具有复杂性和隐蔽性的特点,且不容易得到控制。

1) 污水灌溉

未经处理的工业废水和混合型污水中含有各种各样的污染物质,主要是有机污染物和无机污染物(重金属)。最常见的是引灌含盐、酸、碱的工业废水,使土壤盐化、酸化、碱化,失去或降低其生产力。另外,用含重金属污染物的工业废水灌溉农田,可导致土壤中重金属的累积。

2)固体废弃物的农业利用

固体废弃物主要来源于人类的生产和消费活动,包括有色金属冶炼工厂废渣、矿山的尾矿废渣、污泥、城市固体生活垃圾、畜禽粪便、农作物秸秆等,这些固体废弃物作为肥料施用或在堆放、处理和填埋过程中,可通过大气扩散、降水淋洗等直接或间接地污染土壤。

3)农用化学品

农用化学品主要指化学农药和化肥:化学农药中的有机氯杀虫剂及重金属类,可长时间地残留在土壤中;施用化肥主要增加土壤重金属含量,其中镉、汞、铅、铬等是化肥对土壤产生污染的主要物质。

4)农用薄膜

农用薄膜对土壤危害较大,薄膜残余物污染逐年累积。农用薄膜在生产过程中一般会添加增塑剂(如邻苯二甲酸酯类物质),这类物质有一定的毒性。

5)畜禽饲养业

畜禽饲养业对土壤造成污染主要是通过粪便:一方面通过污染水源流经土壤,造成水源型的土壤污染;另一方面,空气中的恶臭性有害气体降落到地面,造成大气沉降型的土壤污染。

3. 生活污染源

土壤生活污染源主要包括城市生活污水、医院污水、城市垃圾等。

1)城市生活污水

近 10 年来,我国城市生活污水排放量以每年 5% 的速度递增,1999 年首次超过工业污水排放量。2001 年,城市生活污水排放量达 22.1 亿吨,占全国污水排放总量的 53.2%。2006年,我国城市生活污水排放量为 29.66 亿吨。而到 2012 年,城市生活污水排放量已达 46.27亿吨,年均复合增长达 7.69%。与此同时,我国城市生活污水处理设施严重滞后和不足。我国有些城市甚至没有污水处理厂,大量生活污水直接排放,造成越来越严重的环境污染问题。

2)医院污水

医院污水中危害性最大的是传染病医院未经消毒处理的污水和污物,这类污水和污物中危害较大的主要是肠道致病菌、肠道寄生虫、破伤风杆菌、肉毒杆菌、霉菌和病毒等。土壤中的病原体和寄生虫进入人体主要通过三个途径:一是通过食物链经消化道进入人体,如生吃被污染的蔬菜、瓜果,就容易患寄生虫病或痢疾、肝炎等疾病;二是通过破损皮肤侵入人体,如十二指肠钩虫病、破伤风、气性坏疽等;三是通过呼吸道进入人体,如土壤扬尘传播结核病、肺炭疽。

3)城市垃圾

20 世纪 90 年代以后,我国城市化速度进一步加快,截至 2013 年,我国城市化水平达到 37%左右。城市数量的迅速增加与城市规模的迅速扩张,带来了严重的城市垃圾污染问题。城市垃圾不仅产生量迅速增长,而且化学组成也发生了根本的变化,而成为土壤的主要污染源。

2000—2009 年,我国城市生活垃圾清运量年增长率为 4.9%,截至 2009 年底,我国城市生活垃圾清运总量已达 1570 万吨,日清运量超过 43 万吨。据统计,2014 年,我国城市生活垃圾清运总量为 1710 万吨。目前全世界垃圾总量年均增长速度为 8.42%,而中国垃圾总量年均增长率达到 10% 以上。城市生活垃圾产生量逐年增加,垃圾处理能力缺口日益增大,我国未经处理的城市生活垃圾累积堆存量至 2007 年底已超过 7 亿吨,侵占土地面积约 80 hm²,近年来又以平均每年 4.8% 的速度持续增长,全国 600 多座城市,除县城外,已有 2/3 的大中城市陷人垃圾的包围之中,且有 1/4 的城市已没有合适场所堆放垃圾。早期的城市垃圾主要来自厨房,垃圾组成基本上是燃煤炉灰和生物有机质,这种组成的垃圾很受农民欢迎,可用作农田肥料。现代城市垃圾的化学组成则完全不同,含有各种重金属和其他有害物质。垃圾围城成为不少城市的心病。

4) 粪便

土壤历来被当作粪便处理的场所。粪便主要由人、畜粪尿组成。一般成年人每人每日可产生粪约 0.25 kg,排泄尿约 1 kg。粪便中含有丰富的氮、磷、钾和有机物,是植物生长的良好的养料。但新鲜人、畜粪便中含有大量的致病微生物和寄生虫卵,如不经无害化处理而直接用到农田,则可造成土壤的生物病原体污染,导致肠道传染病、寄生虫病、结核病、炭疽等疾病的传播。

5) 公路交通污染源

随着社会的发展,家庭轿车等机动车辆剧增,运输活动越来越频繁,公路交通渐渐成为流动的污染源。交通运输可以产生三种污染危害:一是交通工具运行中产生的噪声污染;二是交通工具排放尾气产生的污染,如含硫化合物、含氮化合物、碳氧化合物、碳氢化合物、铅等;三是运输过程中有毒、有害物质的泄漏。据报道,美国由汽车尾气排入环境中的铅,已达到 3000 万吨,且大部分蓄积于土壤中。研究报道,汽车尾气及扬尘可使公路两侧 300～1000 m 范围内的土壤受到严重污染,其中主要是重金属铅和多环芳烃(PAHs)的污染(图 1.1)。

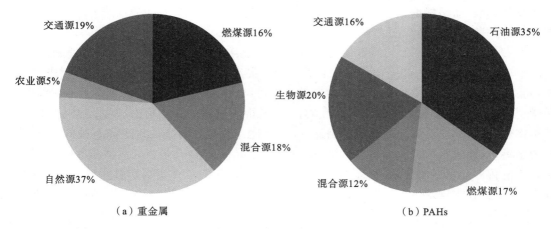

（a）重金属　　　　（b）PAHs

图 1.1　土壤重金属及 PAHs 污染来源与贡献率

6) 电子垃圾

电子垃圾是世界上产生量增长速度最快的垃圾,这些垃圾中含铅、汞、镉等有毒重金属和有机污染物,处理不当会造成严重的环境污染。联合国环境规划署估计,每年有 2000 万～5000 万吨电子产品被当作废品丢弃,它们对人类健康和环境构成了严重威胁。资料显示,一节一号电池能使 1 m³ 的土壤永久失去利用价值;一粒纽扣电池可使 600 t 水受到污染,600 t 水相当于一个人一生的饮水量。电池污染具有周期长、隐蔽性大等特点,其潜在危害相当严重,处理不当还会造成二次污染。

在为数众多的土壤污染来源中,影响大、比例高的污染来源主要包括工业污染源、农业污染源、生活污染源等。不同土壤,由于其主要的生产生活等种类不同,加之复合污染的存在,污染场地表现出单一污染源和复合污染源并存的情况,出现了更为复杂的土壤污染来源。

1.4　地下水污染

1.4.1　地下水污染的定义与特点

地下水污染主要是指人类活动引起地下水化学成分、物理性质和生物学特性发生改变而质量下降的现象。

在天然地质环境及人类活动影响下,地下水中的某些组分可能产生相对富集或相对贫化,都可能导致水质不合格。如果把这两种形成原因各异的现象统称为地下水污染,在科学上是不严谨的,在地下水资源保护的实用角度上,也是不可取的。因为前者是在漫长的地质历史中形成的,它的出现是不可避免的;而后者是在相对较短的人类历史中形成,只要查清其原因及途径,采取相应措施是可以避免的。因此,对上述两种原因所产生的现象从术语及含义上加以区别,从科学严谨性及实用性上都更可取一些。

在人类活动的影响下,地下水中某些组分浓度的变化总是处于由小到大的量变过程,在其浓度尚未超标之前,实际污染已经产生。因此,把浓度超标以后才视为污染,则失去了预防的意义。当然,在判定地下水是否被污染时,应该参考水质标准,但其目的并不是把它作为地下水污染的标准,而是根据它判别地下水的质量是否朝着恶化的方向发展。若朝着恶化方向发展,则视为"地下水污染",反之不然。

尽管人们对水污染含义的看法有差异,但在污染造成水质恶化这一方面是有共识的。1984 年 5 月 11 日,第六届全国人民代表大会常务委员会第五次会议通过的《中华人民共和国水污染防治法》对水污染给予了明确的说明:"水污染,是指水体因某种物质的介入,而导致其化学、物理、生物或者放射性等方面特性的改变,从而影响水的有效利用,危害人体健康或者破坏生态环境,造成水质恶化的现象。"因此,根据上述各种对水污染的论述和有关的法律,人们认为水污染(地表水污染和地下水污染)较为合理的定义如下:凡是在人类活动影响下,水质变化朝着恶化方向发展的现象,统称为水污染。不管此种现象是否使水质恶化达到影响使用的程度,只要这种现象发生,就应视为水污染。所以判定水体是否被污染必须具备两个条件:第一,水质朝着恶化的方向发展;第二,这种变化是人类活动引起的。

地表水和地下水由于储存、分布条件和环境上的差异,表现出不同的污染特征。地表水污染可视性强、易于发现;其循环周期短,易于净化和恢复水质。地下水污染特征是由地下水的储存特性决定的。地下水储存于地表以下的含水层中,并在其中缓慢地运移,上部有一定厚度的包气带土层作为天然屏障,地面污染物在进入地下水之前,必须首先经过包气带土层。上述特点使得地下水污染具有如下特征。

1. 隐蔽性

由于污染发生在地表以下的含水介质之中,因此常常是地下水已遭到相当程度的污染,但往往从表观上很难识别。一般仍然表现为无色、无味,不能像地表水那样,从颜色及气味或鱼类等生物的死亡、灭绝鉴别出来。即使人类饮用了受有害或有毒组分污染的地下水,其对人体的危害一般也是慢性的,不易被觉察。

2. 难以逆转性

地下水一旦遭到污染就很难得到恢复。由于地下水流速缓慢,如果等待天然地下径流将污染物带走,则需要相当长的时间。而且作为含水介质的砂土对很多污染物都具有吸附作用,使污染物的清除更加复杂、困难。即使在切断污染来源后,仅靠含水层本身的自然净化,少则需要十年、几十年,多则需要上百年的时间。

3. 滞后性

滞后性表现在污染物在含水层上部的包气带土层中经过各种物理、化学及生物作用,会在一定程度上延缓潜水含水层的污染。对于承压含水层,由于上部隔水层顶板的存在,污染物向下运移的速度会更加缓慢。由于地下水是在多孔介质的微孔隙中进行缓慢地渗透,每日的实际渗透距离常常在米的数量级上,因此地下水中污染物的运移、扩散是相当缓慢的。

1.4.2 地下水污染物

地下水的主要污染物可分为两类:一类为毒性物质;另一类为无毒性的其他污染物质。

1. 毒性物质

当今水污染最显著的特点是化学性污染,这是由现代工业生产及日常使用的化学物质种类不断增长造成的。1977 年,化学物质总计为 400 多万种,并且以每年平均 6000 种的速率增加。1950 年,全世界人工合成的化学物质总量为 700 万吨,1974 年增至 6000 万吨,1985 年超过 2 亿 5000 万吨。全世界化学物质消耗量每 7 年增加 1 倍。这些化学物质除了通过大气、食品和直接接触危害人类外,还经各种途径进入水体,对水体、水生生物乃至人类产生危害。下面对一些主要毒性污染物的危害予以论述。

1) 多氯联苯、多环芳烃

多氯联苯分布很广,存在于环境的各个角落,而且难以生物分解,它对鱼类、贝类、鸟类及人类都可造成危害。美国的鸡蛋和牛奶中已发现了这种物质。多环芳烃是通过石油化工和炼焦化学工业过程进入水中的。在地表水中,常见的多环芳烃有十多种,其中被认为有致癌作用的有 3,4-苯并芘、苯并蒽、苯并荧蒽。

2) 酚

酚的来源很广,如焦化、冶金、炼油、合成纤维、农药制造等工业都要排去含酚的废水,因此目前酚在自然界已广泛地存在。然而它是剧毒物质,当酚的浓度为 0.1～0.2 mg/L 时,水中鱼的肉就会有酚味。低浓度酚能使蛋白质变性,高浓度酚能使蛋白质沉淀并对各种细胞都有直接危害。长期饮用被酚污染的水,可引起头昏、出疹、瘙痒、贫血和各种神经系统症状。我国北方常用含酚量作为河流被污染的标志:

微污染河流:含酚量为 0.001～<0.005 mg/L;

轻污染河流:含酚量为 0.005～<0.01 mg/L;

中污染河流:含酚量为 0.01～0.5 mg/L;

重污染河流:含酚量大于 0.5 mg/L。

3) 亚硝胺

亚硝胺是一类含氮化合物,其主要代表是二甲基亚硝胺。自然界中硝酸盐分布很广,硝酸盐在还原条件下可转变为亚硝酸盐,而亚硝酸盐再与仲胺接触就可能产生亚硝胺。食品工业中制作火腿、香肠等时常用亚硝酸盐充当防腐剂,因而这些食品中常含有亚硝胺。

4) 重金属

(1) 汞:在天然水中,汞的本底浓度很低,一般不超过 0.1 μg/L。但水银法制碱工业、塑料制造工业、农药制造工业、造纸工业等的废水都将大量的汞带入水体中。如 1950—1960

年间,日本水俣湾发生的水俣病,就是由于该镇一个塑料厂排出的废水中含有机汞化合物,居民食用被汞污染的鱼类造成的。汞及其化合物属剧毒物质,极易在机体中枢神经系统、肝及肾中蓄积。尤其是有机汞,一旦在体内积累就不易降解。水俣病是由甲基汞中毒引起的,患者症状较为严重的表现为中枢神经系统损伤、四肢麻痹、小脑血液供给失调、失明等,重症患者终身残疾或死亡。

(2) 镉:在天然水中,镉含量很低,通常小于 0.001 mg/L。金属镉本身无毒,但镉的化合物毒性很大。镉污染来源于采矿、冶炼、电镀、颜料等工业部门。镉对人体和生物的危害是积累性的。在日本高山县神通川流域发生的"骨痛病"就是由慢性镉中毒导致的。

(3) 铬:六价铬化合物毒性很大,三价铬次之,单质铬对人体无害,人体缺铬反而会引起动脉粥样硬化。天然来源的铬多以单质铬和三价铬形式存在。而金属加工、皮革处理、电镀等工业都大量排放含六价铬和三价铬的废水。铬的化合物能以多种形式危害人体健康,会使人体全身中毒,致过敏及癌症等。

(4) 锌:锌是人类及哺乳动物体内必需的微量元素之一,但熔炼时产生的氧化锌具有毒性,锌对鱼类的毒性最大。

(5) 镍:金属镍毒性较低,但其化合物的毒性大,可致癌。镍化合物的浓度超过 2.5 mg/L 就能使鱼类死亡。

5) 氰化物

氰化物的来源主要是工业废水及杀虫剂。氰对许多生物有害:0.1 mg/L 氰就能杀死虫类;0.3 mg/L 氰能杀死水体赖以自净的微生物;人只要口服 0.3~0.5 mg 氰就会死亡。

6) 氟化物

氟化物污染来源于化工生产及磷肥生产等。氟化物可对鱼类产生毒性,低浓度的氟化物对人体有益,但浓度超过 1 mg/L 就会发生齿斑,更高时能使骨骼变形。

7) 有机农药

有机农药对水体的污染是十分严重的,常用的有机农药包括有机氯农药、有机磷农药等。有机氯农药种类繁多,目前已使用的有数十种,如 DDT、狄氏剂、六六六、六氯苯等。其最大的特点是化学性质比较稳定,易溶于脂肪和有机溶剂而不溶于水。有机氯农药分解一半所需的时间(即半衰期)大约为 50 年,由于它具有高脂溶性,极易在动物组织内累积。目前有机氯农药污染已相当普遍,它可以伤害鱼类,也可在人体内残留,造成慢性中毒。有机磷农药包括对硫磷、马拉硫磷等,它们虽然有毒性,但容易分解,一般不会残留在环境中造成危害。

2. 无毒性的其他污染物质

1) 可生物降解的有机质

可生物降解的有机质主要是指来自酿酒、制糖工业废水的糖类和来自屠宰场、牛奶场废水的蛋白质类(包括氨基酸、胺、脂肪酸、羟基脂肪酸等)。这类有机质经生物氧化和化学氧化时,会大量消耗水中的溶解氧,使水质恶化,甚至使水体发臭,不仅不能直接饮用,还会造成鱼类死亡。

2) 营养物质

营养物质是指促使水中植物生长,从而加速水体富营养化的各种物质。这类物质可分为化肥、生活污水(含氮、磷)、洗涤剂(含磷)等。其中化肥又分为磷肥和氮肥,后者包括硝态氮肥(硝酸盐)和铵态氮肥。大量氮和磷进入水体,会使水中藻类等浮游植物大量生长,引起水体富营养化。硝态氮肥还会形成亚硝酸根,亚硝酸根是一种致癌因子。

3）耗氧物质

耗氧物质是指大量消耗水体中溶解氧的物质,这类物质主要是含碳有机物(醛、醋酸类)、含氮化合物(有机氮、氨、亚硝酸盐)、化学还原性物质(亚硫酸盐、硫化物、亚铁盐)。

4）生物污染物质

生物污染物质主要来源于生活污水及肉类、制革等工业废水,这类污染物可分为水生病毒(如肝炎病毒等)、细菌(如大肠杆菌、弧菌等)、寄生真菌、原生动物、寄生蠕虫等。

在生物污染物质中最常见的是大肠杆菌。它本身并不致病,但它是粪便污染水体的一个指标。有些细菌可以引起痢疾、伤寒和霍乱,原生动物可引起传染病,寄生蠕虫可引起贫血等。

5）悬浮固体

悬浮固体是指进入水中的废渣、泥沙等颗粒物质,这些固体物质的存在会使水体浑浊不清,甚至淤塞河道。

6）放射性物质

由于原子能的使用日益广泛,加之天然放射性物质的存在,近年来放射性物质进入水体的数量不断增多。

1.4.3　地下水污染物的来源

地下水污染物来源较多,但是从其形成原因来看,基本有两大类:人为污染源和天然污染源。

1. 人为污染源

1）城市液体废物

城市液体废物主要包括生活污水、工业污水及地表雨水。

(1) 生活污水。生活污水中悬浮固体(SS)、氮元素(主要为 NH_4^+)、磷元素、Cl^-、细菌和病毒含量高,生化需氧量(BOD)高,其次是 Ca、Mg 等元素,重金属含量一般都是微量。其中对地下水威胁最大的是氮元素、细菌和病毒。

(2) 工业污水。工业污水种类繁多,下面仅列举一些有代表性的工业污水。食品和饮料厂:BOD 高,SS 也较高,Cl^-、酚和硫化物浓度也较高。制革厂:BOD 及总溶解固体(TDS)、Cl^-、Na^+、硫化物及铬浓度高,pH 值高。铸造厂:pH 值低,SS,酚和矿物油浓度高。电镀和金属加工:pH 值低,有毒金属(铬)、氰化物浓度高。纺织工业:SS 含量和 BOD 高,碱性水。化学工业:污水成分及浓度变化很大,其中有机毒物对地下水威胁最大,有些是致癌物。农药厂:总有机碳(TOC)含量高,有毒的苯酚衍生物含量高,有时有重金属,如汞等。

(3) 地表雨水。城市地区的雨水沿地表径流往往含有较高含量的悬浮固体,病毒和细菌的含量也很高。在北方的冬天,由于路面抛洒融雪剂,如 NaCl 和尿素,随着地表雨水径流,Na^+、Cl^- 和 NH_4^+ 含量升高。

2）城市固体废物

城市固体废物包括生活垃圾、工业垃圾及污泥等。

(1) 生活垃圾。新鲜的生活垃圾含有较多的硫酸盐、氯化物、氨、TOC、细菌混杂物和腐败的有机质,BOD 高。这些废物经生物降解和雨水淋滤后,可产生 Cl^-、SO_4^{2-}、NH_4^+、TOC 和 SS 含量及 BOD 高的淋滤液,还可产生 CO_2 和 CH_4 气体。淋滤液中上述组分浓度峰值出现在废物排放的最初 1～2 年内,此后相当长的时间(或许几十年)内,其浓度无规律地降低。TOC 的 80% 以上为脂肪酸,经细菌降解可变为高分子量的有机物,在潮湿温带地区,其降解期为 5～

10 年,在干旱地区,由于缺乏水分,其降解速度会受到限制。

（2）工业垃圾。工业垃圾来源复杂,种类繁多。冶金工业产生含氰化物的垃圾;造纸工业产生含亚硫酸盐的垃圾;电子工业产生含汞的垃圾;石油化学工业产生含多氯联苯（PCBs）和含酚焦油的垃圾;燃煤热电厂产生粉尘,粉尘淋滤液可产生 As、Cr、Se 和 Cl$^-$;燃煤产生的污染物还有煤灰,其中大部分是中性物质,只有约 2% 的可溶物,它含有硫酸盐,以及微量金属,如 Ge 和 Se 等。

（3）污泥。污泥除含有各种金属外,还含有大量的植物养分,如 N、P、K 元素等。

3）农业活动及采矿活动

在农业活动中,农药、化肥及农家肥的使用是重要的地下水非点状污染源,它可引起大面积的浅层潜水水质恶化,其中主要是硝态氮的增加。

矿床开采过程中,可能成为地下水污染源的是尾矿淋滤液及矿石加工厂的污水,此外,矿坑疏干,使氧进入原来的地下水环境里,使某些矿物氧化而成为地下水污染源。例如煤矿,其主要污染是含煤地层中的黄铁矿,它被氧化并经淋滤后,使地下水中 Fe^{3+} 和 SO$_4^{2-}$ 含量升高,pH 值降低。采煤过程中由于地层中分离出沉积水,也可能使地下水中 Cl$^-$ 含量升高。

2. 天然污染源

天然污染源是天然存在的。地下水开采活动可能导致天然污染源进入开采含水层。天然污染源主要是海水、含盐高及水质差的含水层。在海岸地区,由于地下淡水的超量开采引起海水入侵;在内陆地区,由于上层地下淡水超量开采而形成下层盐水的上升锥等均属此类。

第2章　建设用地土壤污染防治法律法规、政策及标准

2.1　建设用地土壤污染防治法律法规体系发展概况

我国土壤污染防治工作起步相对较晚,基础薄弱,2018 年前,我国土壤污染防治法律体系尚未形成,土壤污染防治工作在有关环境保护、固体废物、土地管理、农产品质量安全等法律中略有提及,但均为较宽泛或原则性的土壤污染预防要求,缺乏系统性、针对性,对于如何系统开展土壤污染防治、解决已有土壤污染等问题均未提及,如《中华人民共和国环境保护法》中第三十二条"国家加强对大气、水、土壤等的保护,建立和完善相应的调查、监测、评估和修复制度",第三十三条"各级人民政府应当加强对农业环境的保护,促进农业环境保护新技术的使用,加强对农业污染源的监测预警,统筹有关部门采取措施,防治土壤污染和土地沙化、盐渍化、贫瘠化、石漠化、地面沉降以及防治植被破坏、水土流失、水体富营养化、水源枯竭、种源灭绝等生态失调现象,推广植物病虫害的综合防治",第五十条"各级人民政府应当在财政预算中安排资金,支持农村饮用水水源地保护、生活污水和其他废弃物处理、畜禽养殖和屠宰污染防治、土壤污染防治和农村工矿污染治理等环境保护工作"。

为了保护和改善生态环境,防治土壤污染,保障公众健康,推动土壤资源永续利用,推进生态文明建设,促进经济社会可持续发展,2018 年 8 月 31 日,第十三届全国人大常务委员会第五次会议通过了《中华人民共和国土壤污染防治法》(以下简称《土壤法》)。这是我国首次制定专门的法律来规范土壤污染防治,该法于 2019 年 1 月 1 日起施行。

尽管我国整体土壤污染防治工作起步较晚,但最早于 2004 年,国务院及生态环境主管部门已经就建设用地开发过程中凸显的土壤污染环境问题出台了相应的政策文件,如《关于切实做好企业搬迁过程中环境污染防治工作的通知》(环办〔2004〕47 号)、《关于加强土壤污染防治工作的意见》(环发〔2008〕48 号)、《关于保障工业企业场地再开发利用环境安全的通知》(环发〔2012〕140 号)、《国务院办公厅关于印发近期土壤环境保护和综合治理工作安排的通知》(国办发〔2013〕7 号)、《国务院办公厅关于推进城区老工业区搬迁改造的指导意见》(国办发〔2014〕9 号)、《关于加强工业企业关停、搬迁及原址场地再开发利用过程中污染防治工作的通知》(环发〔2014〕66 号)、《国务院关于印发土壤污染防治行动计划的通知》(国发〔2016〕31 号)等,《土壤污染防治行动计划》对今后一个时期我国土壤污染防治工作作出了全面战略部署,具有里程碑意义,为接下来的《土壤法》的颁发奠定了基础。

为了更好地了解我国建设用地(原有政策及技术文件中称为"工业企业用地"或"场地")土壤污染防治的发展历程,深刻了解其发展过程的背景,下面针对《土壤污染防治行动计划》印发前具有代表性的政策法规进行介绍。

2.1.1　《关于切实做好企业搬迁过程中环境污染防治工作的通知》

2004 年我国正处在城镇建设发展期,在各地产业结构和城市布局调整中,许多企业或生产经营单位搬出城镇中心,原有土地使用性质发生改变,如进行房地产开发和其他建设等。遗

留污染物或土壤污染造成了一些环境污染事故,基于这一大背景,2004年6月,为保障人民群众的生命安全和维护正常的生产建设活动,防止环境污染事故发生,原国家环保总局办公厅印发了《关于切实做好企业搬迁过程中环境污染防治工作的通知》(环办〔2004〕47号),该通知中提出了所有产生危险废物的工业企业、实验室和生产经营危险废物的单位用地涉及改变原有土地使用性质时,需开展相关监测、评估、修复等工作;同时要求对已经开发和正在开发的外迁工业区域,尽快制订土壤环境状况调查、勘探、监测方案,对施工范围内的污染源进行调查,确定清理工作计划和土壤功能恢复实施方案,尽快消除土壤环境污染;此外,对于遗留污染物造成的环境污染问题,明确了原生产经营单位负责治理并恢复土壤使用功能的责任。

2.1.2 《关于加强土壤污染防治工作的意见》

到2008年,我国土壤污染防治工作的重要性和紧迫性已得到了充分的认识,为贯彻落实党的十七大精神和《国务院关于落实科学发展观加强环境保护的决定》,改善土壤环境质量,保障农产品质量安全,建设良好人居环境,促进社会主义新农村建设,原国家环境保护部发布《关于加强土壤污染防治工作的意见》,其中明确了土壤污染防治的指导思想、基本原则和主要目标。具体到建设用地土壤污染防治上就是"城市地区要根据城镇建设和土地利用的有关规划,以规划调整为非工业用途的工业遗留遗弃污染场地土壤为监管重点"。该意见提出了要逐步建立土壤污染防治监督管理体系,出台一批有关土壤污染防治的政策、法律法规,土壤污染防治标准体系进一步完善的主要目标,同时提出了一系列对污染场地土壤环境保护监督管理的要求。

(1)结合重点区域土壤污染状况调查,对污染场地特别是城市工业遗留、遗弃污染场地土壤进行系统调查,掌握原厂址及其周边土壤和地下水污染物种类、污染范围和污染程度,建立污染场地土壤档案和信息管理系统。

(2)建立污染土壤风险评估和污染土壤修复制度。对污染企业搬迁后的厂址和其他可能受到污染的土地进行开发利用的,环保部门应督促有关责任单位或个人开展污染土壤风险评估,明确修复和治理的责任主体和技术要求,监督污染场地土壤治理和修复,降低土地再利用特别是改为居住用地后对人体健康影响的风险。

(3)对于遗留污染物造成的土壤及地下水污染等环境问题,由原生产经营单位负责治理并恢复土壤使用功能。加强对化工、电镀、油料存储等重点行业、企业的监督检查,发现土壤污染问题,要及时进行处理。区域性或集中式工业用地拟规划改变其用途的,所在地环保部门要督促有关单位对污染场地进行风险评估,并将风险评估的结论作为规划环评的重要依据。同时,要积极推动有关部门依法开展规划环境影响评价,并按规定程序组织审查规划环境影响评价文件;对未依法开展规划环境影响评价的区域,环保部门依法不得批准该区域内新建项目环境影响评价文件。

(4)按照"谁污染、谁治理"的原则,被污染的土壤或者地下水,由造成污染的单位或个人负责修复和治理。

(5)造成污染的单位因改制或者合并、分立而发生变更的,其所承担的修复和治理责任,依法由变更后继承其债权、债务的单位承担。变更前有关当事人另有约定的,从其约定;但是不得免除当事人的污染防治责任。

(6)造成污染的单位已经终止,或者由于历史等原因确实不能确定造成污染的单位或者个人的,被污染的土壤或者地下水,由有关人民政府依法负责修复和治理;造成污染的单位享有的土地使用权依法转让的,由土地使用权受让人负责修复和治理。有关当事人另有约定的,从其约定;但是不得免除当事人的污染防治责任。

此外,该意见提出需进一步开展污染土壤修复与综合治理试点示范。根据土壤污染状况调查结果,组织有关部门和科研单位,筛选污染土壤修复实用技术,加强污染土壤修复技术集成,选择有代表性的污染场地,开展污染土壤治理与修复试点。重点支持一批国家级重点治理与修复示范工程,为在更大范围内修复污染土壤提供示范、积累经验。

该意见的发布表明,当时我国已初步形成关闭搬迁企业类建设用地管理的框架,主要包括四个部分:① 管理对象,即调整规划用地性质的工业遗留遗弃污染场地;② 工作制度,即开展调查和风险评估及治理修复;③ 污染责任主体认定,即“谁污染、谁治理”原则及责任认定;④ 法律法规依据,将土壤污染防治相关工作与已有的环境影响评价的行政审批紧密关联。

2.1.3 《关于保障工业企业场地再开发利用环境安全的通知》

到 2012 年,随着我国产业结构调整的深入推进,大量工业企业被关停并转、破产或搬迁,腾出的工业企业场地作为城市建设用地被再次开发利用。一些重污染企业遗留场地的土壤和地下水受到污染,环境安全隐患突出。原环境保护部、工业和信息化部、原国土资源部、住房和城乡建设部联合印发了《关于保障工业企业场地再开发利用环境安全的通知》,进一步系统地对工业企业遗留场地类的建设用地管理框架进行完善:① 管理对象,新增了四部门合力排查被污染场地并将其纳入管理,强调对化工、金属冶炼、农药、电镀和危险化学品生产、储存、使用等工业用地的监管,第一次提出了源头监管要求,要求新(改、扩)建的建设项目提出相关土壤防治措施等;② 工作制度,再次明确需开展调查、风险评估及治理修复,且相关报告应进行专家论证,并报生态环境主管部门备案,提出从业单位准入的设想,同时要求合理规划被污染场地的土地用途;③ 污染责任主体认定,基于“谁污染、谁治理”的原则,进一步明确了造成场地污染的单位已经终止的情况,由所在地县级以上地方人民政府依法承担相关责任;④ 法律法规依据,将建设用地的土壤污染防治与后续的环境影响评价关联,并将其与土地流转直接挂钩,未进行场地环境调查及风险评估的,未明确治理修复责任主体的,禁止进行土地流转。

2.1.4 《国务院办公厅关于印发近期土壤环境保护和综合治理工作安排的通知》

到 2013 年,我国各地已累计开展了一系列土壤污染状况调查、综合整治等工作,结果表明,我国土壤环境状况总体仍不乐观,因此国务院办公厅印发了《近期土壤环境保护和综合治理工作安排》,就我国土壤污染防治(包括建设用地及农用地等)提出相应要求及工作目标,就建设用地而言,主要工作重点及任务包括以下内容。

1. 源头控制

要求严格控制新增土壤污染。包括严格环境准入,即对新建项目严格把控,防止造成新的土壤污染,其次,加强对现有源头如重污染企业的监测及监管。

2. 风险管控

根据土壤环境质量,划分土壤环境保护优先区域,禁止在优先区域内新建有色金属、皮革制品、石油煤炭、化工医药、铅蓄电池制造等项目,防范土壤污染风险。对于已被污染的场地,改变用途或变更使用权人的,要求按照有关规定开展土壤环境风险评估,并对土壤环境进行治理修复,未开展风险评估或土壤环境质量不能满足建设用地要求的,有关部门不得核发土地使用证和施工许可证。要求建立土壤环境强制调查评估与备案制度。

3. 开展土壤污染治理与修复试点示范

要求珠三角、长三角地区等,选择典型污染区域开展试点工作,进一步摸清土壤修复治理工作的重点难点。

4. 提升土壤环境监管能力

加强土壤环境监管队伍与执法能力建设。从监管能力方面,对土壤污染防治提出要求。

该通知的发布,表明我国在重点关注关闭企业的建设用地土壤污染防治的基础上,逐步增强对现有污染源(即在产企业)、潜在污染源(即新增建设项目)的土壤环境监管。

2.2 《中华人民共和国土壤污染防治法》

《中华人民共和国土壤污染防治法》(以下简称《土壤法》)是我国首次制定的土壤污染防治的专门法律,填补了我国土壤污染防治立法的空白,完善了我国生态环境保护、污染防治的法律制度体系。《土壤法》共七章,就土壤污染防治的基本原则、土壤污染防治基本制度、预防和保护、风险管控和修复、经济措施、监督检查和法律责任等重要内容作出了明确规定,下面重点介绍其中建设用地土壤污染防治的相关内容。

2.2.1　土壤污染防治原则

土壤污染防治坚持预防为主、保护优先、分类管理、风险管控、污染担责、公众参与的原则。预防为主是指人类活动可能导致环境质量下降时,应当事先采取预测、分析和防范措施,以避免、减少由此带来的环境损害。这主要考虑了土壤污染的特性,一旦被污染,治理和修复成本很高,且部分污染破坏是不可逆的;保护优先是指土壤开发利用需要充分考虑土壤质量保护,要避免"先污染后治理",防止"先破坏后修复";分类管理主要用于农用地的土壤污染防治;风险管控是指综合经济和技术分析,针对已经造成的土壤污染所做的应对策略或一种处置方式,一旦土壤污染形成,是采取不计成本地开展治理修复抑或是采取适当的措施以避免或者降低污染对人和生态环境的损害,应将风险可接受作为土壤污染防治的底线,综合考量经济、技术、风险三者的矛盾,制订技术可行、经济有效、风险可控的应对措施;污染担责是指造成土壤环境污染的责任者应该承担其造成污染损害的责任,2021年,国家生态环境主管部门已专门印发了《建设用地土壤污染责任人认定暂行办法》;公众参与是指公众主要在土壤污染防治立法、相关政策制定和土壤污染防治公共管理等三个层面的参与,要求在土壤污染防治工作中,通过依法公开信息、征求公众意见、处理公众投诉举报、提起公益诉讼等方式,鼓励公众参与。

2.2.2　土壤污染防治基本制度

土壤污染防治基本制度主要包括政府责任分工及工作制度、土壤污染防治规划制度、风险管控标准制度、土壤污染状况普查制度、部分建设用地重点监测制度等基本制度。

1. 政府责任分工及工作制度

《土壤法》明确了我国土壤污染防治的政府工作体制,以国家统筹支持土壤污染防治科学技术研究开发、成果转化、推广应用、产业发展、专业技术人才培养等工作,国务院生态环境主管部门对全国土壤污染防治工作实施统一监督管理,国务院农业农村、自然资源、住房城乡建设、林业草原等主管部门在各自职责范围内对土壤污染防治工作实施监督管理,共同建立土壤环境信息共享机制。各级地方人民政府对本行政区域土壤污染防治和安全利用负责,引导公众依法参与土壤污染防治。

2. 土壤污染防治规划制度

县级以上人民政府应当将土壤污染防治工作纳入国民经济和社会发展规划、环境保护规划,根据环境保护规划要求、土地用途、土壤污染状况普查和监测结果等,编制土壤污染防治规划。

3. 风险管控标准制度

国务院生态环境主管部门根据土壤污染状况、公众健康风险、生态风险和科学技术水平,按照土地用途,负责制定国家土壤污染风险管控标准。

省级人民政府对国家土壤污染风险管控标准中未作规定的项目,可以制定地方土壤污染风险管控标准;对国家土壤污染风险管控标准中已作规定的项目,可以制定严于国家土壤污染风险管控标准的地方土壤污染风险管控标准。地方土壤污染风险管控标准应当报国务院生态环境主管部门备案。土壤污染风险管控标准是强制性标准。

4. 土壤污染状况普查制度

国务院统一领导全国土壤污染状况普查。国务院生态环境主管部门会同国务院农业农村、自然资源、住房城乡建设、林业草原等主管部门,每十年至少组织开展一次全国土壤污染状况普查,其中对于建设用地,以重点行业企业用地为重点进行调查。

5. 部分建设用地重点监测制度

地方人民政府生态环境主管部门应当会同自然资源主管部门对下列建设用地地块进行重点监测:

（1）曾用于生产、使用、储存、回收、处置有毒有害物质的地块;

（2）曾用于固体废物堆放、填埋的地块;

（3）曾发生过重大、特大污染事故的地块;

（4）国务院生态环境、自然资源主管部门规定的其他情形。

2.2.3 预防和保护制度

建设用地土壤的预防和保护制度包括两点:一是结合土地开发规划及已有环境影响评价审批的行政管理工作,从源头上严格控制土壤污染的产生;二是紧抓现有的重点污染源,建立在产企业土壤污染重点监管单位名录制度、重点监管单位关停后拆除活动的土壤污染防治制度等。

1. 各类规划与建设项目环境影响评价行政管理制度

《土壤法》第十八条要求"各类涉及土地利用的规划和可能造成土壤污染的建设项目,应当依法进行环境影响评价。环境影响评价文件应当包括对土壤可能造成的不良影响及应当采取的相应预防措施等内容",第三十二条要求"县级以上地方人民政府及其有关部门应当按照土地利用总体规划和城乡规划,严格执行相关行业企业布局选址要求,禁止在居民区和学校、医院、疗养院、养老院等单位周边新建、改建、扩建可能造成土壤污染的建设项目"。

2. 在产企业土壤污染重点监管单位名录制度

《土壤法》要求设区的市级以上地方人民政府生态环境主管部门应当按照国务院生态环境主管部门的规定,根据有毒有害物质排放等情况,制定本行政区域土壤污染重点监管单位名录,向社会公开并适时更新。同时明确了土壤污染重点监管单位应履行下列义务:

（1）严格控制有毒有害物质的排放，并按年向生态环境主管部门报告排放情况；

（2）建立土壤污染隐患排查制度，保证持续有效防止有毒有害物质渗漏、流失、扬散；

（3）制订、实施自行监测方案，并将监测数据报生态环境主管部门。

土壤污染重点监管单位应当对监测数据的真实性和准确性负责。

同时也明确了生态环境主管部门的责任：生态环境主管部门发现土壤污染重点监管单位监测数据异常，应当及时进行调查；应当定期对土壤污染重点监管单位周边土壤进行检测。

3. 重点监管单位关停后拆除活动的土壤污染防治制度

企业事业单位拆除设施、设备或者建筑物、构筑物的，应当采取相应的土壤污染防治措施。

土壤污染重点监管单位拆除设施、设备或者建筑物、构筑物的，应当制订包括应急措施在内的土壤污染防治工作方案，报地方人民政府生态环境、工业和信息化主管部门备案并实施。2017 年，原国家环境保护部印发了《企业拆除活动污染防治技术规定（试行）》的技术文件。

2.2.4　风险管控和修复制度

风险管控和修复制度的一般规定中明确了其工作的主要环节以及各环节工作基本要求，明确了土壤污染责任人认定方法及其责任。对于建设用地，则进一步明确了建设用地土壤污染风险管控和修复名录制度和启动土壤污染状况调查的几种情形。

1. 工作的主要环节

土壤污染风险管控和修复的主要目的是通过调查土壤污染风险情况，并根据调查结果开展风险评估，继而采取相应的措施，控制或治理修复受污染的土壤，主要包括土壤污染状况调查和土壤污染风险评估、风险管控、修复、风险管控效果评估、修复效果评估、后期管理等环节。

2. 各环节工作基本要求

实施土壤污染状况调查活动，应当编制土壤污染状况调查报告。土壤污染状况调查报告应当主要包括地块基本信息、污染物含量是否超过土壤污染风险管控标准等内容。污染物含量超过土壤污染风险管控标准的，土壤污染状况调查报告还应当包括污染类型、污染来源以及地下水是否受到污染等内容。

实施土壤污染风险评估活动，应当编制土壤污染风险评估报告。土壤污染风险评估报告应当主要包括以下内容：主要污染物状况，土壤及地下水污染范围，农产品质量安全风险、公众健康风险或者生态风险，风险管控、修复的目标和基本要求等。

实施风险管控、修复活动，不得对土壤和周边环境造成新的污染。

实施风险管控、修复活动中产生的废水、废气和固体废物，应当按照规定进行处理、处置，并达到相关环境保护标准。

实施风险管控、修复活动中产生的固体废物以及拆除的设施、设备或者建筑物、构筑物属于危险废物的，应当依照法律法规和相关标准的要求进行处置。修复施工期间，应当设立公告牌，公开相关情况和环境保护措施。

修复施工单位转运污染土壤的，应当制订转运计划，将运输时间、方式、路线和污染土壤数量、去向、最终处置措施等，提前报所在地和接收地生态环境主管部门。转运地污染土壤属于危险废物的，修复施工单位应当依照法律法规和相关标准的要求进行处置。

实施风险管控效果评估、修复效果评估活动，应当编制效果评估报告。效果评估报告应当主要包括是否达到土壤污染风险评估报告确定的风险管控、修复目标等内容。风险管控、修复活动完成后，需要实施后期管理的，土壤污染责任人应当按照要求实施后期管理。

从事土壤污染状况调查和土壤污染风险评估、风险管控、修复、风险管控效果评估、修复效果评估、后期管理等活动的单位,应当具备相应的专业能力。受委托从事上述活动的单位对其出具的调查报告、风险评估报告、风险管控效果评估报告、修复效果评估报告的真实性、准确性、完整性负责,并按照约定对风险管控、修复、后期管理等活动结果负责。

3. 土壤污染责任人认定及其责任

土壤污染责任人不明确或者存在争议的,农用地由地方人民政府农业农村、林业草原主管部门会同生态环境、自然资源主管部门认定,建设用地由地方人民政府生态环境主管部门会同自然资源主管部门认定。土壤污染责任人变更的,由变更后承继其债权、债务的单位或者个人履行相关土壤污染风险管控和修复义务并承担相关费用。2021 年,国家生态环境主管部门已专门印发了《建设用地土壤污染责任人认定暂行办法》。

土壤污染责任人负有实施土壤污染风险管控和修复的义务。土壤污染责任人无法认定的,土地使用权人应当实施土壤污染风险管控和修复。因实施或者组织实施土壤污染状况调查和土壤污染风险评估、风险管控、修复、风险管控效果评估、修复效果评估、后期管理等活动所支出的费用,由土壤污染责任人承担。

4. 建设用地土壤污染风险管控和修复名录制度

建设用地土壤污染风险管控和修复名录制度是严格建设用地准入管理,保障人居环境安全的一项基础制度,名录由省级人民政府生态环境主管部门会同自然资源等主管部门制定,按照规定向社会公开,并根据风险管控、修复情况适时更新。

省级人民政府生态环境主管部门会同自然资源等主管部门负责组织土壤污染风险评估报告的评审,将需要实施风险管控、修复的地块纳入建设用地土壤污染风险管控和修复名录。《广东省生态环境厅 广东省自然资源厅关于委托广州、深圳市组织建设用地土壤污染风险管控和修复有关报告评审工作的通知》(粤环函〔2021〕127 号)明确了广州市、深圳市的生态环境和自然资源主管部门可组织评审工作。

对建设用地土壤污染风险管控和修复名录中的地块,土壤污染责任人应当按照国家有关规定以及土壤污染风险评估报告的要求,采取相应的风险管控措施,并定期向地方人民政府生态环境主管部门报告。地方人民政府生态环境主管部门也可以根据实际情况(主要针对因各种缘由,暂无人对名录中地块实施风险管控或修复措施,或未及时采取管控措施的情形)采取一定的风险管控措施,如提出划定隔离区域的建议,报本级人民政府批准后实施,进行土壤及地下水污染状况监测,及其他风险管控措施。土壤污染防治相关费用则由土壤污染责任单位或土地使用权人承担。

风险管控、修复活动完成后,土壤污染责任人应当另行委托有关单位对风险管控效果、修复效果进行评估,并将效果评估报告报地方人民政府生态环境主管部门备案。对达到土壤污染风险评估报告确定的风险管控、修复目标的建设用地地块,土壤污染责任人、土地使用权人可以申请省级人民政府生态环境主管部门将其移出建设用地土壤污染风险管控和修复名录。未达到土壤污染风险评估报告确定的风险管控、修复目标的建设用地地块,禁止开工建设任何与风险管控、修复无关的项目。

5. 启动建设用地土壤污染状况调查的几种情形

① 对土壤污染状况普查、详查和监测、现场检查表明有土壤污染风险的建设用地地块,地方人民政府生态环境主管部门应当要求土地使用权人按照规定进行土壤污染状况调查。

② 用途变更为住宅、公共管理与公共服务用地的,变更前应当按照规定进行土壤污染状

况调查。

③ 土壤污染重点监管单位生产经营用地的用途变更或者在其土地使用权收回、转让前，应当由土地使用权人按照规定进行土壤污染状况调查。土壤污染状况调查报告应当作为不动产登记资料送交地方人民政府不动产登记机构，并报地方人民政府生态环境主管部门备案。

2.3　现行法规及政策

本书将现行法律法规政策分为两类：一类为《土壤法》颁布前印发的，大多数内容在《土壤法》中得以体现；另一类为《土壤法》颁布后印发的，主要为落实法律条文中的要求或者对其进行补充细化的法规政策。

《土壤法》颁布前，国家层面主要的法规政策文件有《国务院关于印发土壤污染防治行动计划的通知》（国发〔2016〕31号）、《污染地块土壤环境管理办法》（环境保护部部令第42号）和《工矿用地土壤环境管理办法（试行）》（生态环境部部令第3号），各省、市则根据各自情况印发了相应的法规政策，如各省、市层面均印发实施了与《土壤污染防治行动计划》相应的土壤污染防治行动计划实施方案/工作方案。另外，上海市于2016年印发了《上海市经营性用地和工业用地全生命周期管理土壤环境保护管理办法》，广州市于2018年印发了《广州市污染地块再开发利用环境管理实施方案（试行）》等。

《土壤法》颁布后，国家层面针对法律条款中的要求出台了相应的法规政策文件，主要有如下文件。

（1）《建设用地土壤污染状况调查、风险评估、风险管控及修复效果评估报告评审指南》。该指南明确了建设用地土壤污染状况调查、风险评估、风险管控及修复效果评估报告评审的机制及适用情况、评审依据及有关原则、评审程序及时限、专家评审要求及评审后的管理等内容。

（2）《土壤污染防治基金管理办法》。该办法是落实《土壤法》中关于国家加大土壤污染防治资金投入力度，建立土壤污染防治基金制度的具体体现，主要明确了基金运作、管理方式以及具体的用途，包括针对土壤污染责任人或者土地使用权人无法确定的土壤污染风险管控和修复等。

（3）《建设用地土壤污染责任人认定暂行办法》。该办法进一步明确了建设用地土壤污染责任认定的适用范围、组织实施单位、工作开展流程等内容。

2.4　技术规范、标准

建设用地土壤污染防治工作中，国家层面现行的主要相关技术规范、导则及标准如下：

（1）《建设用地土壤污染风险管控和修复术语》（HJ 682—2019）；

（2）《建设用地土壤污染状况调查技术导则》（HJ 25.1—2019）；

（3）《建设用地土壤污染风险管控和修复监测技术导则》（HJ 25.2—2019）；

（4）《建设用地土壤污染风险评估技术导则》（HJ 25.3—2019）；

（5）《建设用地土壤修复技术导则》（HJ 25.4—2019）；

（6）《污染地块风险管控与土壤修复效果评估技术导则》（HJ 25.5—2018）；

（7）《污染地块地下水修复和风险管控技术导则》（HJ 25.6—2019）；

（8）《地块土壤和地下水中挥发性有机物采样技术导则》（HJ 1019—2019）；

（9）《工业企业场地环境调查评估与修复工作指南（试行）》（2014 年）；

（10）《建设用地土壤环境调查评估技术指南》（2017 年）；

（11）《土壤环境质量　建设用地土壤污染风险管控标准（试行）》（GB 36600—2018）；

（12）《地下水质量标准》（GB/T 14848—2017）；

（13）《固体废物鉴别标准　通则》（GB 34330—2017）；

（14）《危险废物鉴别标准　通则》（GB 5085.7—2019）；

（15）《重点监管单位土壤污染隐患排查指南（试行）》（2021 年）。

第 3 章　污染物在环境中的迁移转化

污染物迁移是指其在环境中发生空间位置的移动以及其所引起的富集、扩散和消失过程。污染物在环境中的迁移常伴随着污染物的转化,使污染物在环境中通过物理、化学或生物的作用改变其形态或转变为另一种物质。如通过废气、废渣、废液的排放,农药的使用以及汞矿床的扩散等各种途径进入水环境的汞,会富集于沉积物中。

土壤系统是一个非均质的复杂体系,包括有机固体颗粒、矿物和气体。污染物可以通过长期扩散、沉积、自然矿化作用进入土壤系统,也可以通过水池或管道泄漏等短期释放高浓度的方式进入土壤系统。污染物进入土壤系统后可以在固相、液相和气相介质之间发生不同的分配和迁移行为,例如,土壤中的金属可以以至少五种形态存在,包括结晶态、沉淀态、可交换离子态、有机螯合态以及生物结合态等。污染物也可溶解于水中或挥发到包气带土壤的孔隙中。

3.1　污染物在土壤中的迁移转化

3.1.1　土壤污染物的化学分配行为

模拟污染物在土壤中的分配行为最常用的方法是预测两相之间的平衡分配行为。分配模型通常基于如下假设:已知污染物在某介质中的浓度,当经过足够长的时间达到平衡后,计算污染物在第二种介质中的平衡浓度。目前,国际上普遍采用线性分配模型预测污染物在土壤不同相间的分配行为。

土壤系统可分为吸附相、液相、气相三相介质:

(1)吸附相,污染物在矿物和有机质颗粒表面发生可逆吸附行为;

(2)液相(土壤水),污染物溶解于土壤孔隙水中;

(3)气相(土壤空气),污染物存在于土壤孔隙中。

表 3.1 总结了污染物在土壤三相介质中关键的分配关系,其中最重要的是污染物吸附态或结合态浓度与其在溶液中浓度的关系,二者的比值用土壤-水分配系数(K_d)来描述。

表 3.1　土壤相与化学分配系数

关　　系	分配系数
吸附相和液相	土壤-水分配系数(K_d)
吸附相和气相[1]	土壤-空气分配系数
液相和气相[2]	空气-水分配系数(H)

注:1 为评估污染物在土壤环境中的归趋行为时非常重要的迁移途径;2 为直接测量或从亨利定律常数中计算得到。

K_d 的值可以根据实验或公式(3.1)获得

$$K_d = \frac{C_{sb}}{C_w} \tag{3.1}$$

式中:K_d——土壤-水分配系数,cm^3/g;

C_{sb}——污染物吸附态浓度，mg/g；

C_w——土壤溶液中的污染物浓度，mg/cm³。

大量文献表明，在不同土壤条件下，无机物的 K_d 分布范围较广，因此应根据实际情况谨慎选择 K_d 的默认值。例如，当模拟放射性核素在环境中的迁移时，土壤中镉（Cd）被广泛使用的 K_d 的默认值为 40 cm³/g，该值取自多篇文献中 8 个参考值的几何平均值，其范围为 7~962 cm³/g。显然，无机物的 K_d 具有显著的不确定性。

另外，有机物在土壤中的环境行为与其自身化学性质密切相关。研究发现，在没有自由相存在的条件下，中性有机物（无高强度的离子特性）的 K_d 与土壤有机碳含量密切相关。因此，K_d 可以根据有机物与有机碳的化学亲和力和土壤中有机碳的含量来预测：

$$K_d = K_{oc} f_{oc} \tag{3.2}$$

式中：K_d——含义见公式（3.1）；

K_{oc}——有机碳土壤-水分配系数，cm³/g；

f_{oc}——土壤有机碳含量，g/g。

有机物的 K_{oc} 已在文献中被广泛报道。也有研究人员根据 K_{oc} 与有机物脂溶性亲和力之间的半经验关系，以正辛醇-水分配系数（K_{ow}）来预测。

文献报道中的有机污染物的 K_{oc} 变化范围可能较大。因此，欧洲化学品管理局颁布的风险评估技术导则中推荐利用 K_{ow} 来计算 K_{oc}，以保持二者关系的一致性，如公式（3.3）和公式（3.4）所示。欧盟化学品管理局还列出了其他 17 种计算方法用于酚类、酯类和有机酸等特定化学物质及其衍生物的 K_{oc} 计算。

疏水性化合物：

$$\lg K_{oc} = 0.81 \times \lg K_{ow} + 0.10 \tag{3.3}$$

非疏水性化合物：

$$\lg K_{oc} = 0.52 \times \lg K_{ow} + 1.02 \tag{3.4}$$

式中：K_{oc}——含义见公式（3.2）；

K_{ow}——正辛醇-水分配系数，cm³/g。

公式（3.3）适用于 $\lg K_{ow}$ 范围在 1.0~7.5 且只含有碳、氢或卤族元素的多数有机物；公式（3.4）适用于公式（3.3）无法涵盖的有机物，$\lg K_{ow}$ 范围为 2.0~8.0，且含有氧和氮原子的有机物，如酚类、酯类、胺类。

苯、汞等挥发性化合物可以从水溶液或土壤中挥发至室外空气中，也可以进入室内环境，这类物质的 K_{oc} 与其挥发特性、蒸气压、空气-水分配系数（H，无量纲）有关。

对于同一种污染物，文献报道的亨利常数的变化范围可能跨越几个数量级。目前，对于低挥发性有机物的理解普遍存在一个误区，即认为低挥发性有机物（如 DDT）的亨利常数应该也比较低，但事实并非如此，因为这些物质在水中的溶解度可能也较低。目前普遍将亨利常数大于 1×10^{-5} atm·m³/mol（即大于 1 Pa·m³/mol）的有机物归为挥发性有机物。

当评估显著挥发性污染物在土壤和水溶液之间的分配平衡时，必须考虑污染物从液相向气相的挥发分配作用。公式（3.5）描述了有机物土壤总浓度和土壤孔隙溶液浓度的比值，以总土壤-水分配系数（K_{sw}）表示。

$$K_{sw} = \frac{\theta_{ws} + K_d \rho_b + H' \theta_{as}}{\rho_b} \tag{3.5}$$

式中：K_{sw}——总土壤-水分配系数，cm³/g；

K_d——含义见公式(3.1);

θ_{ws}——包气带中的孔隙水体积比,无量纲;

θ_{as}——包气带中的孔隙空气体积比,无量纲;

ρ_b——土壤容重,g/cm^3;

H'——环境温度下的亨利常数,无量纲。

3.1.2　土壤中的污染饱和浓度

污染物在土壤固、液、气三相中的分配模拟过程主要基于"土壤中污染物浓度较低,且发生线性分配行为"这一假设。在风险评估过程中,可能出现模型推导的筛选值或修复目标值超出理论限值的情形,因此需要对模型推导值的合理性进行检验,详见表3.2。

表 3.2　模型推导值的合理性检验

检 验 规 则	检 验 类 型
液相中浓度不能超过纯物质的最大溶解度	模型推导值是否超过饱和溶解度
气相浓度不能超过纯物质的饱和蒸气浓度	模型推导值是否超过饱和蒸气浓度
吸附相浓度不能超过土壤最大表面吸附容量	—
不存在非水相液体(NAPL)或结晶盐等自由相污染物	自由相污染物存在条件下该如何计算

饱和溶解度:当土壤孔隙水中的污染物浓度超过该纯物质在相应环境温度和压力下的最大溶解度时,需计算土壤中污染物的饱和浓度(C_{satw}),无明显挥发性的无机物采用公式(3.6)计算,有机物和挥发性无机物采用公式(3.7)计算。当模型推导的筛选值或修复目标值超过C_{satw}时,评估者应考虑该分配模型方法的不确定性是否会影响最终的评估结果。例如,当土壤中污染物浓度超过C_{satw}时,可能高估通过植物吸收和蒸气吸入暴露途径的风险。此外,污染物的最大溶解度是指溶液中只有该污染物存在时的溶解度极限,当溶液中存在其他化合物时可能显著改变原化合物的溶解度,如果出现非水相液体,其产生的增溶作用也可增大化合物的溶解度。

$$C_{satw} = SK_d \tag{3.6}$$
$$C_{satw} = SK_{sw} \tag{3.7}$$

式中:C_{satw}——基于污染物最大溶解度的土壤中污染物的饱和浓度,mg/kg;

S——纯物质在相应环境温度和压力下的最大溶解度,mg/L;

K_d——含义见公式(3.1);

K_{sw}——含义见公式(3.5)。

饱和蒸气浓度:当土壤气相中污染物的浓度超过该纯物质在相应环境温度和压力下的饱和蒸气浓度时,需根据公式(3.8)计算土壤中污染物的饱和蒸气浓度($C_{sat,vap}$),对$C_{sat,vap}$进行质量单位的转换计算如公式(3.9)所示。当土壤中的污染物浓度值超过C_{satv}时,风险评估者应该考虑该分配模型方法的不确定性是否会影响最终评估结果。例如,当土壤中污染物浓度超过C_{satv}时,可能高估通过蒸气吸入暴露途径的风险。

$$C_{sat,vap} = p_v \frac{M}{RT_{amb}} \times 1000 \tag{3.8}$$

式中:$C_{sat,vap}$——纯物质饱和蒸气浓度,mg/m^3;

p_v——饱和蒸气压,Pa;

M——摩尔质量，g/mol；

R——摩尔气体常数，Pa·m³/(mol·K)(取值为 8.314472)；

T_{amb}——环境温度，K。

$$C_{satv} = \frac{C_{sat,vap}}{H'} K_{sw} \times 10^{-3} \tag{3.9}$$

式中：C_{satv}——基于污染物饱和蒸气浓度的土壤中污染物的饱和浓度，mg/kg；

$C_{sat,vap}$——含义见公式(3.8)；

H' 和 K_{sw}——含义见公式(3.5)。

3.1.3　污染物在土壤中的形态

污染物的形态是环境中污染物的外部形状、化学组成和内部结构的综合表现形式。污染物的形态随环境条件的变化而转化。不同形态的污染物在环境中有不同的化学行为，并表现出不同的毒性效应。例如，Cr^{6+} 有强烈的毒性，而 Cr^{3+} 毒性较弱；甲基汞的毒性远大于无机汞；多环芳烃的致癌性与其化学结构有关。

污染物在土壤中的形态按其物理结构与性状可分为固体和液体、气体、射线等。按化学组成，污染物可分为单质和化合态两类，如土壤中的汞以单质汞、无机汞(如氯化汞)和有机汞(如甲基汞)等不同化学形态存在，水溶性砷则以 AsO_4^{3-} 和 AsO_3^{3-} 形式存在。土壤中污染物的迁移、转化及其对动植物的毒害和环境的影响程度，除了与土壤中污染物的含量有关外，还与其在土壤中具体的存在形态有关。实践表明，重金属和有机污染物的生物毒性在很大程度上取决于其存在形态，用污染物的总量指标很难准确地评价土壤中污染物污染的程度、风险和修复效果，亟待搞清土壤中污染物的残留规律、形态及其转化的基本规律以及不同形态的植物可利用性，这将为制定土壤中该类污染物的环境标准、评价土壤污染风险、合理选择修复途径、保障土壤环境安全、指导农业生产等提供重要的基础依据。

3.1.4　污染物在土壤中的迁移

污染物在土壤中有三种迁移方式，分别为机械迁移、物理-化学迁移和生物迁移。制约污染物在环境中迁移的因素有两个：一是污染物自身的物理化学性质(内因)，二是外界环境的物理化学条件和区域自然地理条件(外因)。

1. 机械迁移

由于土壤的相对稳定性，土壤中的污染物在机械迁移上主要是通过水和大气的传输作用来实现的。土壤多孔介质的特点为污染物在多种方向上的迁移和扩散提供了可能。从总体来看，污染物在土壤中的迁移包括横向的扩散作用和纵向的渗滤过程。由于水的重力作用，污染物在土壤中的迁移总体上呈向下的趋势。

2. 物理-化学迁移

物理-化学迁移是污染物在土壤环境中最重要的迁移方式，其结果决定了污染物在环境中的存在形式、富集状况和潜在危害程度。对无机污染物而言，其以简单的离子、配合物离子或可溶性分子的形式通过一系列物理化学作用，如溶解-沉淀作用、吸附-解吸作用、氧化-还原作用、水解作用、配位或螯合作用等，在环境中迁移。对有机污染物而言，除了上述作用外，其还能通过光化学分解和生物化学分解等作用实现迁移。

3. 生物迁移

污染物通过生物体的吸附、吸收、代谢、生长、死亡等过程发生生物迁移,在环境中,它们是最复杂、最具有意义的迁移方式。这种迁移方式与不同生物种属的生理、生化和遗传、变异等作用有关。某些生物体对环境污染物有选择性吸收和积累作用,某些生物体对环境污染物有转化和降解能力。生物通过食物链对某些污染物(如重金属和稳定的有毒有机物)的放大积累作用是生物迁移的一种重要表现形式。

3.1.5　污染物在土壤中的转化

通过物理、化学或生物作用,污染物在环境中改变形态或者转变成另一种物质的过程称为转化。污染物的转化过程取决于其本身的物理化学性质和所处的环境条件,根据其转化形式可分为 3 种类型,分别是物理转化、化学转化和生物转化。

1. 物理转化

除了汞单质可以通过蒸发作用由液态转化为气态外,其余的重金属主要通过吸附-解吸作用进行形态的改变。有机污染物在土壤中的挥发是其物理转化的重要形式,可以用亨利定律进行描述。

2. 化学转化

在土壤中,金属离子经常在其价态上发生一系列的变化,这些变化主要受土壤 pH 值的影响和控制。pH 值较低时,金属离子溶于水呈离子状态;pH 值较高时,金属离子易与碱性物质化合成不溶性的沉淀。氧化还原电位也会影响金属元素的价态,如在含水量大的湿地土壤中,砷主要以三价的亚砷酸形态存在;而在旱地土壤中,由于与空气接触较多,砷主要以五价的砷酸盐形态存在。常见的重金属污染物在土壤中的化学转化包括溶解-沉淀反应、氧化-还原反应、配位反应。

在土壤中,一些农药的水解反应由于土壤颗粒的吸附催化作用而被加速。研究还发现,土壤中存在比较多的自由基,这些自由基在引发土壤污染物转化和降解方面具有重要意义。有机污染物的常见化学转化包括水解反应、光解反应、氧化-还原反应。由于土壤体系含有水分,水解反应是有机物在土壤中的重要转化途径。水解过程为有机污染物(RX)与水的反应。在反应中,—X 与—OH 发生交换:

$$RX + H_2O \longrightarrow ROH + HX$$

水解反应改变了有机污染物的结构。一般情况下,水解导致产物毒性降低,但并非总是生成毒性降低的产物,例如,2,4-D 酯类的水解反应就生成毒性更大的 2,4-D 酸。水解产物可能比母体化合物更易或更难挥发,与 pH 值有关的离子化水解产物可能没有挥发性,而且水解产物一般比母体化合物更易于生物降解。

有机污染物在土壤表面的光解指吸附于土壤表面的污染物分子在光的作用下,将光能直接或间接转移到分子键上,使分子变为激发态而裂解或转化的现象,是有机污染物在土壤环境中消失的重要途径。由于有机污染物中一般含有 C—C、C—H、C—O、C—N 等键,而这些键的解离能正好在太阳光的能量范围内,因此有机物在吸收光子之后,就变成激发态的分子,导致上述化学键的断裂,发生光解反应。土壤表面农药光解与农药除有害生物的效果、农药对土壤生态系统的影响及污染防治有直接关系。尽管 20 世纪 70 年代以前,人们对农药光解的研究主要集中于水、有机溶剂和大气,但此后人们对土壤表面农药光解已十分重视,1978 年美国的研究机构已规定,新农药注册登记时必须提供该农药在土壤表面光解的资料。

相比较而言,农药在土壤表面的光解速率要比在溶液中慢得多。光线在土壤中的迅速衰减可能是农药在土壤表面光解速率减慢的重要原因;而土壤颗粒吸附农药分子后发生内部滤光现象,可能是农药在土壤表面光解速率减慢的另一重要原因。多环芳烃(PAHs)在含 C、Fe 高的粉煤灰上光解的速率明显减慢,可能是由于分散、多孔和黑色的粉煤灰提供了一个内部滤光层,保护了吸附态化学品,使之不发生光解。此外,土壤中可能存在的光猝灭物质可猝灭光活化的农药分子,从而减慢农药的光解速率。

3. 生物转化

生物转化是指污染物通过生物的吸收和代谢作用而发生的变化。污染物在有关酶系统的催化作用下,可经各种生物化学反应改变其化学结构和理化性质。各种动物、植物和微生物在环境污染物的生物转化中均能发挥重要作用。土壤中的微生物具有个体小、比表面积大、种类繁多、分布广泛、代谢强度高、易于适应环境等特点,在环境污染物的转化和降解方面显示出巨大的潜能。土壤中的砷、铅、汞等可在微生物的作用下甲基化。酚在植物体内可以转化成酚糖苷,之后经代谢作用最终被分解为 CO_2 和 H_2O;植物体内的氰化物也可被转化为丝氨酸等氨基酸类物质;强致癌物苯并芘,可以被水稻从根部吸收送往茎、叶,并转化成 CO_2 和有机酸。一些有机氯农药很容易被植物吸收并代谢转化成其他有机氯化合物。

3.1.6　影响污染物在土壤中转化的因素

有的污染物可被作物吸收富集,污染食品和饲料;一些水溶性的污染物,可随土壤水渗滤到地下水,使地下水受到污染;一些污染物可吸附于悬浮物随地表径流迁移造成地表水的污染,甚至渗入地下水;许多污染物能够挥发进入大气,造成大气污染。土壤既是污染物的载体,又是污染物的自然净化场所。进入土壤的污染物,能够同土壤物质和土壤生物发生各种反应,产生降解作用。土壤的污染及其去除,取决于污染物进入土壤的量与土壤净化能力之间的消长关系。当污染物进入土壤的量超过土壤净化能力时,土壤被污染。有机污染物进入土壤后,主要可能经历以下过程:

(1) 被土壤颗粒吸附;

(2) 渗滤至地下水中;

(3) 随地表径流迁移至地表水中;

(4) 生物降解;

(5) 非生物降解;

(6) 挥发和随土壤微粒进入大气;

(7) 被植物吸收进入食物链中富集或被降解。

有机污染物在土壤中的主要迁移转化过程包括吸附与解吸、挥发、渗滤和降解。影响有机污染物环境行为的因素较为复杂,既包括化合物自身的理化性质,如有机污染物的亲脂性、挥发性和化学稳定性,也包括环境因素,如土壤的组成与结构、土壤中微生物的状况、温度、降雨量、灌溉方式、地表植被状况等。

1. 吸附与解吸

吸附与解吸对其他过程都有重要影响,是决定土壤中有机污染物行为的一对关键过程。吸附与解吸过程影响土壤中有机污染物的微生物可利用性,也影响有机污染物向大气、地下水与地表水的迁移,因而关于吸附与解吸特征和机理研究的工作很多,在过程机理和动力学模型等方面,人们已经取得一些很有意义的进展。

2. 挥发

土壤中化学品的挥发受很多因素影响,如化学品的蒸气压、扩散系数,其被引入土壤的方式和土壤的吸附作用,以及土壤表面的气流状况等。

土壤中有机污染物的挥发主要发生在地表。Scholtz 对照了表面喷施与地下 6～10 cm 处种子处理两种施药方式,测定林丹的挥发速率。表面喷施的林丹大量挥发,浓度下降很快,90 天后只有少量残留;而地下 6～10 cm 处种子处理的施药方式,由于林丹迁移至地表的速率很慢,第一年挥发速率很低,第二年耕地至 10 cm 深度,林丹被带到了地表,挥发速率则很快达到峰值。

决定土壤中有机污染物行为的主要因素是其理化性质。Woodrow 等研究了农药的挥发速率(F)与其性质的关系。表面喷施时,$\ln F_{surf}$ 与 $\ln R_{surf}$($\ln R_{surf} = V_p / (K_{oc} \cdot S_w)$)线性相关;向土壤中施入时,施加量与深度也是必须考虑的因素,$\ln F_{inc}$ 与 $\ln R_{inc}$($R_{inc} = V_p \cdot AR / (K_{oc} \cdot S_w \cdot d)$)有着很好的相关性。以上关系式中,各参数含义如下:

F_{surf}——采用表面喷施时,农药的挥发速率;

R_{surf}——表面喷施时的复合因子;

F_{inc}——采用向土壤施入时,农药的挥发速率;

R_{inc}——向土壤施入时的复合因子;

V_p——蒸气压;

AR——农药施加量;

S_w——农药在水中的溶解度;

d——施药深度;

K_{oc}——含义见公式(3.2)。

3. 渗滤

已建立了很多模型,用于研究土壤中有机污染物的渗滤,讨论其污染地下水的可能性。EXPRES 模型是一个评价亚表层土壤中农药行为的专家系统,其采用了两个迁移模型(LEACHM 和 PRZM)及两个数据库(加拿大所大量使用的农药化学性质数据库及加拿大 10 个地区的气候和施药情况数据库)。Caux 等利用此模型研究了农药嗪草酮(metribuzin)的渗滤趋势。结果表明,影响嗪草酮渗滤的关键因子有 f_{oc}(土壤中有机质的含量)、K_d(土壤-水分配系数)、农药在田地中的半衰期、降雨量和施药量。这些因素既影响渗滤时间,又影响渗滤量。K_{oc}、农药在田地中的半衰期和 f_{oc} 对渗滤量的影响大于施药量和降雨量的影响。半衰期增加一方面会增大渗滤量,另一方面会使渗滤期延长几个月。Wilson 等用化合物在土壤中的迁移模型评价污泥中有机污染物的渗滤趋势。这些模型一般以化合物的理化性质为参数。例如,Laskowski 等定义的渗滤势(L_p)如下:

$$L_p = \frac{S}{V_p \cdot K_{oc}} \tag{3.10}$$

式中:S——有机物的溶解度;

V_p——有机物的蒸气压。

L_p 越大,有机污染物越易渗滤。有机污染物的 V_p 增大,L_p 会减小,即渗滤与挥发呈负相关。Gustafson 等提出了 GUS(groundwater ubiquity score),GUS 定义如下:

$$GUS = \lg T_{1/2} \times (4 - \lg K_{oc}) \tag{3.11}$$

式中：$T_{1/2}$——有机物在土壤中的半衰期。

以此指数将污染物渗滤趋势划分为渗滤性（GUS>2.8）、过渡性（1.8≤GUS≤2.8）和非渗滤性（GUS<1.8）三类。能影响 $T_{1/2}$ 的因素都会对渗滤趋势有所影响。例如：温度、水分含量的适量增大会使物质的降解速率加大，$T_{1/2}$ 减小；挥发量增加也会使 $T_{1/2}$ 减小，而减小渗滤的趋势。Castaneda 等研究了稻田里的农药对地下水的污染，发现人工灌溉区地下水的农药平均浓度为 0.167 $\mu g/L$，而只有雨水浇灌地区的地下水农药浓度为 0.123 $\mu g/L$。他们认为在雨水浇灌的基础上再施以人工浇灌，每次浇灌都产生一个脉冲式渗透水流，连续水流使溶质产生连续运动，从而进入地下水。

土质也影响农药对地下水的污染。当砂土成分含量高时，渗滤速率大；当黏土成分含量高时，渗滤速率小。

4. 降解

1）非生物降解

有机污染物进行的非生物降解主要有氧化-还原反应、光解反应和水解反应。反应类型不同，对其产生影响的因素亦不同。

（1）氧化-还原反应。一些有机污染物，尤其是一些农药，容易在有氧或无氧的条件进行氧化-还原反应。例如，特丁磷、甲拌磷、异丙胺磷和涕灭威在土壤氧气充足的时候很快氧化；对硫磷、杀螟磷、氯硝醚在厌氧条件下能很快地分解。此类反应与土壤的氧化还原电位密切相关。当土壤透气性好时，其氧化还原电位高，利于氧化反应的进行；反之，土壤透气性差时（如存在太多水分或水淹的情况下），其中的 O_2 浓度降低，还原性物质增多，如 H_2S 等，就会有利于还原反应的发生。温度对前一类反应有较大影响。其效果取决于反应是由酸催化还是由碱催化。

（2）光解反应：许多证据表明，光诱导转化对一些有机污染物从土壤中的消失起到了很大作用。在影响光降解的因素中，辐射强度、光谱分布以及土壤水分含量比较重要。

（3）水解反应：土壤中有机污染物的水解反应主要有两种类型。一是在土壤孔隙水中发生的反应（酸催化或碱催化的水解反应）；二是发生在黏土矿物质表面的反应（非均相的表面催化作用）。温度是影响农药在水和土壤中水解的一个主要因素（温度变化时，水解反应速率发生变化）。

2）生物降解

土壤中的微生物在许多有机污染物的中间和最终降解过程中起到了很大的作用。环境条件影响有机污染物的生物降解，一般是通过影响微生物的活性而起作用的。

不同化合物的初步分解所需条件不同。热带地区的气候特征是雨季与旱季相间隔，土壤便周期性地处于水淹与干旱两种条件之下。随之而来的是厌氧与好氧微生物活性的相应交替增强。土壤环境的这种氧化与还原条件周期循环，比单一的氧化环境或还原环境更有利于有机物的彻底降解。

温度对土壤中微生物的活性影响很大。一般来说，温度在 0~35 ℃ 范围内，升高温度能促进微生物的活动，微生物活动的适宜温度通常为 25~35 ℃。

另外，土壤中的有机污染物能否被生物降解，与土壤中微生物的菌株有关。微生物暴露于有机污染物之后，容易产生适应性，即生物降解增强作用，已有生化实验证明，发生作用的是一些相似的微生物菌株或基因。

3.1.7　典型重金属及砷在土壤中的迁移转化

污染物进入土壤后,由于其污染源、迁移能力、与土壤物质的结合能力以及进入植物体内能力的不同,它们在空间及形态上表现出不同的分布特征。杭州市各区县农业土壤中 Hg、As、Cu、Pb、Cr、Cd 的调查表明,余杭区的 Hg、As、Pb 平均含量均高于其他区县,淳安县的Cu、Cr 平均含量高于其他区县。在所有采样点中,淳安县出现了 As、Cr 和 Cd 含量最大值。主城区和萧山区农业土壤中各种重金属平均含量均处于较低水平。不同于杭州市各区县的分布特征,不同作物的农业土壤中,水稻田中的 Hg、Pb、Cr、Cd 平均含量均高于其他作物类型土壤中的含量。蔬菜地中 Hg 的平均含量也处于最高位,且出现了 Hg 含量最大值。对南京市不同功能区城市土壤重金属分布的初步调查发现,重金属含量分布不均匀,以矿冶工业区含量最高,其次为居民区、商业区、风景区、城市绿地、开发区。垂直分布也各不相同,城市中心区有表聚现象,风景区和新开发区则有亚表层积累趋势。

在葫芦岛铅锌冶炼厂附近的土壤中,Zn 和 Cd 的主要形态为酸可溶态和残余态,Pb 和 Cu的主要形态为可还原态和残渣态,酸可溶态含量较低,四种元素的可氧化态含量都较低。Zn、Pb、Cd 的酸可溶态占总量的比例随着 pH 值的增大而降低,有机质与 Cd 的酸可溶态、可还原态和可氧化态含量呈显著正相关关系,土壤阳离子交换量(CEC)与几种重金属的形态分布都不显示相关性。

1. 汞在土壤环境中的迁移转化

汞(Hg)以多种形态广泛存在于自然界中,在土壤中,汞主要以 0、+1、+2 价存在。土壤中汞的形态比较复杂,有机质含量、土壤类型、温度、氧化还原电位(Eh)值、pH 值等均会影响汞形态。按化学形态不同,汞可分为金属汞、无机结合态汞(即无机汞)和有机结合态汞(即有机汞)。一般而言,金属汞毒性大于结合态汞,有机汞毒性大于无机汞,甲基汞在烷基汞中的毒性最大。无论是可溶还是不可溶的汞化合物,均有一部分能挥发到大气中,其中有机汞的挥发性(甲基汞和苯基汞的挥发性最大)明显大于无机汞(碘化汞挥发性最大,硫化汞挥发性最小)。土壤中金属汞含量很低,但很活泼,不仅在土壤中可以挥发,而且随着土壤温度的升高,其挥发速度加快。土壤中的金属汞可被植物根系和叶片吸收,土壤中的无机汞主要有 $HgCl_2$、$HgHPO_4$、$HgCO_3$、$Hg(NO_3)_2$、$Hg(OH)_2$、$HgSO_3$、HgS 和 HgO 等。其中 $HgCl_2$ 具有较大溶解度,可在土壤溶液中以 $HgCl_2$ 形态存在,可随水分进入植物根系,因此易为植物吸收。土壤中存在的有机汞包括有甲基汞、腐殖质结合汞和有机汞农药,如乙酸苯汞、CH_3HgS^-、CH_3HgCN、CH_3HgSO_4、$CH_3HgNH_3^+$。土壤中除 $Hg(NO_3)_2$ 和甲基汞易被植物吸收,通过食物链在生物体逐级富积,对生物和人体造成危害外,其他多数的汞化物是难溶的,易被土壤吸附或固定,发生一系列转化使其毒性降低,还有学者将土壤中的汞根据操作定义分为 8 种形态,即水溶态、氧化钙提取态、富啡酸结合态、胡敏酸结合态、碳酸盐结合态、铁锰氧化物结合态、强有机结合态、残渣态。相关分析表明,富啡酸、胡敏酸、有机质和碳酸盐含量对土壤中汞形态分布影响较大。

汞与其他金属的不同点是在正常的 Eh 值和 pH 值范围内,汞能以零价存在于土壤中。在适宜的土壤 Eh 值和 pH 值下,汞的 3 种价态间可相互转化。一般来说,较低的 pH 值有利于汞化物的溶解,因而土壤汞的生物有效性较高;而在偏碱性条件下,汞的溶解度降低,在原地累积;但当 pH 值>8 时,因 Hg^{2+} 可与 OH^- 形成配合物而提高溶解度,亦使其活性增强。氧化条件下,除 $Hg(NO_3)_2$ 外,汞的二价化合物多为难溶物,在土壤中稳定存在;还原条件下,汞以单质形态存在,值得一提的是,倘若 Hg^{2+} 在含有 H_2S 的还原条件下,将生成极难溶的 HgS 而残留于土壤中;当土壤中氧气充足时,HgS 又可氧化成可溶性的亚硫酸盐($HgSO_3$)和硫酸盐($HgSO_4$)并通过生物作用形成甲基汞被植物吸收。

土壤中各类胶体对汞均有强烈的表面吸附作用、离子交换吸附作用,进入土壤后,95% 以上的汞能迅速被土壤吸附或固定,汞在土壤中一般累积在表层。Hg^{2+}、Hg_2^{2+} 可被带负电荷的胶体吸附。而 $HgCl_3^-$ 被带正电荷的胶体吸附。不同黏土矿物对汞的吸附能力大小为蒙脱石、伊利石类＞高岭石类。有机质的存在可能促进土壤对汞的吸附。这与土壤有机质含有较多的吸附点位有关。不同土类对汞的固定能力大小为黑土＞棕壤＞黄棕壤＞潮土＞黄土,此趋势与土壤中有机质含量高低是一致的。在弱酸性(pH 值＜4)土壤中,有机质是吸附无机汞离子的有效物质;而在中性土壤中,铁氧化物和黏土矿物的吸附作用则更加显著。此外,汞的吸附还受土壤 pH 值影响。当土壤 pH 值在 1～8 范围内时,随 pH 值增大,土壤对汞的吸附量增加;当 pH 值＞8 时,土壤对汞的吸附量基本不变。

汞从土壤中的释放主要源于土壤中微生物的作用,使无机汞转化为易挥发的有机汞及单质汞。一般而言,土壤汞含量越高,其释放量越大;开始阶段,汞在土壤中的释放随时间延长而增加,但一定时间后释放已不明显;温度越高,土壤释放量越高,因此土壤汞的释放量为白天＞夜间,夏季＞冬季。同一土壤经不同汞化合物处理的研究表明,土壤汞释放量的大小顺序为 $HgCl_2$＞$Hg(NO_3)_2$＞$Hg(CH_3COO)_2$＞HgO＞HgS,而不同质地土壤的释放率大小则为沙土＞壤土＞黏土。有机配位剂(如腐殖质)和无机配位剂(如 Cl^-、Br^-)浓度增大时,土壤汞形成配合物的数量增加,相应微生物可利用的 Hg^{2+} 数量降低,最终土壤汞的释放量降低。有机汞毒性远大于无机汞,土壤中任何形式的汞(包括金属汞、无机汞和其他有机汞)均可在一定条件下转化为剧毒的甲基汞,因此汞的甲基化最受人们关注。首先无机汞可在微生物作用下转化为甲基汞,转化模式如下:无机汞在厌氧条件下主要形成二甲基汞,介质呈微酸性时,二甲基汞转化为脂溶性的甲基汞,从而被微生物吸收、积累,并进入食物链造成人体危害;而在好氧条件下,则主要形成甲基汞,自然界中亦存在非生物甲基化过程,如 $HgCl_2$ 与乙酸、甲醇、α-氨基酸共存溶液受紫外线的照射可以产生甲基汞。土壤酸度增加,汞离子有效性增加,有利于提高汞的甲基化程度。低浓度硒(Ⅳ)促进汞的甲基化,而高浓度硒(Ⅳ)明显抑制汞的甲基化。此外,当微生物对甲基汞的累积量达到毒性耐受点时,会发生反甲基化作用,甲基汞被分解成甲烷和单质汞,这种反应在好氧和厌氧条件下均可发生。而且甲基汞还可以在紫外线的作用下,发生光解反应:

$$Hg(CH_3)_2 \longrightarrow 2CH \cdot + Hg \tag{3.12}$$

土壤中一价汞离子与二价汞离子之间可发生如下化学转化:$2Hg^+ \longrightarrow Hg^{2+} + Hg$,从而实现无机汞、有机汞和金属汞的转化。此外,无机配位剂 OH^- 和 Cl^- 对汞的配位作用可提高汞化合物的溶解度,促进汞在土壤中的迁移。可见,单质汞及各种类型汞化合物,在土壤环境中是可以相互转化的,只是在不同的条件下,其迁移转化的主要方向有所不同而已。

2. 砷在土壤环境中的迁移转化

砷的形态影响其在土壤中的迁移及对生物的毒性,一般将砷分为无机砷和有机砷两类。无机砷包括砷化氢、砷酸盐或亚砷酸盐等,无论是淹水还是旱地土壤中,砷均以无机砷形态为主,以带负电荷的砷氧阴离子($HAsO_4^{2-}$、$H_2AsO_4^-$、$H_2AsO_3^-$、$HAsO_3^{2-}$)形式存在,其中砷的化合价为 +3 和 +5 价。有机砷包括一甲基砷和二甲基砷,占土壤总砷的比例极低。通常无机砷比有机砷毒性大,As(Ⅲ)的毒性比 As(V)大,且易迁移。在氧化与酸性环境中,砷主要以无机砷酸盐（AsO_4^{3-}）形式存在，而在还原与碱性环境中，亚砷酸盐（AsO_3^{3-}）占相当大的比例。

按砷被植物吸收的难易程度，用不同提取液提取土壤中的砷，可以将其分为三类（表3.3）。

表3.3　砷形态分类表

类　别	特　点
水溶态砷	该形态砷含量极低，常低于 1 mg/kg，一般只占土壤总砷的 5%～10%
吸附态砷	被吸附在土壤表面交换点上
难溶态砷	这部分砷不易被植物吸收，但在一定条件下可转化成有效态砷。土壤中难溶性砷化物的形态可分为铝型砷（Al-As）、铁型砷（Fe-As）、钙型砷（Ca-As）和包蔽型砷（O-As）。其中 Al-As 和 Fe-As 对植物的毒性小于 Ca-As。一般而言，酸性土壤中以 Fe-As 占优势，而碱性土壤中以 Ca-As 占优势，且不易释放，导致水溶态砷和吸附态砷极少

土壤中的砷对酸碱性和氧化还原条件的变化十分敏感。砷在土壤中多以阴离子形式存在，As(Ⅲ)和 As(Ⅴ)溶解度均随土壤 pH 值的增大而增大，当土壤由酸性变为中性或碱性时，As(Ⅲ)的迁移能力变得更强。此外，土壤 pH 值还影响土壤带正电荷的胶体（如铁铝氢氧化物）对砷的吸附，当土壤 pH 值降低时，土壤胶体所带正电荷量增加，对砷的吸附能力增强，反之亦然。土壤溶液中 As(Ⅲ)和 As(Ⅴ)之间存在相互转化的动态平衡，该平衡受土壤 Eh 值控制，土壤在氧化条件（旱地或干土中）下，以砷酸（H_3AsO_4）为主，易被交替吸附，增加了土壤的固砷量；而在淹水还原条件（水田）下，土壤 As(Ⅴ)逐渐转换为 As(Ⅲ)，随着土壤 Eh 值降低，亚砷酸（H_3AsO_3）含量增加，大大增强了砷的植物毒性。这主要是由于一方面亚砷酸比砷酸易溶，淹水使部分固定砷获得释放而进入土壤溶液；另一方面淹水使砷酸铁及其他形式三价铁（与砷酸盐结合）被还原为易溶的亚铁形式，使砷从难溶态砷酸铁中释放，增大了土壤溶液中水溶态砷的浓度。因此，砷污染土壤淹水后，砷对植物的毒害作用增大，而实施排水和垄作栽培等若干措施可有效降低砷对作物的毒害作用。在砷污染水田中，为减轻或消除水稻砷害，采取有效的水浆管理措施：做好插秧准备后，再泡水耙田并立即浅水插秧，两三天后稻田落干，后使土壤维持湿润状态（保持较高 Eh 值），降低土壤水溶态砷和 As(Ⅲ)含量，并降低糙米中的砷含量。

土壤对砷的吸附能力还受质地、有机质、矿物类型等多种因素的影响。一些研究认为，被吸附的砷量与土壤黏粒含量呈显著正相关，原因在于土壤粒度越小，比表面积越大，对砷的吸附能力也越强。但黏土矿物类型对砷的吸附有较大影响，纯黏土矿物对砷的吸附能力强弱为蒙脱石＞高岭石＞白玉石。许多研究也表明，进入土壤中的铁、锰、铝等无定形氧化物越多，土壤吸附砷的能力越强。铁、铝水化氧化物吸附砷的能力最高，氧化铁对砷(Ⅲ)和砷(Ⅴ)的吸附能力相近。δ-MnO_2对砷(Ⅲ)和砷(Ⅴ)的吸附能力中等。铁、铝和锰氧化物对砷的吸附能力比层状硅酸盐矿物强得多，这主要是因为氧化物比表面能大，铁、铝氧化物电荷零点（ZPC）一般在 pH=8～9，故容易发生砷酸根的非专性吸附和配位交换反应。我国不同类型土壤对砷的吸附能力顺序是红壤＞砖红壤＞黄棕壤＞黑土＞碱土＞黄土，这也说明铁、铝氧化物对土壤吸附砷的能力具有重要影响。此外，钙、镁可以通过沉淀、键桥效应来增强土壤对砷的吸附能力；钠、钾、铵等离子无法与砷形成难溶沉淀物，对土壤吸附砷的能力无多大影响；一些阴离子对污染土壤砷解吸影响大小顺序为 $H_2PO_4^-$＞SO_4^{2-}＞NO_3^-＞Cl^-。氯离子、硝酸根和硫酸根对土壤吸附砷只有较小的影响，磷酸根的存在能减弱土壤吸附砷的能力。这与磷酸盐和砷酸盐的下列性质有关:性质相似,结构上均属于四面体,且晶型相同,二者在铁氧化物、黏土和沉积物上进行同晶交换,发生竞争吸附和配体交换反应(土壤对磷的亲和能力远远超过对砷的亲和力)。

3. 铅在土壤环境中的迁移转化

铅可形成 +2、+4 价的化合物,土壤环境中的铅通常以 +2 价难溶性化合物形式存在,如 $Pb(OH)_2$、$PbCO_3$、PbS 等,而水溶态铅含量较低。因此,铅在土壤剖面中很少向下迁移,多滞留于 0～15 cm 表层土中,随着土壤剖面深度增加,铅含量逐渐下降。土壤铅的生物有效性与铅在土壤中的形态分布有关。目前,对土壤中铅进行形态分级多采用 Tessier 方法,将土壤铅分为水溶态、可交换态、碳酸盐结合态、铁锰氧化物结合态、有机质硫化物结合态及残渣态。因铅的水溶性极低,在土壤铅形态分级时,通常可省去第一步,而将第二步视为水溶态和可交换态。中国 10 个主要自然土壤中各形态铅含量的分配均以铁锰氧化物结合态最高,其次是有机质硫化物结合态和碳酸盐结合态,可交换态和水溶态最低。形态分级为了解铅的潜在行为和生物有效性提供了更多的信息。植物吸收铅的主要形态为可交换态和水溶态,碳酸盐结合态及铁锰氧化物结合态铅可依据不同土壤性质视其为相对活动态或紧密结合态,研究表明,糙米中铅浓度与土壤中铅的可交换态、碳酸盐结合态、有机质硫化物结合态均良好相关,而与铁锰氧化物结合态无显著相关关系。

土壤中铅的移动性和有效性依赖于土壤 pH 值、Eh 值、有机质含量、质地、有效磷和无定形铁锰氧化物。这主要与土壤对铅的强烈吸附作用有关,其吸附机制主要如下:① 阴离子对铅的固定作用,土壤阴离子如 PO_4^{3-}、CO_3^{2-}、S^{2-}、OH^- 等可与 Pb^{2+} 形成溶解度很小的正盐、复盐及碱式盐,尤其是当土壤 pH 值 $\geqslant 6$ 时,铅能生成溶解度更小的 $Pb(OH)_2$;② 有机质对铅的配合作用;③ 黏土矿物对铅的吸附作用。黏土矿物对铅有很强的专性吸附作用,被黏土矿物吸附的铅很难解吸,植物不易吸收。

就影响土壤铅的生物有效性的因素而言,pH 值具有重要地位。研究认为,水溶态铅与土壤铅含量和土壤溶液 pH 值呈直线关系,表明 pH 值是影响土壤溶液铅的重要因素之一。有研究表明,当土壤溶液 pH 值 <5.2 时,pH 值越低,土壤中铅的溶解度、移动性和生物有效性越高。土壤溶液 pH 值不仅影响各种矿物的溶解度,而且影响土壤溶液中各种离子在固相上的吸附程度。随土壤溶液 pH 值升高,铅在土壤固相上的吸附量增大。研究表明,黄棕壤 pH 值由 4.20 下降至 2.12 时,水溶态铅增加近 20 倍,交换态铅增加近 100 倍。潮土和潮褐土中可交换态铅均随 pH 值升高而减少,并呈极显著负相关关系。对土壤铅的影响进行研究时发现,当土壤溶液的 pH 值由较低变为接近 7 时,溶液中的有机铅含量急剧增高。一般而言,土壤 pH 值增大,铅的可溶性和移动性降低,植物对铅的吸收受到抑制,可溶态铅在酸性土壤中含量较高,主要是因为酸性土壤中 H^+ 可以将已被化学固定的部分铅重新溶解而释放出来,这种情况在土壤中存在稳定的 $PbCO_3$ 时尤其明显。我国南方土壤多为酸性,土壤铅背景值较高,且多为酸雨地带,因此土壤铅的有效态含量更高,危害也更大。

有学者认为,铅的生物有效性与土壤的有机质、黏粒、质地及阳离子交换量有关,植物吸收的铅与土壤阳离子交换量(CEC)的比值可作为判断铅的生物有效性的指标。铅可以与土壤中的腐殖质(如胡敏酸和富咖酸)形成稳定的配合物,相对而言,铅与富咖酸形成配合物的数量远高于其他金属,而胡敏酸与铅的配合物较胡敏酸与锌或镉的配合物更加稳定。土壤中的铅浓度与土壤腐殖质含量呈正相关。腐殖质对铅的配合能力及其配合物稳定性,均随土壤 pH 值增大而增强。潮土和潮褐土中可交换态铅含量与土壤有机质含量具有正相关趋势,而碳酸盐结合态铅含量与土壤有机质含量呈显著负相关。土壤中伊利石、蒙脱石、高岭石、蛭石和水化云母对铅的吸附均随土壤 pH 值变化而变化。如 pH 值从 4.7 增加到 5.9 时，针铁矿对铅的吸附由 8% 上升到 63%。相同 pH 值条件下，铅的溶解度随土壤 Eh 值的下降而增大，这表明其吸附在铁锰氧化物上。对机械组成不同的普通灰钙土和沙砾质灰钙土，外源添加铅的试验表明，春小麦籽粒的富集系数以质地较粗的沙砾质灰钙土为高。

4. 镉在土壤环境中的迁移转化

土壤中镉集中分布于土壤表层，一般在 0～15 cm，15 cm 以下的土壤中镉含量明显降低。土壤中难溶性镉化合物，在旱地土壤以 $CdCO_3$、$Cd_3(PO_4)_2$ 和 $Cd(OH)_2$ 的形式存在，其中以 $CdCO_3$ 为主，尤其在碱性土壤中含量最多；而在水田，镉多以 CdS 形式存在。土壤镉按照 BCR 提取法，通常可区分为四种形态：提取态（Ac，即可交换态＋水溶态＋碳酸盐结合态或酸可提取态），可还原态（FMO，即铁锰氧化物结合态），可氧化态（OM，即有机结合态或有机物及硫化物结合态），残渣态（RES）。一般认为，水溶态和可交换态重金属对植物而言属于有效部分，残渣态则属于无效部分，其他形态在一定条件下可能少量而缓慢地释放成为有效部分的补充。相对而言，植物对土壤中镉的吸收并不取决于土壤中镉的总量，而与镉的有效性和存在形态有很大关系。土壤镉活性较大，其生物有效性也较高。一些研究表明，酸性土壤中镉以铁锰氧化物结合态和可交换态为主，其余形态含量相对较低；碱性土壤中有机结合态和残渣态比例较高，碳酸盐结合态和可交换态所占的比例较低。

镉进入土壤后首先被土壤所吸附，进而可转变为其他形态。通常土壤对镉的吸附力越强，镉可迁移能力就越弱。土壤氧化还原电位、pH 值、离子强度等均可影响土壤镉的迁移转换和植物有效性。

通常情况下，石灰性土壤比酸性土壤对重金属的吸附能力强得多，除了在石灰性土壤中可出现碳酸盐沉淀外，土壤 pH 值是一个重要因素。研究表明，土壤对镉的吸附量随土壤 pH 值升高而增加，当土壤 pH 值变化时，红壤和砖红壤对镉吸附量的变化比青黑土和黄棕壤要大得多，提高红壤和砖红壤的 pH 值将明显减少镉对外界环境的污染。pH 值对土壤吸附镉量的影响可分为 3 个区段，即 pH<ZPC 时的低吸附量区，ZPC≤pH≤6.0 的中等吸附区，以及 pH>6.0 的强吸附和沉淀区，对应土壤镉活度的控制区域即为土壤镉容量控制相（pH<pH_1）、吸附控制相（pH_1≤pH≤pH_2）及沉淀控制相（pH>pH_2），在实践中依不同土壤类型和控制相区域的镉污染应采取不同的治理方式，如在容量控制相中应严格控制外源镉的污染量；在吸附控制相中，可增加有机质和吸附剂；在沉淀控制相中，应防止土壤酸化。

Eh 值也是影响土壤对镉吸附能力的重要因素，在土壤 Eh 值较高的情况下，CdS 的溶解度增大，提取态镉含量增加，当土壤 Eh 值较低（淹水条件）时，含硫有机物及外源含硫的肥料可产生硫化氢，生成的 FeS、MnS 等不溶性化合物与 CdS 产生共沉淀，因此，常年淹水的稻田，CdS 的积累占优势，土壤 Eh 值升高，土壤对镉的吸附量明显减少，难溶态 CdS 会被氧化为 $CdSO_4$，使土壤 pH 值下降，土壤有效镉含量增加。相同镉污染水平下，淹水栽培的水稻叶中镉含量明显低于旱作水稻叶片中镉含量。

离子强度是影响土壤对镉吸附能力的另一个重要因素。随着土壤溶液离子强度的增加，土壤对镉的吸附量逐渐减少。不同离子强度下，蒙脱石对镉的吸附研究表明，随着土壤溶液离子强度的增加，镉在黏土表面的吸附量降低。此外，镉在蒙脱石上的吸附量依赖于交换性阳离子的种类，其吸附量的大小顺序为钠蒙脱石＞钾蒙脱石＞钙蒙脱石＞铝蒙脱石，铝能有效降低蒙脱石上的高能量位对镉的吸附。一些研究亦证实，竞争离子的存在可明显减少微粒对镉的吸附。如 Zn^{2+}、Ca^{2+} 等阳离子与镉竞争土壤中的有效吸附位并占据部分高能吸附位,使土壤中镉的吸附位减少,结合松弛。研究表明,在镉污染土壤中施用石灰、钙镁磷肥、硅肥等可有效抑制植物对镉的吸收。

土壤中不同的组分对镉的吸附有很大影响。多数研究表明,有机质中的—SH 和—NH_2 等基团及腐殖酸与土壤中的镉形成配合物而降低镉的毒性,同时有机物巨大的比表面积使其对镉离子的吸附能力远超过其他矿质胶体。有机物还能通过影响土壤其他基本性质而产生间接的作用,如改变土壤的 pH 值或质地等。多数有机物料的施用能有效降低土壤中有效态镉含量,但施用碳氮比大的有机物料(如稻草),这类物料分解过程中会释放出大量有机酸类物质,明显降低土壤 pH 值,从而导致土壤中可溶态和可交换态镉的比例增加,致使生物毒性加重。因此,一些有机物料(如稻草、紫云英和猪粪)对镉吸附量的影响存在双重效应:pH 值提高效应和配位效应,前者促进镉的吸附,后者抑制镉的吸附,最终吸附结果取决于二者的平衡效应。随着无定形铝含量升高,土壤镉吸附量下降,氧化铁对镉的专性吸附亦起重要作用。

5. 铬在土壤环境中的迁移转化

在通常 pH 值和 Eh 值范围内,土壤中的铬主要以铬(Ⅲ)和铬(Ⅵ)两种价态存在,而铬(Ⅵ)又是最稳定的形态。土壤中铬(Ⅲ)常以 Cr^{3+}、CrO_2^- 形式存在,极易被土壤胶体吸附或形成沉淀,其活性较差,对植物毒性相对较小。而铬(Ⅵ)常以 $Cr_2O_7^{2-}$ 和 CrO_4^{2-} 形式存在,一般铬(Ⅵ)不易被土壤所吸附,具有较高的活性,易对植物产生毒害作用。铬(Ⅲ)和铬(Ⅵ)在一定环境条件下的相互转换主要受土壤 pH 值和 Eh 值的制约。

从铬的 Eh-pH 图(图 3.1)可知,在低 Eh 值条件下,铬以铬(Ⅲ)存在(其中低 pH 值时为 Cr^{3+},而高 pH 值时为 CrO_2^-);在高 Eh 值条件下,铬以铬(Ⅵ)存在(其中低 pH 值时为 $Cr_2O_7^{2-}$,高 pH 值时为 CrO_4^{2-})。因此,在还原性条件下,铬(Ⅵ)可能被 Fe^{2+}、硫化物、某些带羟基的有机物等还原成铬(Ⅲ);而在通气良好的土壤中,铬(Ⅲ)可被 MnO_2 氧化成铬(Ⅵ)。研究表明,红壤在低 pH 值时,对铬(Ⅵ)的吸附量随 pH 值升高略有增加,当 pH 值超过某一限度,吸附量急剧下降,甚至不吸附。这可能是由于红壤为可变电荷土壤,pH 值较低时,土壤矿质胶体因质子化作用而增加正电荷数量,对阴离子的吸附量增大;而在较高 pH 值时,土壤矿质胶体带负电荷,不对阴离子产生静电吸附。

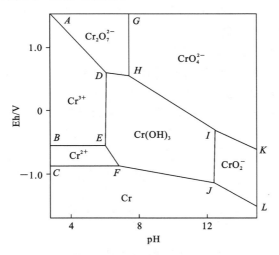

图 3.1　铬的 Eh-pH 图

　　控制铬环境的化学过程包括氧化还原转换、沉淀和溶解、吸附和解吸反应等,而在实际环境中,这几个过程是互相联系、彼此影响的。铬(Ⅲ)进入土壤中主要发生以下化学过程:① 铬(Ⅲ)的沉淀作用;铬(Ⅲ)易与羟基形成氢氧化物沉淀,此为铬(Ⅲ)在土壤中的主要过程;② 土壤胶体、有机质对铬(Ⅲ)的吸附和配位作用,并使土壤溶液中铬(Ⅲ)维持微量的可溶性和可交换性;③ 铬(Ⅲ)被土壤中氧化锰等氧化为铬(Ⅵ)。

　　土壤中还原性氧化锰在铬(Ⅲ)的氧化中起着重要作用,土壤氧化锰含量越高,对铬(Ⅲ)的氧化能力越强,土壤氧化锰氧化能力顺序为 $\delta\text{-}MnO_2 > \alpha\text{-}MnO_2 > \gamma\text{-}MnO(OH)$。这可能是 $\delta\text{-}MnO_2$、$\alpha\text{-}MnO_2$ 中锰的氧化度和活度较高的缘故。而铬(Ⅵ)进入土壤体系的转换过程主要如下:① 土壤胶体(主要是铁、铝氧化物)对铬(Ⅵ)的吸附作用,并使铬(Ⅵ)从溶液转入土壤固相;② 铬(Ⅵ)被土壤有机质、铁(Ⅱ)等还原物质还原为铬(Ⅲ),而后形成难溶的氢氧化铬沉淀或为土壤胶体所吸附;研究表明,黄铁矿组成中 Fe^{2+}、S^{2-} 均能有效地还原铬(Ⅵ),随着温度和黄铁矿浓度的增加,黄铁矿对铬(Ⅵ)的去除速率显著提高;③ 铬(Ⅵ)与土壤组分反应,形成难溶物(如 $PbCrO_4$ 沉淀)。

　　由于不同土壤的矿物种类、组成、有机质含量等不同,铬形态亦不同。因土壤中铬(Ⅲ)被牢固地吸附、沉淀而固定,土壤中水溶态铬含量非常低,一般难以测出;可交换态铬(1 mol/L CH_3COONH_4 提取)含量也很低,一般小于 0.5 mg/kg,约为总铬的 0.5%;土壤中铬大多以沉淀态(2 mol/L HCl 提取)、有机结合态(5% H_2O_2、2 mol/L HCl 提取)和残渣态存在。有机结合态铬含量通常小于 15 mg/kg,比沉淀态和残渣态含量低,残渣态含量一般占总铬的 50% 以上,铬在土壤中的迁移与其在土壤中的存在形态及淋溶状况有关。研究表明,在淋溶较强的条件下,铬(Ⅵ)可能向较深土层迁移,并污染地下水,而在降水量少的碱土地区,土壤中的铬多以铬(Ⅲ)形态存在并为土壤所固定,很难发生淋溶迁移。

　　土壤胶体中的铁、铝氧化物是土壤吸附阴离子的主要载体,游离铁、铝是产生正电荷的主要物质,Fe-OH、Al-OH 是吸附阴离子的主要吸附点,该吸附点数目控制着土粒表面阴离子的吸附量,因此含大量游离铁、铝的土壤所吸附的铬(Ⅵ)较多;其次,游离铁亦是专性吸附的物质基础,正如其他多负价离子(如磷酸根、硝酸根等),CrO_4^{2-} 也能被氧化铁专性吸附,铬(Ⅵ)会通过配体交换反应被吸附。研究表明,红壤对铬(Ⅵ)的最大吸附量与土壤中游离氧化铁、游离氧化铝和 pH 值正相关性较好。部分土壤和矿物对铬(Ⅵ)吸附能力大致为红壤>黄棕壤>黑土>娄土,三水铝石>针铁矿>二氧化锰>高岭石>伊利石>蛭石≈蒙脱石,且吸附能力随着土壤有机质含量的增加而降低。

　　土壤中一般难以检出铬(Ⅵ),因为土壤还原性物质的存在,使铬(Ⅵ)被迅速还原为铬(Ⅲ),降低其毒性。用厩肥、风化煤粉、FeS 共 3 种还原性物质改良铬污染土壤,结果表明,厩肥对铬(Ⅵ)的还原效果最好。研究表明,水稻土中有机碳含量与铬(Ⅵ)的还原率呈显著正相关,有机碳含量每增加 1%,铬(Ⅵ)还原率约可增加 3%。因此,土壤有机质含量越高,铬(Ⅲ)还原速率越快。此外,研究还表明,在有机酸的存在下,土壤溶液中铬(Ⅲ)浓度能显著提高(富咖酸>胡敏酸),并降低土壤矿物对铬(Ⅲ)的吸附和沉淀作用。这与大分子胡敏酸为碱溶性腐殖质,在土壤溶液中易沉降并吸附铬(Ⅲ)有关。研究表明,当土壤中添加铬(Ⅲ)和不同类别及比例的有机酸时,番茄植株中铬含量随有机酸含量的增加而升高,其平均增幅为草酸>柠檬酸>天冬氨酸>谷氨酸。

　　土壤对铬(Ⅵ)的吸持量与黏粒含量有关,一般来说,黏粒含量越高,铬(Ⅵ)吸持量越大。相同温度下,土壤有机质和黏粒含量高的土壤对铬(Ⅵ)吸持效果很好,这主要是因为发生还原反应和土壤黏粒对铬（Ⅵ）的吸附作用。在不同质地的土壤上施用等量制革污泥的试验表明，铬的迁移能力依次为轻壤＞中壤＞重壤。

3.1.8　典型有机污染物在土壤中的迁移转化

1. 有机氯农药

有机氯农药（OCPs）作为一种典型的持久性污染物，一旦进入环境介质中就很难被降解。OCPs 在环境介质中的迁移转化主要表现在大气与水体、水体与沉积物（土壤）、土壤与大气之间的迁移。OCPs 在土壤与大气之间的迁移过程主要分为两个阶段：首先是 OCPs 通过挥发直接从土壤挥发到大气中，然后其在大气中通过干湿沉降作用再次进入土壤。这种转移过程是 OCPs 在土壤与大气之间迁移最常见的过程。在农作物耕种的过程中，OCPs 通过喷洒的方式着落在农作物和土壤的表面，然后通过挥发进入大气中，在大气中处于气态或吸附在颗粒物上的 OCPs 又可以伴随着气流的转移而移动。在大气干湿沉降作用下进入水体或者土壤环境中。通常情况下，土壤中是存在一定水分和空气的，进入土壤中的 OCPs 在土壤中存在着一个复杂的平衡过程，这个过程会受多种因素的影响，包括污染物性质、土壤理化性质以及环境条件等因素。

有关 OCPs 降解的理论研究主要包括两个方面：光诱导降解和羟基自由基诱导降解。目前，报道 OCPs 光诱导降解的理论研究的文献较少，未发现关于 OCPs 光诱导降解的纯理论研究，仅在有关文献中发现实验研究并推测降解机理。应用量子化学方法对三类不同 OCPs 诱导降解机理的理论研究发现，8 位碳原子是最容易被自由基攻击的点位，—OH 攻击 C_7—C_8 键是三氯杀螨醇光催化降解的起始反应；—OH 诱导敌草隆的氧化降解以氢抽提和加成反应为主；—OH 与离子形式的 2-甲基-4-氯苯氧乙酸的反应更容易进行。

环境中的 DDT 或经受一系列较为复杂的生物学和环境的降解变化，主要反应是脱去氯化氢生成 1,1-双-(对氯苯基)-2,2-二氯乙烯（DDE）。DDE 对昆虫和高等动物的毒性较低，几乎不为生物和环境所降解，因而 DDE 是储存在组织中的主要残留物。在生物系统中，DDT 也可被还原脱氯而生成双-(6-羟基-2-萘)二硫（DDD），DDD 不如 DDT 或 DDE 稳定，而且是动物和环境中降解途径的第一步。DDD 脱去氯化氢，生成 2,2-双-(对氯苯基)-1-氯乙烯（DDMU），再还原成 2,2-双-(对氯苯基)-1-氯乙烷（DDMS），再脱去氯化氢而生成 2,2-双-(对氯苯基)乙烯（DDNU），最终氧化生成双-(对氯苯基)乙酸（DDA）。此化合物在水中的溶解度比 DDT 大，而且是高等动物和人体摄入及储存的 DDT 的最终排泄产物。在环境中，DDT 残留物可被转化成对二氯二苯甲酮。

细菌降解 DDT 的途径包括三条：① 还原脱氯降解 DDT（图 3.2）；② 先脱氯化氢再开环降解 DDT（图 3.3）；③ 直接开环降解 DDT（图 3.4）。有些真菌也通过还原脱氯的方式降解 DDT，还有通过羟基化作用降解 DDT 的，科研人员特别关注木质素降解真菌对 DDT 的降解能力，该菌株降解 DDT 的途径包括将 DDT 氧化为 Dicofol（三氯杀螨醇），接下来脱氯为 1,4-双-(二苯磷)丁烷（DPB），最终开环分解为 CO_2 和 H_2O（图 3.5）。

在六六六微生物降解途径的研究方面，主要的 4 种异构体（α-HCH、β-HCH、γ-HCH 和 δ-HCH）均取得了不同程度的进展（图 3.6）。其中 γ-HCH 与 β-HCH 的微生物降解途径已被阐明，α-HCH 和 δ-HCH 的微生物降解途径是目前环境微生物研究领域的热点。

2. 有机磷农药

有机磷农药在施用过程中，大约 90% 的农药不是作用于靶生物而是通过空气、土壤和水

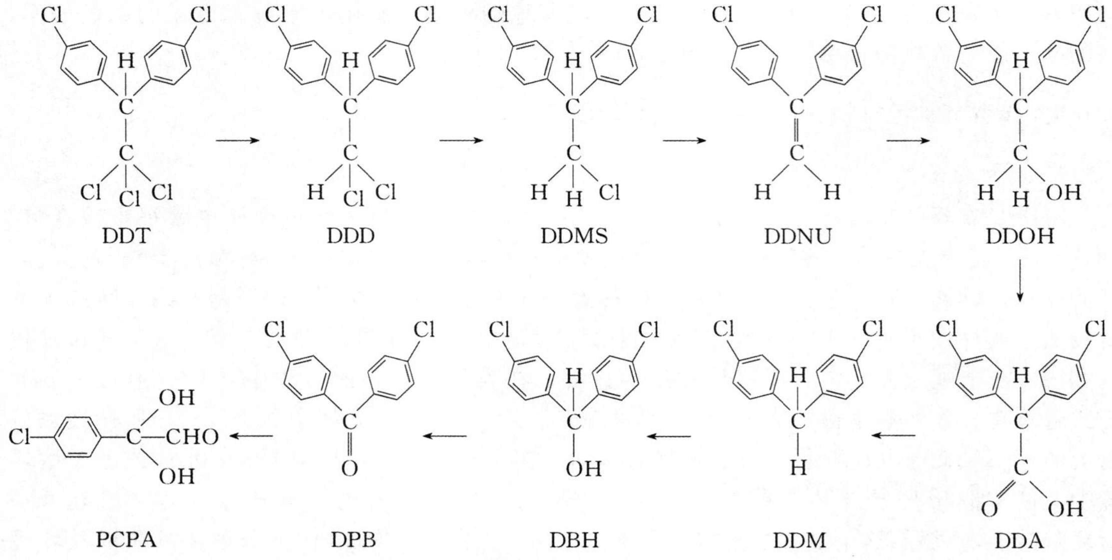

图 3.2　细菌通过还原脱氯降解 DDT 的途径

注:DDOH 为 2,2-双-(对氯苯基)乙醇,DDM 为双-(对氯苯基)甲烷,DBH 为双-(对氯苯基)甲醇,PCPA 为 2,2-二羟基对氯苯乙醛。

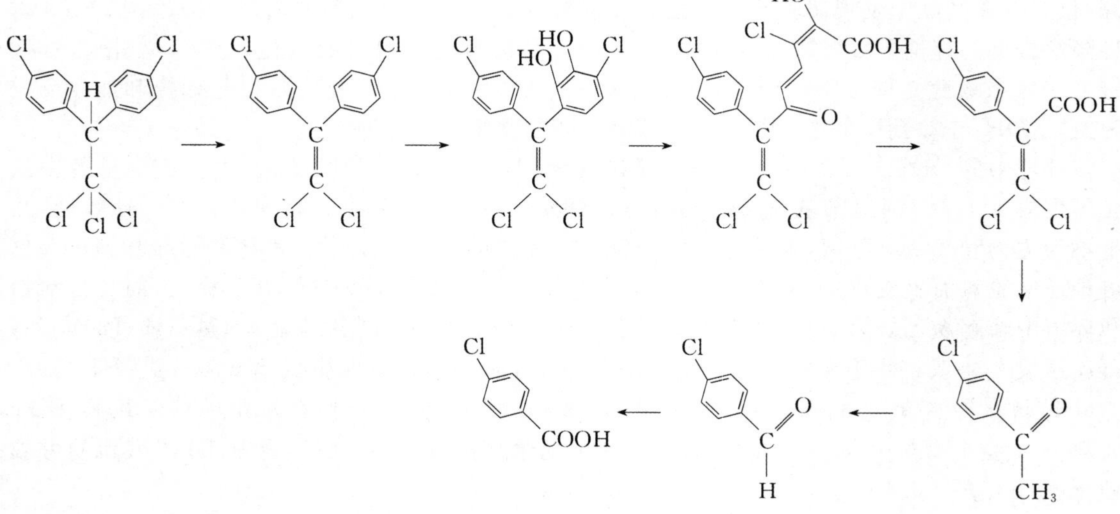

图 3.3　细菌先脱氯化氢再开环降解 DDT 的途径

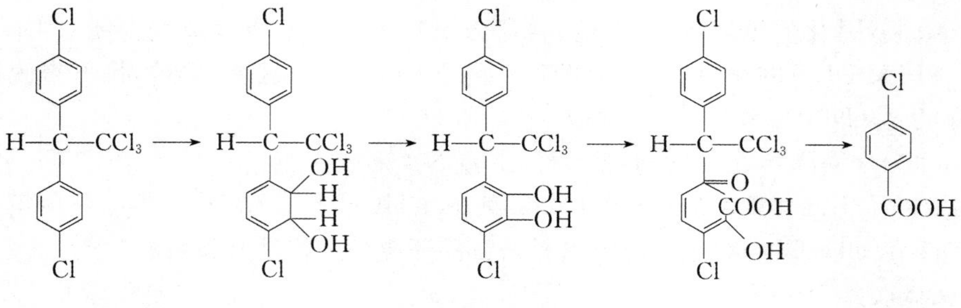

图 3.4　细菌直接开环降解 DDT 的途径

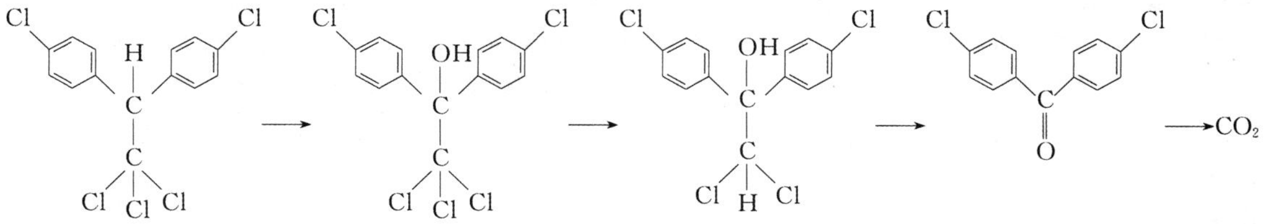

图 3.5　木质素降解真菌降解 DDT 的途径

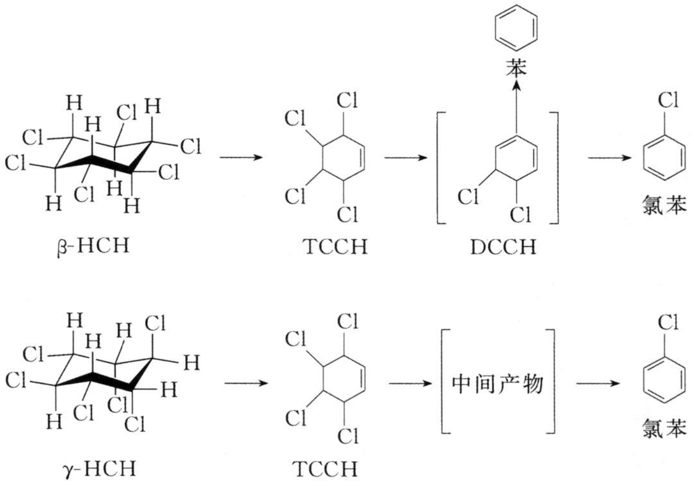

图 3.6　β-HCH 和 γ-HCH 的厌氧代谢途径

注:TCCH 为 3,4,5,6-四氯环己烯,DCCH 为 3,4-二氯-1,5-环己二烯。

扩散到周围的环境中,土壤是农药残留的重要场所。进入土壤中的有机磷农药,能够发生被土壤颗粒及有机质吸附、降解和被农作物吸收等一系列理化过程。有机磷农药在土壤中的降解主要包括光降解、化学降解和微生物降解,这些降解往往在土壤中共同起作用来消除土壤污染。影响降解的因素有土壤湿度、温度、微生物数量和有机物含量等。

有机磷农药对光的敏感程度通常比其他种类的农药要高,因此容易降解。有机磷农药分子能在太阳光的作用下,形成激发态分子,导致分子键的断裂。如辛硫磷在 253.7 nm 的紫外线下照射 30 h,可产生中间产物—硫代特普,但照射 80 h 以后,中间产物逐渐光解消失。除上述由光直接作用而降解以外,有机磷农药还可在土壤中各种各样的催化剂和氧化剂的作用下发生光催化降解。土壤中存在的 TiO_2、Fe、Fe^{2+} 等都能对有机磷农药的光降解起到促进作用,其中关于 TiO_2 以及 TiO_2 与其他金属掺杂或金属离子对有机磷农药的光催化降解,国内外已有许多文献对此过程做了详细的研究。这与它本身的结构有关,由于有机磷农药的 P—O 键和 P—S 键的键能相对较低,容易吸收太阳光形成激发态分子,使得 P—O 键和 P—S 键断裂,从而使有机磷农药发生光解。

水解反应是许多污染物化学降解的重要环节。特别是近年来的研究发现,被土壤吸附可以促进农药水解反应的进行,这种机制被称为吸附-催化水解反应。大多数的有机磷农药属于酯类,因此容易水解。许多有机磷农药生产废水处理的实验研究表明,有机磷农药是易于水解的。反应温度、水解时间、农药浓度等都对水解反应有不同程度的影响。高明华等在处理甲胺磷生产废水的研究中发现,当反应温度由 140 ℃提高到 200 ℃时,有机磷水解率由 25.7％上升到 73.5％;水解时间由 0.5 h 延长到 3.0 h 时,有机磷水解率由 36.4％上升到 73.1％;当进水有机磷浓度由 989 mg/L 提高到 5530 mg/L 时,有机磷水解率由 25.9％提高到 46.9％。有机磷农药的水解速率也随 pH 值的增大而加快,如磷胺在 23 ℃,pH 值由 4.0 上升到 10.0 时,其水解 50％的时间由 74 天缩短到 2.2 天。亚胺硫磷在 25 ℃,pH 值由 4.06 上升到 9.0 时,其水解 50％的时间则由 15 天缩短到 0.22 天。

有机磷农药的水解形式主要有酸催化和碱催化。但有机磷农药碱催化水解要比酸催化水解容易得多,从 pH 值对有机磷农药的影响也可以看出,有机磷农药在碱性条件下水解速率比在酸性条件下有很大提高。因为有机磷农药的水解主要是发生在磷分子与有机基团连接的单键结构上(这个有机基团是取代羟基或羟基上氢原子的),而 OH^- 取代有机磷农药的有机基团要比 H^+ 取代有机磷农药的有机基团要容易得多,这与有机磷农药本身结构以及 OH^- 的氧化能力强有关。当发生碱性水解时,有机磷农药中的有机基团被水中的 OH^- 所取代,当发生酸性水解时,有机磷农药中的有机基团被 H^+ 取代。

有机磷农药进入土壤以后,能被土壤中的有机质和矿物质所吸附,发生吸附-催化水解反应。土壤中存在更多的氧化物(如 O_3、H_2O_2、氮氧化物以及有机质等),从而在体系中产生更多的 OH^-,使有机磷农药快速彻底水解。土壤中有机磷农药的水解还可能包含另一种机制,即与金属离子发生配位作用从而催化水解反应。Mortland 和 Raman 证实 Cu^{2+} 可与地亚农发生配位反应,催化它的水解反应,他们的研究结果还证实,金属离子催化有机磷农药水解的倾向与有机磷农药和金属离子形成配合物的能力有关。

有机磷农药进入土壤以后,即使在没有微生物参与的条件下,有氧或无氧时也会发生氧化-还原反应。它是与土壤的氧化还原电位(Eh 值)密切相关的,当土壤透气性好时,其 Eh 值高,有利于氧化反应的进行,反之则利于还原反应的进行。不同的有机磷农药在土壤中的氧化还原降解性能也不一样。例如,特丁磷、甲拌磷、异丙胺磷等在土壤氧气充足时很快被氧化;对硫磷、杀螟磷等则在厌氧条件下能很快分解。土壤含水量的多少能影响土壤的透气性能的好坏,进而影响土壤 Eh 值的大小,从而也决定了有机磷农药氧化还原降解的快慢。

有机磷农药的微生物降解也是其在土壤中降解转化的另一个重要的途径,降解主要存在以下过程:一种是微生物本身含有可降解该农药的酶系基因,当有机磷农药进入土壤后,微生物马上能产生降解有磷农药的降解酶,在这种情况下,降解菌的选育较为容易;另一种是微生物本身并无可降解该有机磷农药的酶系,当农药进入环境以后,由于微生物生存的需要,微生物的基因发生重组或改变,产生新的降解酶系。Yonezawa 等认为当微生物对有机物的降解作用由其细胞内的酶引起时,微生物降解的整个过程可以分为三个步骤:首先是化合物在微生物细胞膜表面的吸附,这是一个动态平衡过程;其次是吸附在细胞膜表面的化合物进入细胞膜内;最后是化合物进入微生物细胞膜内与降解酶结合发生酶促反应,这是一个快速的过程。

有机磷农药通常含有 P—S 键和 P—O 键,有些有机磷农药(如甲胺磷)还含有 P—N 键。当有机磷农药进入土壤环境时,土壤中的微生物产生相应的酶,在这些酶的作用下,上述键被打开,有机磷农药被降解。Mageong 等报道大肠杆菌产生的磷酸三酯酶能打开甲胺磷的 P—S 键。Bello-Ramirez 等也证实氯代过氧化物酶可以断开有机磷农药中的 P—S 键。阮少江等推测甲胺磷的微生物降解是从甲胺脱氢酶打开 P—N 键开始的。有机磷农药对土壤中的活性酶也存在抑制作用,抑制程度的大小随着外界环境的变化而变化,而且不同种类的有机磷农药对酶的影响也是不同的,但反过来,有机磷农药对酶的活性也具有一定的刺激作用。朱南文等发现,在施用甲胺磷的 1～4 天内,甲胺磷对土壤中酸性磷酸酶、中性磷酸酶和碱性磷酸酶具有一定的抑制作用,而在 4 天以后,对酶的抑制作用消失,甚至出现了激活效应。郭明等发现在 7 天以内,氧化乐果和久效磷对土壤中的脱氢酶产生抑制作用,在 9 天以后,其对脱氢酶的抑制作用消失,反而有一定的激活作用。这可能是因为当有机磷农药开始加入土壤后,高浓度农药对土壤中微生物生长和活动产生抑制作用,从而对微生物体内酶和土壤中的游离酶产生抑制作用,但有机磷农药能促进土壤中一些微生物(如细菌、真菌和放线菌等)的生长并抑制另一些微生物(如固氮菌)的生长,所以随着细菌、真菌和放线菌数量的增多以及农药浓度的减小,酶的活性也就提高了。有机磷农药在土壤中的微生物降解还受到农药浓度的影响:当农药浓度过高时,其对微生物的毒性越大,可使微生物的数量显著下降;而当农药浓度过低时,由于微生物生长的碳源、氮源不足,抑制了微生物的生长,从而抑制有机磷农药的微生物降解。刘玉焕等通过实验证实,乐果浓度在 0.2% 时微生物降解的效果最好,而在 0.1% 和 0.5% 时,微生物降解效果呈下降趋势。王永杰等也推断在自然环境中,有机物的浓度极低可能是限制其生物降解的一个主要因素。

土壤中存在各种各样的微生物,不同的微生物含有不同的酶,进入土壤的有机磷农药能在这些酶的作用下发生降解。有机磷农药可在不同酶作用下发生降解,一种有机磷农药可被多种微生物降解;同时,一种微生物也可对多种有机磷农药进行降解。因此,土壤中微生物的数量和种类对于有机磷农药的降解有着重要的作用。王倩如等证实,蜡样芽胞杆菌和嗜中温假单胞菌对甲胺磷有很好的降解能力。王永杰等报道,地衣芽胞杆菌对甲胺磷、对硫磷、敌敌畏均有良好的降解效果。

3. 多环芳烃

多环芳烃(PAHs)的生物降解取决于分子化学结构的复杂性和微生物降解酶的适应程度,降解的难易程度与 PAHs 的溶解度、环的数目、取代基种类、取代基的位置、取代基的数目以及杂环原子的性质有关;而且,不同种类的微生物对各类 PAHs 的降解机制也有很大差异。近年来研究得比较清楚的代谢途径只有萘、菲之类简单的 PAHs,四环和四环以上的 PAHs 的生物降解途径至今仍是研究的热点。

1) 好氧降解

微生物对 PAHs 的降解虽然在降解的底物、降解的途径上存在差异,但是在降解的关键步骤上却是一致的。微生物对 PAHs 好氧降解的第一步是在 PAHs 双氧化酶的作用下,将两个氧原子直接加到芳香环上,PAHs 转变成顺式二氢二醇,后者进一步脱氢生成相应的二醇,然后环氧化裂解,而后进一步转化为儿茶酚或龙胆酸,彻底降解。图 3.7 即为二环、三环芳烃降解的一般途径。进一步的研究表明,在对芘等四环 PAHs 的降解中,有些菌株需有少量其他碳源的存在才能发挥降解作用,人们称之为共代谢,而有些则不需要。但对于五环以上诸如苯并芘等 PAHs 的微生物降解,现在通常认为只能是共代谢。

2) 厌氧降解

PAHs 可以在反硝化、硫酸盐还原、发酵和产甲烷的厌氧条件下转化,但相对于有氧降解来说,PAHs 的无氧降解进程较慢,其降解途径目前还不十分清楚,可以厌氧降解 PAHs 的细菌相对较少。已有的实验表明,在厌氧的条件下,细菌对 PAHs 的降解仅限于萘、菲、芴、荧蒽等一些结构简单、水溶性较高的有机物。在产甲烷发酵条件下,萘的降解途径如图 3.8 所示,其降解途径与单环烃的代谢途径相似。在硫酸盐还原的环境中,对细菌降解代谢产物的检测表明,萘首先通过氧化作用生成 2-萘甲酸,在琥珀酰辅酶 A 作用下,生成萘酰辅酶 A,最终导

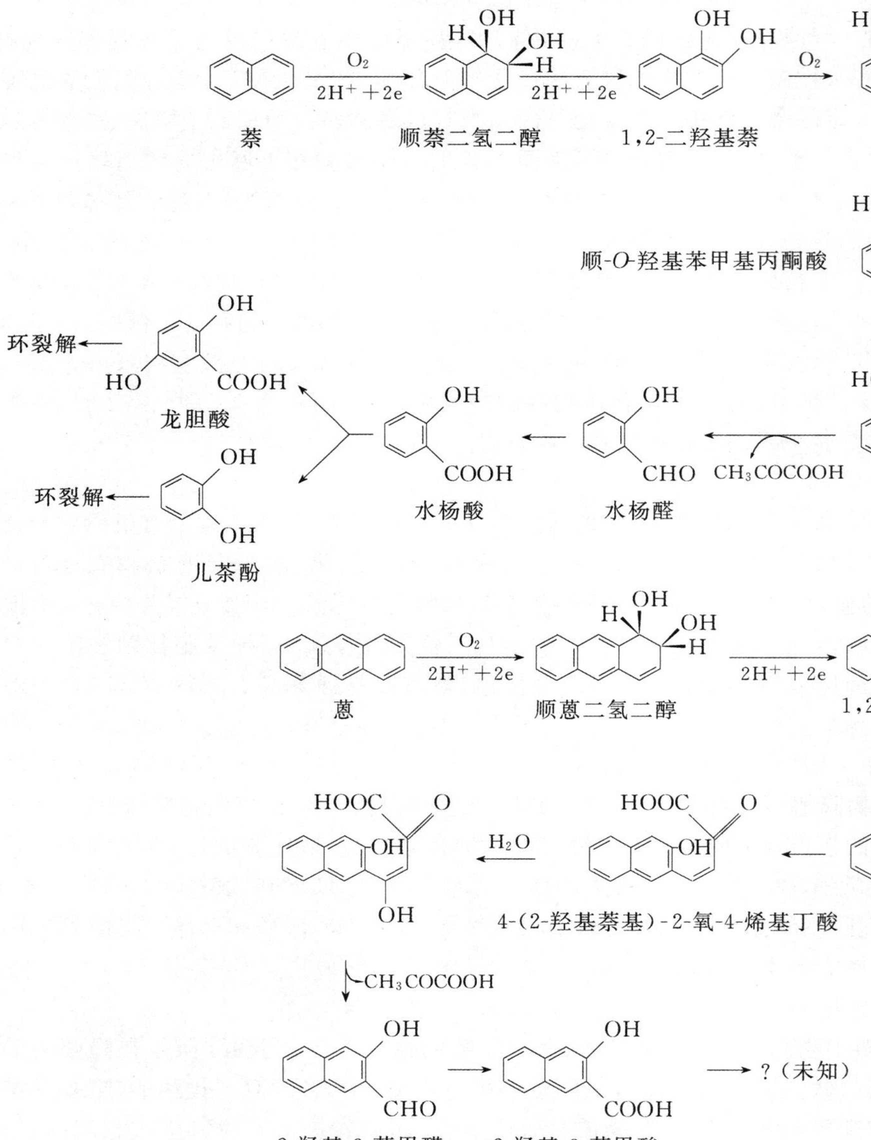

图 3.7　二环、三环芳烃降解的一般途径

致苯环的裂解。用同位素标记法对菲的厌氧降解研究表明,它遵循和萘的降解类似的步骤,羧基化可能是该系统代谢的第一步反应。

4. 石油烃

石油污染物熔点高,进入土壤后,难挥发的高分子量油类吸附到土壤中,而低分子量油类以液相和气相形式存在,挥发性强并不断挥发逸出到大气中。原油由四种组分构成:饱和烃、芳香烷、沥青质和非烃类物质。饱和烃又有正构烷烃、异构烷烃之分。微生物对它们产生作用的敏感性不同,一般其敏感性由大到小依次为正构烷烃、异构烷烃、低分子量芳烃、环烷烃。

石油烃的一个显著特点是溶解度低,这导致其生物降解性也差。例如,碳链中碳原子数大

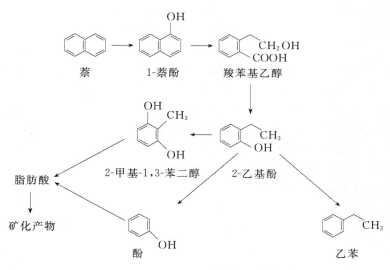

图 3.8　萘的产甲烷厌氧降解

于 18 的石油烃的溶解度低于 0.006 mg/L,它们的生物降解速率很慢;碳原子数小于 10 的石油烃容易被生物降解,它们有相对较大的溶解度,例如,正己烷的溶解度为 12.3 mg/L。

　　另一个影响石油烃生物降解的性质为石油烃结构中的支链与取代基。石油烃结构中的支链在空间上阻止了降解酶与烷分子的接触,进而阻碍了其生物降解。支链可以降低烃类的降解速率,一个碳原子上同时连接两个、三个或四个碳原子会降低其降解速率,甚至完全阻碍降解。PAHs 较难生物降解,其降解程度与 PAHs 的溶解度、环的数目、取代基种类及位置、取代基数目和杂原子的性质有关。

　　另外,石油烃的疏水性是微生物降解存在的主要问题。由于烃降解酶嵌于细胞膜中,所以石油烃必须通过细胞外层的亲水细胞壁后进入细胞内,才能被烃降解酶利用,石油烃的疏水性限制了烃降解酶对烃的摄取。石油烃的疏水性不仅导致其溶解度低,而且有利于其向土壤表面吸附。石油污染土壤后,其在土壤中的量远远大于其在水相中的量。

　　通常认为,在微生物作用下,直链烷烃首先被氧化成醇,源于烷烃的醇在醇脱氢酶的作用下被氧化为相应的醛,醛则通过醛脱氢酶的作用氧化成脂肪酸,氧化途径有单末端氧化、双末端氧化和次末端氧化。相对正构烷烃而言,支链烷烃较难为微生物所降解,支链烷烃的氧化还会受到正构烷烃氧化作用的抑制。脂环烃类的生物降解是环烷烃被氧化为一元醇,并在大多数研究的细菌中环烷醇和环烷酮通过内酯中间体的断裂而代谢,大多数利用环己醇的微生物菌株,也能在一些脂环化合物中生长,包括环己酮、顺(反)-环己烷-1,2-二醇和 2-羟基环己酮。

　　5. 多氯联苯

　　通常情况下,多氯联苯(PCBs)化学性质非常稳定,不易水解,也不易与强酸强碱等发生反应,但在一定条件下能被强氧化剂(如羟基自由基)氧化,能吸收紫外线或在光催化剂和光敏化剂的作用下发生光化学降解,部分同系物也能被微生物一定程度地降解。自然环境中,多氯联苯的消除主要依赖于光降解与微生物降解的作用。另外,在废水处理与污染环境的修复中已发展了一些人工强化降解多氯联苯的技术,如高温氧化、TiO$_2$ 光催化、Fenton 氧化、超临界水氧化、微波辐照及植物-微生物联合修复等。

1）多氯联苯的光化学降解

大量研究表明，多氯联苯能吸收紫外线而发生直接光化学降解。多氯联苯是联苯的卤代物，而联苯自身有两个主要的光谱吸收峰，波峰分别在波长 202 nm 和 242 nm 处，分别称为主波段和 K 波段。当联苯上的氢被氯原子取代后，由于苯环间的 C—C 键发生扭曲，激发态与基态的分子轨道重叠减少，因而分子受激发所需的能量增加，所以多氯联苯的 K 波段会发生一定的蓝移。当取代的氯原子数越多，特别是邻位上取代的氯原子越多时，蓝移越明显。多氯联苯对光的敏感性也与苯环上氯原子的取代数量和取代位置密切相关。有研究表明，多氯联苯苯环上的氯原子数量越多，其光化学降解反应越迅速，苯环上邻位取代的氯原子具有更大的光学活性，多氯联苯的直接光化学降解生成邻位脱氯的产物更占优势。

多氯联苯的直接光化学降解在水溶液中即可进行，光化学降解过程中同时存在脱氯、羟基化和异构化反应。比如：二氯联苯、三氯联苯和四氯联苯在曝气条件下含有少量甲醇的水中光化学降解产物主要为脱氯产物和羟基化的产物。2-氯联苯和 4-氯联苯在曝气水中的光化学降解产物也为羟基化产物，但是后者的光量子产率低很多。也有研究发现，4-氯联苯在脱气的水溶液中发生光化学降解生成 4-羟基联苯和异构化的 3-羟基联苯。如果水溶液中含有少量的乙醇等有机溶剂，则能给光化学降解反应提供更多的氢，从而可以提高光化学降解的速率和效率。

在醇溶液中，由于醇的 C—H 键能低，易断裂，因而可为光反应提供足够的氢原子，有利于光化学降解的进行，光化学降解反应主要产生脱氯产物以及少量的衍生化的副产物。对五种多氯联苯同系物分别在甲醇、乙醇和异丙醇溶液中的光化学降解产物进行研究发现，降解产物主要为更低氯代的多氯联苯同系物，同时也检测到少量的羟基化、乙基化、甲氧基化等的副产物。对非邻位取代的多氯联苯同系物在碱性丙二醇溶液中的紫外线光化学降解进行研究发现，反应主要为连续脱氯，联苯为最终产物，亦有一些氯原子重排产物生成；同时研究也发现，脱氯首先从对位开始，且主要发生在氯取代数较多的一侧苯环上。在 Aroclor 1254 的紫外线光解中试研究中，研究者发现在所用有机溶剂（碱性异丙醇溶液）中加入一定量的水可以加速光化学降解，可能是由于水在这个过程中很好地提供了反应所需的质子。

2）多氯联苯的光催化降解

利用半导体材料，如 TiO_2、ZnO、WO_3、CdS 和 $\alpha-Fe_2O_3$ 等，在光照射下产生强氧化性物质，对有机污染物几乎可以无选择性地矿化，可以使有机污染物得到降解。这些半导体催化剂中，TiO_2 的稳定性最好、催化活性最高，而且可以使用的波长最高可达 387.5 nm，因而是最具有应用前景的半导体催化剂。

Hong 等对模拟太阳光照下水溶液中 TiO_2 光催化降解 2-氯联苯进行了研究，发现降解反应遵从一级反应动力学过程，中间产物为羟基取代物、醛酮和羧酸，终产物为二氧化碳和盐酸。Nomiyama 等对四氯联苯的 TiO_2 光催化研究也有相似的结果。而另有研究者发现，光照条件下 TiO_2 催化降解 2-氯联苯、Aroclor 1248 和 Aroclor 系列商品的混合物的反应遵从准一级反应动力学过程，其反应速率还受到 TiO_2 浓度的影响。Wong 等对 PCB-40 的光催化反应进行了系统的研究，找到最佳的光强、H_2O_2 投加量、TiO_2 投加量及初始 pH 值等参数，发现过多的 H_2O_2 和 TiO_2 均会抑制光反应的进行。通常多氯联苯的 TiO_2 光催化降解的中间产物为酚、醛等，最后被矿化。但 Lin 等在以紫外灯和氙灯为光源，用 TiO_2 催化 PCB-138 的研究中发现，其降解反应主要为连续脱氯的过程，且以间位脱氯为主。

多氯联苯的光敏化降解：由于大多数的多氯联苯同系物不能有效吸收波长大于 290 nm 的光，而到达地面的太阳辐射光波长主要在 290 nm 以上，因而多氯联苯的直接光降解在自然光照下很难发生。而光敏化剂是一类能够吸收自然光的能量然后将能量转移给目标物质,从而促进目标物质发生光化学反应的化学物质。常用的光敏化剂有二乙胺、三乙胺、二乙基苯二胺、核黄素、丙醇、吩噻嗪等,其中二乙胺和二乙基苯二胺对多氯联苯的光敏化降解的效果较好。

　　Hawari 等研究了光敏化剂吩噻嗪对多氯联苯间接光解的作用机制,发现吩噻嗪吸收光能后被激发为三线态,三线态的吩噻嗪可以作为多氯联苯反应的有效电子供体。Lin 等研究了馆灯模拟太阳光照下,二乙胺对五种多氯联苯同系物的光敏化降解,发现光降解遵从准一级反应动力学过程,同时也发现使用模拟光源的光解效果远高于使用自然光。在 Aroclor 1254 的水溶液中加入二乙胺,经 24 h 的模拟太阳光照,多氯联苯的各同系物的降解率可达 21%～38%。研究发现,多氯联苯的光敏化降解途径为连续脱氯反应,且以邻位和对位脱氯为主,整个反应过程中存在阴、阳离子自由基。此外,多氯联苯的光敏化降解过程中还存在最佳的光敏化剂添加浓度,如研究发现,存在二乙胺时,PCB-138 的光降解反应为准一级反应动力学过程,当二乙胺浓度为 PCB-138 浓度的 10 倍时,PCB-138 的光降解速率常数最大。多氯联苯光敏化反应中涉及电子的转移,可能有两种机制。Izadifard 等研究了亚甲蓝和三乙胺对 PCB-138 光敏化降解的机制,发现存在电子从还原态光敏化剂的激发态转移到多氯联苯的过程,红光部分负责光敏化剂的还原,UV-A 部分负责脱氯过程。光敏化降解可能是自然环境中多氯联苯消减的重要途径之一。

　　3) 多氯联苯的微生物降解

　　虽然多氯联苯是一种较难被生物降解的化合物,但也已证实,多氯联苯在环境中存在缓慢的生物降解。最早发现的能够降解多氯联苯的微生物是两株无色杆菌,它们能分别降解单氯联苯和双氯联苯。目前公认微生物主要以两种方式降解多氯联苯:一种是以多氯联苯为碳源或能源,对其降解,同时也满足了微生物自身生长的需求,即无机化机制;另一种是微生物利用其他有机底物作为碳源或能源进行生长代谢时,产生的非专一性酶也能降解多氯联苯,即共代谢机制。其中共代谢机制是多氯联苯微生物降解的主要途径。在多氯联苯的降解过程中存在着两种不同的作用模式:厌氧脱氯作用和好氧生物降解作用。

　　(1) 多氯联苯厌氧脱氯的途径及机理。高氯代联苯的脱氯是以厌氧条件下的还原脱氯为主,因为氯原子强烈的吸电子性使环上的电子云密度下降,氯原子的取代个数越多,环上电子云密度越低,氧化越困难,表现出的生化降解性能越低;相反,在厌氧或缺氧的条件下,环境的 Eh 值低,电子云密度较低的苯环在酶的作用下越容易受到还原剂的亲核攻击,氯原子容易被取代。Brown 等提出了厌氧微生物脱氯过程。实验结果肯定了 Brown 等提出的存在不同的脱氯方式的结论(表 3.4)。

表 3.4　多氯联苯的部分厌氧还原脱氯反应

过　程	脱　氯　特　性	主　要　产　物
H	一个或两个邻位已被取代的对位氯	2, 3-CB, 2, 5, 3′-CB
LP	邻位被取代的对位氯	2, 2′-CB
M	一个邻位已被取代或未被取代的间位氯	2, 2′-CB, 2, 6-CB, 2, 6, 4′-CB, 2, 4′-CB
N	一个邻位已被取代的间位氯	2, 6, 4′-CB, 2, 4, 4′-CB, 2, 4, 2′-CB, 2, 4, 2′, 4′-CB
P	一个邻位已被取代的对位氯	2, 4-CB, 2, 5-CB, 2, 3, 5-CB
Q	一个邻位已被取代或未被取代的对位氯	2, 2′-CB, 2, 3′-CB, 2, 5, 2′-CB

（2）多氯联苯好氧生物降解的途径和机制。目前对低氯联苯连续的酶反应机制,包括其生物降解过程已形成了共识。其代谢途径如下:通过加氧酶的作用,分子氧在多氯联苯的无氯环或带较少氯原子环上的2,3位发生反应,形成顺二氢醇混合物。其中主要产物为2,3-二羟基-4-苯基-4,6-二烷烃。二氢醇经过二氢醇脱氢酶的脱氢作用,形成2,3-二羟基联苯;然后2,3-二羟基联苯通过2,3-二羟基联苯双氧化酶的作用而在1,2位发生断裂,产生间位开环混合物(2-羟基-6-氧-6-苯-2,4-二烯烃)。间位开环混合物由于水解酶的作用发生脱水反应生成相应的氯苯酸。

3.2　污染物在地下水中的迁移转化

污染物在地下水系统中的迁移转化过程是复杂的物理作用、化学作用及生物作用综合作用的结果。地表的污染物在进入含水层时,一般要经过表土层及下包气带,而表土层和下包气带对污染物不仅有输送和储存功能,而且还有延续或衰减污染的效应。因此,有人称表土层和下包气带为天然的过滤层(图3.9)。

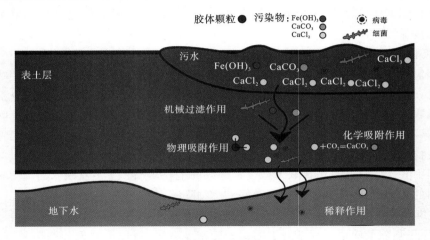

图3.9　地下水迁移转化示意图

实际上是由于污染物经过表土层及下包气带时产生了一系列的物理、化学和生物作用,一些污染物被降解为无毒无害的组分;一些污染物由于过滤、吸附和沉淀而截留在土壤中;还有一些污染物被植物吸收或合成到微生物中,结果使污染物浓度降低,这被称为自净作用。

但是,污染物在上述迁移过程中,还可能发生与自净作用相反的现象,即有些作用会增加污染物的迁移性能,使其浓度增加,或从一种污染物转化成另一种污染物,如污水中的铵态氮,经过表土层及下包气带的硝化作用会变成为硝态氮,使得硝态氮浓度增高。

1. 物理、化学作用

1) 机械过滤和稀释

（1）机械过滤作用。机械过滤作用主要取决于土壤介质的性质和污染物颗粒的大小。一般是土壤粒径越小,机械过滤效果越好。机械过滤作用主要是去除悬浮物,其次是细菌。此外,一些主要组分的沉淀物,如 $CaCO_3$、$CaSO_4$,一些次要及微量组分的沉淀物,如 $Fe(OH)_3$、$Al(OH)_3$,以及有机物絮凝剂也可被去除。

在松散的地层中,悬浮物一般在 1 m 内即能被除去,而在某些裂隙地层里,有时悬浮物可迁移几公里。细菌的直径一般是 $0.5\sim10$ μm,病毒的直径一般是 $0.001\sim1$ μm。因此,在砂土(其孔隙直径一般大于 40 μm)里,过滤作用对细菌的去除是无效的,而在黏土或粉土地层中,或含黏土及粉土地层中,过滤作用对细菌的去除是有效的,而对病毒是无效的或效果很差。但是,往往有些细菌和病毒附着在悬浮物中,这样过滤去除细菌和病毒的效果就很好。

(2)稀释作用。当污水与地下水相混合时,或当雨水下渗通过包气带补给地下水时,或污染物在含水层中产生弥散作用时,都会产生稀释作用,它可使地下水中污染物浓度降低,但并不意味着污染物被去除。

2)物理吸附

土壤介质特别是土壤中的胶体颗粒具有巨大的表面能,它能够借助分子引力把地下的某些分子态的物质吸附在自己的表面,人们称这种吸附为物理吸附。

物理吸附具有下列特征。

(1)吸附时土壤胶体颗粒的表面能降低,所以物理吸附是放热反应,一般吸附 1 g 分子放热量小于 5 kcal(20.93 4 kJ)。

(2)吸附基本没有选择性,即对于各种不同的物质,只不过是分子间力的大小有所不同,分子引力随分子量的增加而增大。在同一系列化合物中,吸附量随分子量的增加而增加。

(3)不发生化学反应,因此不需要高温。

(4)由于热运动,被吸附的物质可以在胶体表面做某些移动,也较容易解吸。

基于上述特征,凡是能降低表面能的物质(如有机酸、无机盐等),被土壤胶粒表面所吸附,则称为正吸附;凡是能够增加表面能的物质(如无机酸及其盐类,包括氯化物、硫酸盐、硝盐等),则受土壤胶粒的排斥,故称为负吸附。此外,土壤胶粒还可吸附 NH_3、H_2 以及 CO_2 等气态分子。

3)物理化学吸附

土壤胶体带有双电层,其扩散层的补偿离子可以和地下水中同电荷的离子进行等当量代换,这是一种物理化学现象,故称物理化学吸附,亦称离子代换吸附。它是土壤中污染物吸附的主要方式。

4)化学吸附

化学吸附是土壤颗粒表面的物质与污染物质之间,由于化学键力发生了化学反应,使得污染物质化学性质有所改变。原来在土壤溶液中的可溶性物质,经化学反应后转变为难溶性化合物的沉淀物,因为在地下水中常含有大量的氯离子、硫酸根、碳酸氢根以及在还原条件下的硫化氢等阴离子。

所以,一旦有重金属污染物进入,在一定的 Eh 值和 pH 值条件下则可产生相应的氢氧化物、硫酸盐或碳酸盐而发生沉淀现象。此外,还可能发生石灰吸附空气中的 CO_2,生成 $CaCO_3$ 沉淀以及锌粒吸附污水中的汞形成锌汞合金等反应。

沉淀析出的盐类,在 pH 值和 Eh 值改变时,还可能再溶解,当然这会影响水的动力学过程,从而间接地影响受水动力过程制约的其他形式的去除作用。同时,沉淀会形成新的吸附面积,溶解则会减小吸附面积,所以沉淀过程亦影响着吸附性能,化学吸附的特点如下:吸附热大,相当于化学反应热;吸附有明显的选择性;化学键力大时,吸附是不可逆的。

2. 生物作用

1) 微生物作用产生的降解和转化过程

实践早已表明,无论是在包气带土壤中或是埋藏不深的潜水中甚至循环 100 m 或更大深度的地下水中,都有微生物在活动,而且在零下几十度和零上 85～90 ℃ 的不同温度的地下水中微生物都能繁殖。

在污水灌溉或使用其他固体废物(如污泥、农家肥)和有机农药、化肥的土壤里,以及受污染的地下水中,其有机污染物作为微生物的碳源和能源,微生物在消耗有机物的同时,其群体密度也在增大。因此,在地下水污染系统中,有机物在微生物参与下可发生降解或向无机物转化。

2) 生物积累和植物萃取

(1) 生物积累。生物积累是指地下水中的污染物被有机体吸收的过程。这是消除地下水有害物质的重要因素。但是,如果生物中积累的微量元素超过一定浓度时,则可能产生毒害作用,从而使生物从繁殖生长状态转化为死亡状态,于是,原先积累在生物体中的物质则可能被重新释放出来。

(2) 植物萃取。某些污染物可作为植物的养分被植物根系吸收,由于植物生长过程的不断摄取,一部分污染物被去除。植物易摄取的有 N、P、K、Ca、Mg、S、Fe、B、Cu、Zn、Mo、Ni、Mn 等元素,以及某些农药。

第4章　污染场地调查与监测方法

4.1　土壤污染状况调查的基本原则和基本程序

4.1.1　美国土壤污染状况调查的基本原则和基本程序

美国是制定地块评价导则或规范方面最早也是最为完善的国家。美国除 EPA 制定了一系列地块评价导则外,美国材料与试验协会也制定了一系列地块评价导则/标准。研究表明,目前国外其他国家的地块评价方法和技术标准基本是建立在美国材料与试验协会 ASTM E1527 的基础上的,ASTM E1527 已在全球数万个地产交易、投资项目(包括北美和欧洲国家在华的投资项目)中得到应用,实践证明使用上述技术方法能有效地发现地块内存在的污染。

1. 美国 ASTM E1527

ASTM E1527(第一阶段地块环境评价过程标准操作)是美国材料与试验协会 1993 年颁布的,其后曾经过修正。

ASTM E1527 是为解决 CERCLA(超级基金法)中关于环境清理责任而建立的,带有明显的国家法规色彩。不过其创立的地块环境评价的程序和平台在实践中被证明是有效的,已成为世界各国和跨国公司的主导标准,是各国、各类机构(包括国际标准化组织)和公司制定地块环境评价的基础。

1) 标准的结构

该标准有 12 个部分和 3 个附件,包括范围、参考标准、术语、意义和使用、委托方的责任、第一阶段地块环境评价(记录审核/现场调查/采访地块拥有者和占用者/采访地方政府官员/报告的准备)、标准范围外需考虑的因素等。

2) 工作程序

该标准的工作程序见表 4.1。

表 4.1　ASTM E1527 工作程序

序号	内　　容	评　　价
步骤一:记录审核		
1	该步骤的目的是收集和审核有关记录(报告、文件等),帮助识别地块的环境状况。这些记录包括以下内容: (1) 环境信息(联邦、州和地方政府的环境记录、文件、名单等),以及地图、水文地质等资料)。 (2) 历史使用信息(用于判断地块和周边在过去历史中是否存在有害物质和石油产品泄漏的可能,主要资料有航空照片、火险图、纳税文件、土地记录等)	该部分工作可由委托方完成。该部分详细说明了资料的来源、分类,确定了明确的资料收集范围、信息的判断方法、地块历史的追溯方法等。整个操作过程紧密结合了美国的实际,易于操作实施

续表

序号	内　　容	评　　价
	步骤二：现场调查	
2	该步骤的目的是通过现场调查收集资料，识别地块的环境状况。 （1）一般地块环境信息（地块和周边现在和过去的使用情况、地质/水文地质/地形、建筑/道路/水井/污水处理等）。 （2）一般观察（主要帮助识别地块的使用情况，针对有毒有害物质的使用、储存等）。 （3）内部观察（限制在能去的区域，调查加热/冷却设施、地面/墙等被污染和腐蚀的地方、排放设施）。 （4）外部观察（观察地块的外部情况，如坑/池、污染的土壤、固体废弃物、废水等）	该部分需由环境工程师进行，需具备专业知识和经验。该标准所指的现场调查由环境工程师的感官来判断，不进行采样活动。对于难以观察的区域可以不观察。该标准没有提出现场调查的计划和安排程序
	步骤三：采访对地块拥有者和占用者	
3	通过对地块拥有者和占用者的访谈获得识别地块环境状况的信息。说明了访谈内容、方式和时间安排的要求，规定了访谈对象和回答问题的判断方式	该部分需由环境工程师进行，需具备专业知识和经验，并需准备所提的问题。E1528的问题表可以提供帮助
	步骤四：采访当地政府官员	
4	此步骤的目的、内容、方式等同步骤三。采访的部门包括消防部门、卫生部门、环境和有害物质管理部门	
	步骤五：报告的准备	
5	报告主要内容如下： （1）前言（目的、工作内容等）； （2）地块的描述（位置、地块及周边的性质和使用情况、地块的组成等）； （3）第一阶段地块评价工作的描述（记录审核、现场调查、访谈）； （4）调查结果（总结地块的环境状况）； （5）意见（环境工程师对识别出已有和潜在的环境污染对地块影响的评估）； （6）结论； （7）其他（如附件等）	要求环境工程师对识别出的环境问题进行评价，并给出有无环境问题的结论

2. 美国 ASTM E1903

ASTM E1903（第二阶段地块环境评价过程标准指南）是在 ASTM E1527 颁布四年后颁布的。该指南为商业地产提供了第二阶段地块环境评价的工作框架，是一个程序性指南，是 E1527 或 E1528 的延续。其目的主要有两个：其一是满足 CERCLA 的要求；其二是帮助委托方了解地块环境状况的可靠信息，以便决策。该标准的工作程序见表 4.2。

表 4.2　ASTM E1903 的工作程序

序号	内　　容	评　　价
	步骤一:咨询合同的签署	
1	步骤一是第二阶段地块环境评价的开始,它不涉及委托方同环境工程师之间的合同内容和格式,但涉及以下内容: (1) 第二阶段地块评价向政府部门和第三方报告问题; (2) 第二阶段地块环境评价的报告形式和范围; (3) 保密问题,环境工程师雇佣第三方; (4) 工作、数据、信息和时间限制问题。 同时规定了委托方的职责(如进入地块与提供信息等)和环境工程师的职责(如职业技能、沟通、职业安全卫生等)	规定了进行第二阶段地块环境评价的标准,如发现地块有重大污染,环境工程师有义务向政府有关部门和第三方报告,这就保证了污染对人群的危害不被忽略
	步骤二:建立工作计划	
2	该步骤是在进入现场工作前的准备,建立完成第二阶段地块环境评价的方法和工作任务,包括以下内容: (1) 预期现场工作和分析工作可能出现的困难和限制; (2) 审核现有信息(包括第一阶段地块环境评价的成果),为采样位置和分析方法的确定提供依据; (3) 考虑可能的污染范围; (4) 建立采样计划,确定采样位置和深度,发现污染中心; (5) 建立现场和实验室测试计划及分析方法; (6) 现场和实验室的质量控制和保证	制订完善的工作计划对现场工作起着至关重要的作用。该标准提到的工作计划的各项任务是必需的,但其质量的高低取决于环境工程师的能力和经验
	步骤三:评价活动	
3	评价活动包括从现场筛选到实验室分析的过程,以及实施质量控制和保证,具体内容如下: (1) 现场筛选和分析技术,现场技术可以迅速、快捷地得出地块污染的初步结果,并指导现场采样,但环境工程师需预先设置实施的标准程序; (2) 现场采样按工作计划进行,偏离工作计划的采样应该在报告中注明防止样品污染的要求,采样需遵守的标准方法; (3) 采样操作包括样品的收集、包装、储存等及样品追踪记录	指南中提到,光离子化检测器和便携式气相色谱等设备在现场进行检测可以节省费用和指导采样活动,现场检测在美国已使用多年,建立了一些技术标准和方法。但现场检测技术在我国使用不多,没有相关标准。国外有成熟的采样操作标准,我国在这些方面还欠缺
	步骤四:数据评估	
4	数据评估工作是必须做的,分析已完成工作的充分性及评价有害物质是否泄漏,主要包括两个方面工作: (1) 假设的验证,验证工作计划的有效性,如果工作计划无效,可能已实施的工作不恰当,则需补充; (2) 数据验证,验证所得数据是否符合 QC/QA 程序	工作计划的制订是在一定假设和判断的基础上完成的,实际结果与预期不符,一般工作需修正后再进行

续表

序号	内　　容	评　　价
步骤五:结果的解释		
5	解释的结果包括探测结果、采样结果和检测结果,需确定污染和重污染介质是否存在,是自然造成的还是人为造成的。 　已识别环境污染的排除:排除原第一阶段的潜在污染区域。对已测出有污染物的地块,在委托方的要求下可以开展进一步的工作,确定污染的性质和范围	该标准对结果的要求以满足委托为准,并没有一定要确定污染范围的要求;该标准没有给出结果的评价程序和标准
步骤六:第二阶段报告的准备		
6	报告的目的是描述工作过程和数据,使评估过程文件化,主要内容如下: 　(1) 合同要求、法规要求、已实施工作的介绍,地块环境、使用历史、周边情况的介绍; 　(2) 第二阶段地块环境评价的活动(工作总结、工作实施的理由、方法的来源等); 　(3) 简单明了的结果表达和结果的评估; 　(4) 调查结果和结论的讨论; 　(5) 建议(包括进一步工作的解释)	

　　3. 美国 EPA 相关地块评价导则

　　大部分国家和组织(如 ASTM)仅制定了地块评价的程序性规范,但要完成地块评价,特别是第二阶段地块环境评价,还需大量现场操作和实验室分析的标准和方法支撑才能实现。美国 EPA 提供了大量的现场采样和实验室分析方面的支撑标准。美国 EPA 的程序性与方法性评价导则主要包括以下三种。

　　(1) 初步评估:与 ASTM E1527 类似,为第一阶段地块环境评估。

　　(2) 现场采样:与 ASTM E1903 类似,相当于第二阶段地块环境评价。

　　(3) 修复调查:相当于风险评估与修复方案的制订。

　　另外,美国 EPA 还制定了大量的风险评估手册。

4.1.2　加拿大土壤污染状况调查的基本原则和基本程序

　　CSA Z768-01(第一阶段地块环境评价)是加拿大标准委员会编制的第一阶段地块环境评价标准的第二个版本,第一个版本于 1994 年出版。该标准的前言明确声明了该标准的主要依据是 ASTM E1527。但 Z768 与 E1527 的目的不同,Z768 是为了识别地块实际已有的潜在污染而建立的可以应用的原则和操作。

　　该标准为具体地块需求及广泛法规和义务要求提供了第一阶段地块环境评价的工作框架和最基本的要求,该标准与具体的法规联系不紧,应用范围较广,应用范围包括如下内容:

　　(1) 尽职调查;

　　(2) 减少潜在污染的不确定性;

　　(3) 地块修复和再开发的准备;

（4）地产交易和投资；

（5）本底调查；

（6）风险评价。

CSA Z768-01 的工作程序见表 4.3。

表 4.3　CSA Z768-01 的工作程序

序号	内　　容	评　　价
	步骤一：第一阶段地块环境评价启动	
1	此步骤是第二阶段地块环境评价的开始，由委托方确定地块评价的目的和用途，并同评价人员确定适用的相关标准和工作范围，签订地块环境评价的咨询合同	该标准的使用范围较广，该步工作比较重要。评价标准的建立一般依据法规要求和第三方的要求
	步骤二：进行地块调查	
2	现场调查分成三个主要过程： （1）记录审核（找出地块过去的活动对地块污染的信息）。 　① 强制审核的记录（航拍照片、地块使用的记录、过去的第一阶段地块环境评价报告、公司记录、法规资料、地质报告等）； 　② 可选择的审核记录（地质和土壤图、地形图、地块买卖协议、土地使用文件等）。 （2）现场访问。 　① 一般观察（地块过去和现在的使用情况，有害材料、储存罐/容器、气味、特别注意事项）； 　② 内部观察（限制在能到达的区域，调查加热/冷却设施、地面/墙等被污染和腐蚀的地方、排放设施、机械设备）； 　③ 外部观察（观察地块的外部情况，如坑/池、污染的土壤、固体废物、废水、相邻的地块等）。 （3）采访相关人员（包括地块人员、第三方人员和政府官员）	与 E1527 类似，但比 E1527 笼统，没有列出具体的记录、可能遇到的问题及处理方法
	步骤三：信息评估	
3	评价人员对记录审核结果、现场访问结果、采访结果进行评估，给出意见，清楚地识别出已污染或可能污染的区域，并说明不确定性	没有给出评估的具体方法
4	步骤四：报告	

CAN/CSA Z769-00（第二阶段地块环境评价）由加拿大标准委员会编制，2000 年出版，2002 年被批准为加拿大国家标准，并于 2013 年更新。该标准的前言明确声明了该标准的主要依据是 ASTM E1903。但 Z769 与 E1903 的目的不同，Z769 是为了满足委托方获得进行潜在污染地块决策的信息需要。

该标准基本的要求是 Z768（第一阶段地块环境评价）的延续。该标准与具体的法规联系不紧，应用范围较广，包括如下内容：

（1）证实第一阶段地块环境评价的调查结果；

（2）第二阶段地块环境评价的补充；

（3）地块修复和再开发的准备；

（4）地产交易和投资；

（5）本底调查；

（6）法规的遵守；

（7）风险评价。

CAN/CSA Z769-00 的工作程序见表 4.4。

表 4.4 CAN/CSA Z769-00 的工作程序

序号	内　容	评　价
步骤一：第二阶段地块环境评价启动		
1	此步骤是第二阶段地块环境评价的开始，由委托方确定地块评价的目的和用途，并同评价人员确定适用的相关标准和工作范围，签订地块环境评价的咨询合同	该标准的使用范围较广，该项工作比较重要
步骤二：现场调查计划		
2	该步骤是进入现场工作前的准备，建立完成第二阶段地块环境评价的方法和工作任务，包括以下内容： （1）审核现有信息（包括审核资料和信息的有效性）； （2）建立采样计划（包括设计采样方案、采样和现场测试方法确定、分析参数和方法、质量保证/控制、设备清理和采样残留物处理等）	与 E1903 类似，将设备清洗和采样残留物单独列出，没有污染范围的假设要求
步骤三：进行现场调查		
3	现场调查分成三个主要过程： （1）现场调查的准备。 ① 原料设备的准备（建监测井的材料、现场测试设备、采样工具等）； ② 安全卫生计划（风险预测、监测、防护等）； ③ 周边情况识别（地质/地下水因素、安全/环境等因素、对现场调查产生影响的因素）； ④ 应急计划。 （2）进行第二阶段地块环境评价。 ① 现场工作记录（钻孔/测试孔的记录、设备/材料的使用、调查数据、现场监测数据等）； ② 其他需求和考虑因素（记录本的使用、照片的使用、限制因素/偏差的处理）。 （3）样品的运送和分析（质量保证和控制、样品保存/分析等）	与 E1903 类似，所列内容更加原则和笼统。基本上没有提及相关的技术标准和方法，涉及的具体问题基本上由评价人员的知识和经验解决。现场工作强调对工作计划的执行。该标准提出样品分析由单独机构完成，并需具资质
步骤四：收集的信息解释和评估		
4	该部分是数据的处理和评估过程，要求显示污染的空间分布，并对照法规和确定的标准评价。同时要指出和分析不一致的数据和结论不确定性的程度	没有要求风险评价，没有提到对 QA/QC 工作的评估

序号	内　　　容	评　　　价
	步骤五:报告	
5	该部分主要规定报告的格式、偏差的出现和处理、工作限制的陈述、调查结果、结论、评价人员签字和资格及附件要求等	该标准的结论要求明确给出是否存在超标的污染物,同时要陈述评价人员的意见

4.1.3　中国土壤污染状况调查的基本原则和基本程序

土壤污染状况调查的基本原则主要包括针对性原则、规范性原则、可操作性原则。

（1）针对性原则:针对地块的特征和潜在污染物特性,进行污染物浓度和空间分布调查,为地块的环境管理提供依据。

（2）规范性原则:采用程序化和系统化的方式规范土壤污染状况调查过程,保证调查过程的科学性和客观性。

（3）可操作性原则:综合考虑调查方法、时间和经费等因素,结合当前科技发展和专业技术水平,使调查过程切实可行。

土壤污染状况调查可分为三个阶段,调查的工作程序如图 4.1 所示。

4.1.4　其他国家土壤污染状况调查的基本原则和基本程序

国际标准化组织在 2001 年 11 月最后确定了 ISO 14015 版本,使其成为在国际上同 ASTM E1527 有同等效力的地块环境评价标准。ISO 14015 基本上是依据 ASTM E1527 制定的,其最大的区别是 ASTM E1527 仅涉及土壤和地下水的污染,而 ISO 14015 要求对空气、水、废物等更广泛的环境介质进行评价,以识别商业环境风险。

ISO 14015 是为了满足日益增长的商业交易（如公司并购）、房地产交易、保险、地产评估的要求及全球日益严格的环境法规而建立的,ISO 14015 的建立可以在各国之间减少或避免术语和概念的误解,避免了 ASTM E1527 的国家特色,也为跨国公司建立自己的程序提供国际标准。ISO 14015 的基本原则:① 提供程序性指南;② 标准具有灵活性,适用于大多数客户和大部分情况;③ 客户主导评价过程等。

按 ISO 14015 进行地块环境评价的步骤如下:

步骤一:委托方进行的策划。

　　① 评价目标。

　　② 评价范围。

　　③ 评价标准。

步骤二:建立评价计划。

步骤三:信息收集和分析（有效性分析）。

　　① 现场调查。

　　② 记录和文件审核。

　　③ 人员交流。

步骤四:评估（识别环境问题及将数据同标准比较）。

步骤五:报告。

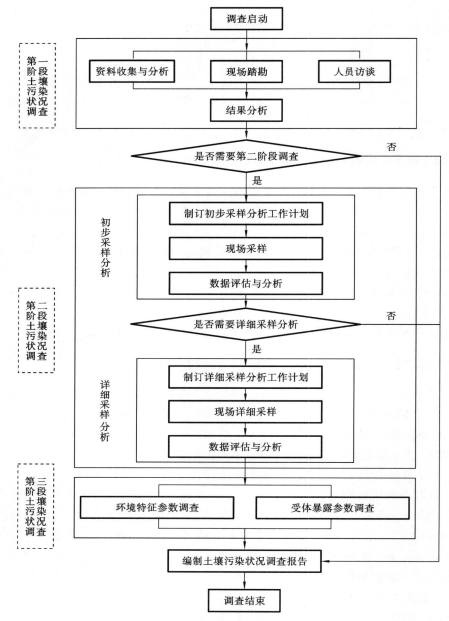

图 4.1 土壤污染状况调查的工作程序

另外国际金融公司(IFC)也制定了与 ISO 14015 类似的指南或导则及相关支持标准,用于公司合并等商业性投资的环境评估。

4.2 第一阶段土壤污染状况调查

4.2.1 第一阶段调查内容

第一阶段土壤污染状况调查是以资料收集与分析、现场踏勘和人员访谈为主的污染识别阶段,原则上不进行现场采样分析。若第一阶段调查确认地块内及周围区域当前和历史上均无可能的污染源,则认为地块的环境状况可以接受,调查活动可以结束。

4.2.2　第一阶段调查方法

1. 资料收集与分析

1）资料收集

资料主要包括地块利用变迁资料、地块环境资料、地块相关记录、有关政府文件以及地块所在区域的自然信息和社会信息。当调查地块与相邻地块存在相互污染的可能时,须调查相邻地块的相关记录和资料。

（1）地块利用变迁资料:用来辨识地块及其相邻地块的开发及活动状况的航片或卫星图片,地块的土地使用和规划资料,其他有助于评价地块污染状况的历史资料,如土地登记信息资料等。地块利用变迁过程中的地块内建筑物、构筑物、设施、设备、生产工艺流程、地下管网布设情况、厂区污染物排放情况、平面布局等的变化情况。

（2）地块环境资料:地块土壤及地下水污染记录、地块危险废物堆放记录以及地块与自然保护区和饮用水源地保护区等环境敏感点的位置关系、地块周边的污染源等。

（3）地块相关记录:产品、原辅材料及中间体的种类、化学品安全技术说明书(MSDS)及使用数量、平面布置图、工艺流程图、地下雨水污水管网图、化学品储存及使用清单、厂区泄漏记录、危险废物和一般固体废物管理记录、地上及地下储罐清单、环境监测数据、环境影响报告书或表、清洁生产报告、环境审计报告和地勘报告等。

（4）有关政府文件:由政府机关和权威机构所保存和发布的环境资料,如区域环境保护规划、环境质量公告、环境监测报告、地下水功能区划分、企业在政府相关部门的环境备案和批复,以及生态和水源保护区规划等。

（5）地块所在区域的自然信息和社会信息:自然信息包括地理位置图、地形、地貌、土壤、水文、地质和气象资料等;社会信息包括人口密度和分布,敏感目标分布,土地利用方式,区域所在地的经济现状和发展规划,相关的国家和地方政策、法规与标准,以及当地地方性疾病统计信息等。

2）资料分析

调查人员应根据专业知识和经验识别资料中的错误和不合理的信息,如资料缺失影响地块污染状况判断时,应在报告中说明。

2. 现场踏勘

1）安全防护设备

在现场踏勘前,根据地块的具体情况掌握相应的安全卫生防护知识,并装备必要的防护用品。

2）现场踏勘的范围

以地块内为主,并包括地块的周围区域,周围区域的范围应由现场工作人员根据污染可能迁移的距离来判断。

3）现场踏勘的主要内容

现场踏勘的主要内容如下:地块的现状与历史情况,相邻地块的现状与历史情况,周围区域的现状与历史情况,区域的地质、水文地质和地形的描述等。

（1）地块的现状与历史情况:可能造成土壤和地下水污染的物质的使用、生产、储存情况,三废处理与排放以及泄漏状况,地块过去使用过程中留下的可能造成土壤和地下水污染的异常迹象,如罐、槽泄漏以及废物临时堆放污染痕迹。

(2)相邻地块的现状与历史情况:相邻地块的使用现况与污染源,以及过去使用过程中留下的可能造成土壤和地下水污染的异常迹象,如罐、槽泄漏以及废物临时堆放污染痕迹。

(3)周围区域的现状与历史情况:对于周围区域目前或过去土地利用的类型,如住宅、商店和工厂等,应尽可能观察和记录;周围区域的废弃井和正在使用的各类井,如水井等;污水处理和排放系统;化学品和废弃物的储存和处置设施;地面的沟、河、池;地表水体、雨水排放和径流,以及道路和公用设施。

(4)区域的地质、水文地质和地形的描述:地块及其周围区域的地质、水文地质与地形应观察、记录,并加以分析,以协助判断周围污染物是否会迁移到调查地块,以及地块内污染物是否会迁移到地下水和地块之外。

4)现场踏勘的重点

重点踏勘对象应该包括以下内容:

(1)主要的生产车间、生产设施储存情况;

(2)有毒有害物质的使用、处理、运输、储存及处置;

(3)生产过程和设备,储槽与管线;

(4)恶臭、化学品味道和刺激性气味,污染和腐蚀的痕迹;

(5)排水管或渠、污水池或其他地表水体、废物堆放地、井等;

(6)周边区域污染企业情况;

(7)地块及周围是否有可能受污染物影响的居民区、学校、医院、饮用水源保护区以及其他公共场所等,并在报告中明确其与地块的位置关系。

5)现场踏勘的方法

可通过对异常气味的辨识、摄影和照相、现场笔记等方式初步判断地块污染的状况。踏勘期间,可以使用光离子化检测仪(PID)和X射线荧光光谱仪(XRF)等现场快速测定仪器。

3.人员访谈

1)访谈内容

访谈内容应包括资料收集和现场踏勘所涉及的疑问,以及信息补充和已有资料的考证。

2)访谈对象

访谈对象为地块现状或历史的知情人,应包括以下人员:地块管理机构和地方政府的官员,环境保护行政主管部门的官员,地块过去和现在各阶段的使用者,以及地块所在地或熟悉地块的第三方,如相邻地块的工作人员和附近的居民。

3)访谈方法

可采取当面、电话、电子邮箱或书面调查表等方式进行访谈。

4)内容整理

应对访谈内容进行整理,并对照已有资料,对其中可疑处和不完善处进行核实和补充,作为调查报告的附件。

4.结论与分析

本阶段调查结论应明确地块内及周围区域有无可能的污染源,并进行不确定性分析。若通过第一阶段调查确认地块内及相邻区域当前和历史上均不存在污染源,则认为地块的环境状况可以接受,调查活动可以结束,无须开展第二阶段调查。若通过第一阶段调查确认地块及相邻区域内存在可能的污染源,应说明可能的污染类型、污染状况和来源,并应提出对第二阶段土壤污染状况调查的建议。

4.3　第二阶段土壤污染状况调查

4.3.1　初步采样分析工作计划

根据第一阶段土壤污染状况调查的情况制订初步采样分析工作计划,内容包括核查已有信息、判断污染物的可能分布、制订采样方案、制订健康和安全防护计划、制订样品分析方案和确定质量保证和质量控制程序等。

1. 核查已有信息

对已有信息进行核查,包括第一阶段土壤污染状况调查中重要的环境信息,如土壤类型和地下水埋深;查阅污染物在土壤、地下水、地表水或地块周围环境中的可能分布和迁移信息;查阅污染物排放和泄漏的信息。应核查上述信息的来源,以确保其真实性和适用性。

2. 判断污染物的可能分布

根据地块的具体情况、地块内外的污染源分布、水文地质条件以及污染物的迁移和转化等因素,判断地块污染物在土壤和地下水中的可能分布,为制订采样方案提供依据。

3. 制订采样方案

采样方案的主要内容包括采样点的布设、样品数量、样品的采集方法、现场快速检测方法(PID 和 XRF 分别识别土壤中的有机物和重金属污染),样品收集、保存、运输和储存等要求。

4. 制订健康和安全防护计划

根据有关法律法规和工作现场的实际情况,制订地块调查人员的健康和安全防护计划。

5. 制订样品分析方案

检测项目应根据保守性原则,按照第一阶段调查确定的地块内外潜在污染源和污染物,依据国家和地方相关标准中的基本项目要求,同时考虑污染物的迁移转化,判断样品的检测分析项目;对于不能确定的项目,可选取潜在典型污染样品进行筛选分析。一般工业地块可选择的检测项目有重金属、挥发性有机物、半挥发性有机物、氰化物和石棉等。当土壤和地下水明显异常而常规检测项目无法识别时,可进一步结合色谱-质谱定性分析等手段对污染物进行分析,筛选判断非常规的特征污染物,必要时可采用生物毒性测试方法进行筛选判断。

6. 确定质量保证和质量控制程序

现场质量保证和质量控制措施应包括以下内容:防止样品污染的工作程序,运输空白样分析,现场平行样分析,采样设备清洗空白样分析,采样介质对分析结果影响分析,以及样品保存方式和保存时间对分析结果的影响分析等,具体参见 HJ 25.2。实验室分析的质量保证和质量控制的具体要求见 HJ 164 和 HJ/T 166。

4.3.2　环境监测点位的布设方法

1. 土壤监测点位的布设方法

根据地块土壤污染状况调查阶段性结论确定的地理位置、地块边界及各阶段工作要求,确定布点范围。在所在区域地图或规划图中标注出准确地理位置,绘制地块边界,并对场界角点进行准确定位。地块土壤环境监测常用的监测点位布设方法包括系统随机布点法、系统布点法及分区布点法等,详见图 4.2,另外还有判断布点法。

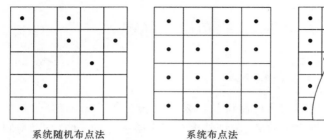

系统随机布点法　　　　　　系统布点法　　　　　　分区布点法

图 4.2　监测点位布设方法示意图

（1）系统随机布点法是将监测区域分成面积相等的若干工作单元,从中随机(随机数的获得可以利用掷骰子、抽签、查随机数表等方法)抽取一定数量的工作单元,在每个工作单元内布设一个监测点位,抽取的样本数要根据地块面积、监测目的及地块使用状况确定。此法适用于污染分布均匀的地块。

（2）系统布点法是将监测区域分成面积相等的若干工作单元,每个工作单元内布设一个监测点位。此法适用于各类地块情况,特别是污染分布不明确或污染分布范围大的情况。

（3）分区布点法是将地块划分成不同的小区,再根据小区的面积或污染特征确定布点的方法,地块内土地根据使用功能一般分为生产区、办公区、生活区。原则上生产区的工作单元划分应以构筑物或生产工艺为单元,包括各生产车间、原料及产品储库、废水处理及废渣储存场、场内物料流通道路、地下储存构筑物及管线等。办公区包括办公建筑、广场、道路、绿地等,生活区包括食堂、宿舍及公用建筑等。对于土地使用功能相近、单元面积较小的生产区,也可将几个单元合并成一个监测工作单元。此法适用于污染分布不均匀,且已获知污染分布情况的地块。

2. 土壤对照监测点位的布设方法

（1）一般情况下,应在地块外部区域设置土壤对照监测点位。

（2）对照监测点位可在地块外部区域的四个垂直轴向上选取,每个方向上等间距布设 3 个采样点,分别进行采样分析。如因地形地貌、土地利用方式、污染物扩散迁移特征等因素致使土壤特征有明显差别或采样条件受到限制时,对照监测点位可根据实际情况进行调整。

（3）对照监测点位应尽量在一定时间内未经外界扰动的裸露土壤上选择,应采集表层土壤样品,采样深度尽可能与地块表层土壤采样深度相同。如有必要也应采集下层土壤样品。

3. 地下水监测点位的布设方法

地块内如有地下水,应在疑似污染严重的区域布点,同时考虑在地块内地下水径流的下游布点。如需要通过地下水的监测了解地块的污染特征,则在一定距离内的地下水径流下游汇水区内布点。

4. 地表水监测点位的布设方法

如果地块内有流经的或汇集的地表水,则在疑似污染严重区域的地表水布点,同时考虑在地表水径流的下游布点。

5. 环境空气监测点位布设方法

在地块中心和地块当时下风向主要环境敏感点布点。对于地块中存在的生产车间、原料或废渣储存场等污染比较集中的区域,应在这些区域内布点;对于有机污染、恶臭污染、汞污染等类型地块,应在疑似污染较重的区域布点。

6. 地块内残余废弃物监测点位布设方法

在疑似为危险废弃物的残余废弃物及与当地土壤特征有明显区别的可疑物质所在区域进行布点。

4.3.3　地块土壤污染状况调查监测点位的布设

1. 地块土壤污染状况初步采样监测点位的布设

(1) 可根据原地块使用功能和污染特征,选择污染可能较重的若干工作单元作为土壤污染物识别的工作单元。原则上,监测点位应选择工作单元的中央或有明显污染的部位,如生产车间、污水管线、废弃物堆放处等。

(2) 对于污染较均匀的地块(包括污染物种类和污染程度)和地貌被严重破坏的地块(包括拆迁性破坏、历史变更性破坏),可根据地块的形状采用系统随机布点法,在每个工作单元的中心采样。

(3) 监测点位的数量与采样深度应根据地块面积、污染类型及不同使用功能区域等调查阶段性结论确定。

(4) 对于每个工作单元,表层土壤和下层土壤垂直方向层次的划分应综合考虑污染物迁移情况、构筑物及管线破损情况、土壤特征等因素。采样深度应扣除地表非土壤硬化层厚度,原则上应采集 $0\sim0.5$ m 表层土壤样品,0.5 m 以下下层土壤样品根据判断布点法采集,建议 $0.5\sim6$ m 土壤的采样间隔不超过 2 m;不同性质土层至少采集一个土壤样品。同一性质土壤,土层厚度较大或出现明显污染痕迹时,根据实际情况在该层位增加采样点。

(5) 一般情况下,应根据地块土壤污染状况调查阶段性结论及现场情况确定下层土壤的采样深度,最大深度应为未受污染的深度。

2. 地块土壤污染状况调查详细采样点监测点位的布设

(1) 对于污染较均匀的地块(包括污染物种类和污染程度)和地貌被严重破坏的地块(包括拆迁性破坏、历史变更性破坏),可采用系统布点法划分工作单元,在每个工作单元的中心采样。

(2) 如地块不同区域的使用功能或污染特征存在明显差异,则可根据土壤污染状况调查获得的原使用功能和污染特征等信息,采用分区布点法划分工作单元,在每个工作单元的中心采样。

(3) 单个工作单元的面积可根据实际情况确定,原则上应不超过 1600 m²。对于面积较小的地块,应不少于 5 个工作单元。采样深度应至土壤污染状况调查初步采样监测确定的最大深度,深度间隔参见"地块土壤污染状况初步采样监测点位的布设"中相关要求。

(4) 如需采集土壤混合样,可根据每个工作单元的污染程度和工作单元面积,将其分成 $1\sim9$ 个面积均等的网格,在每个网格中心进行采样,将同层的土样制成混合样(测定挥发性有机物项目的样品除外)。

3. 地下水监测点位的布设

(1) 对于地下水流向及地下水位,可结合土壤污染状况调查阶段性结论间隔一定距离按三角形或四边形至少布置 3 个点位进行监测判断。

(2) 地下水监测点位应沿地下水流向布设,可在地下水流向上游、地下水污染可能较严重区域和地下水流向下游分别布设监测点位。确定地下水污染程度和污染范围时,应参照详细监测阶段土壤的监测点位,根据实际情况确定,并在污染较重区域加密布点。

(3) 应根据监测目的、所处含水层类型及其埋深和相对厚度来确定监测井的深度,且不穿透浅层地下水底板。地下水监测目的层与其他含水层之间要有良好止水性。

(4) 一般情况下,采样深度应在监测井水面下 0.5 m 以下。对于低密度非水溶性有机物污染,监测点位应设置在含水层顶部;对于高密度非水溶性有机物污染,监测点位应设置在含水层底部和不透水层顶部。

(5) 一般情况下,应在地下水流向上游的一定距离设置对照监测井。

(6) 如地块面积较大,地下水污染较重,且地下水较丰富,可在地块内地下水径流的上游和下游各增加 1～2 个监测井。

(7) 如果地块内没有符合要求的浅层地下水监测井,则可根据调查阶段性结论在地下水径流的下游布设监测井。

(8) 如果地块地下岩石层较浅,没有浅层地下水富集,则在地下水径流的下游方向可能的地下蓄水处布设监测井。

(9) 若前期监测的浅层地下水污染非常严重,且存在深层地下水,可在做好分层止水条件下增加一口深井至深层地下水,以评价深层地下水的污染情况。

4. 地表水监测点位的布设

(1) 考察地块的地表径流对地表水的影响时,可分别在降雨期和非降雨期进行采样。如需反映地块污染源对地表水的影响,可根据地表水流量分别在枯水期、丰水期和平水期进行采样。

(2) 在监测污染物浓度的同时,还应监测地表水的径流量,以判定污染物向地表水迁移的量。

(3) 如有必要,可在地表水上游一定距离布设对照监测点位。

(4) 具体监测点位布设要求参照 HJ/T 91。

5. 环境空气监测点位的布设

(1) 如需要考察地块内的环境空气,可根据实际情况在地块疑似污染区域中心、当时下风向地块边界及边界外 500 m 内的主要环境敏感点分别布设监测点位,监测点位距地面 1.5～2.0 m。

(2) 一般情况下,应在地块的上风向设置对照监测点位。

(3) 对于有机污染、汞污染等类型地块,尤其是挥发性有机物污染的地块,如有需要,可选择污染最重的工作单元中心部位,剥离地表 0.2 m 的表层土壤后进行采样监测。

6. 地块残余废弃物监测点位的布设

根据前期调查结果,对可能为危险废弃物的残余废弃物按照 HJ 298 相关要求进行布点采样。

4.3.4　详细采样分析工作计划

在初步采样分析的基础上制订详细采样分析工作计划。详细采样分析工作计划主要包括以下内容:评估初步采样分析的结果,制订采样方案,以及制订样品分析方案等。详细调查过程中监测的技术要求按照 HJ 25.2 中的规定执行。

1．评估初步采样分析的结果

分析初步采样获取的地块信息，主要包括土壤类型、水文地质条件、现场和实验室检测数据等，初步确定污染物种类、污染程度和空间分布，评估初步采样分析的质量保证和质量控制程序。

2．制订采样方案

根据初步采样分析的结果，结合地块分区，制订采样方案。应采用系统布点法加密布设采样点。对于需要划定污染边界范围的区域，采样单元面积不大于 1600 m²（40 m×40 m 网格）。垂直方向采样深度和采样间隔根据初步采样的结果判断。

3．制订样品分析方案

根据初步采样分析的结果，制订样品分析方案。样品分析项目以已确定的地块关注污染物为主。

4．其他

详细采样工作计划中的其他内容可在初步采样分析计划基础上制订，并针对初步采样分析过程中发现的问题，对采样方案和工作程序等进行相应调整。

4.4　第三阶段土壤污染状况调查

4.4.1　主要工作内容

第三阶段土壤污染状况调查主要工作内容包括地块特征参数和受体暴露参数调查。

1．地块特征参数调查

地块特征参数包括不同地表位置和土层或选定土层的土壤样品的理化性质分析数据（如土壤 pH 值、容重、有机碳含量、含水率和质地等）和地块（所在地）气候、水文、地质特征信息和数据（如地表年平均风速和水力传导系数等）。根据风险评估和地块修复实际需要，选取适当的参数进行调查。

2．受体暴露参数调查

受体暴露参数包括地块及周边地区土地利用方式、人群及建筑物等相关信息。

4.4.2　调查方法

地块特征参数和受体暴露参数可采用资料查询、现场实测和实验室分析测试等方法进行调查。

4.4.3　调查结果

该阶段的调查结果供地块风险评估、风险管控和修复使用。

4.5　样　品　采　集

4.5.1　采样前的准备

现场采样应准备的材料和设备包括定位仪器、现场探测设备、调查信息记录装备、监测井的建井材料、土壤和地下水取样设备、样品的保存装置和安全防护装备等。

4.5.2　定位和探测

采样前,可采用卷尺、GPS 卫星定位仪、经纬仪和水准仪等工具在现场确定采样点的具体位置和地面标高,并在图中标出。可采用金属探测器或探地雷达等设备探测地下障碍物,确保采样位置避开地下电缆、管线、沟、槽等地下障碍物。采用水位仪测量地下水水位,采用油水界面仪探测地下水中的非水相液体。

4.5.3　现场检测

可采用便携式有机物快速测定仪、重金属快速测定仪、生物毒性测试等现场快速筛选技术手段进行定性或定量分析,可采用直接贯入设备现场连续测试地层和污染物垂向分布情况,也可采用土壤气体现场检测手段和地球物理手段初步判断地块污染物及其分布,指导样品采集及监测点位布设。采用便携式设备现场测定地下水水温、pH 值、电导率、浊度和氧化还原电位等。

4.5.4　土壤样品采集

1. 表层土壤样品的采集

(1) 表层土壤样品的采集一般采用挖掘方式进行,一般采用锹、铲及竹片等简单工具,也可进行钻孔取样。

(2) 土壤样品采集的基本要求为尽量减少土壤扰动,保证土壤样品在采样过程中不被二次污染。

2. 下层土壤样品的采集

(1) 下层土壤样品的采集以钻孔取样为主,也可采用槽探的方式进行采样。

(2) 钻孔取样可采用人工或机械钻孔后取样。手工钻探采样设备包括螺纹钻、管钻、管式采样器等。机械钻探采样设备包括实心螺旋钻、中空螺旋钻、套管钻等。

(3) 槽探一般靠人工或机械挖掘采样槽,然后用采样铲或采样刀进行采样。槽探的断面呈长条形,根据地块类型和采样数量设置一定的断面宽度。槽探取样可通过锤击敞口取土器取样和人工刻切块状土取样。

3. 有机物与恶臭污染土壤样品的采集

挥发性有机物污染、易分解有机物污染、恶臭污染土壤样品的采集,应采用无扰动式的采样方法和工具。钻孔取样可采用快速击入法、快速压入法及回转法,主要工具包括土壤原状取土器和回转取土器。槽探可采用人工刻切块状土取样。采样后立即将样品装入密封的容器,以减少暴露时间。

4. 非有机物污染土壤样品的采集

如需采集土壤混合样,将等量各点采集的土壤样品充分混拌后用四分法取得土壤混合样。含易挥发、易分解和恶臭污染土壤的样品必须进行单独采样,禁止对样品进行均质化处理,不得采集混合样。

5. 土壤样品的保存与流转

（1）挥发性有机物污染的土壤样品和恶臭污染的土壤样品应采用密封性好的采样瓶封装，样品应充满整个容器；含易分解有机物的待测定样品，可采取适当的封闭措施（如甲醇或水液封等方式保存于采样瓶中）。样品应置于 4 ℃以下的低温环境（如冰箱）中运输、保存，避免运输、保存过程中的挥发损失，送至实验室后应尽快分析测试。

（2）挥发性有机物浓度较高的样品装瓶后应密封在塑料袋中，避免交叉污染，应通过运输空白样来控制运输和保存过程中交叉污染情况。

（3）具体土壤样品的保存与流转应按照 HJ/T 166 的要求进行。

4.5.5　地下水样品的采集

地下水样品采集时应依据地块的水文地质条件，结合调查获取的污染源及污染土壤特征，应利用最低的采样频次获得最有代表性的样品。

监测井可采用空心钻杆螺纹钻、直接旋转钻、直接空气旋转钻、钢丝绳套管直接旋转钻、双壁反循环钻、绳索钻具等方法钻井。

设置监测井时，应避免采用外来的水及流体，同时在地面井口处采取防渗措施。

监测井的井管材料应有一定强度，耐腐蚀，对地下水无污染。

低密度非水溶性有机物样品应用可调节采样深度的采样器采集，对于高密度非水溶性有机物样品，可以使用可调节采样深度的采样器或潜水式采样器采集。

在监测井建设完成后必须进行洗井。所有的污染物或钻井产生的岩层破坏以及来自天然岩层的细小颗粒都必须去除，以保证流出的地下水中没有颗粒。常见的方法包括超量抽水、反冲、汲取及气洗等。

地下水样品采集前应先进行洗井，采样应在水质参数和水位稳定后进行。测试项目中有挥发性有机物时，应适当减缓流速，避免冲击产生气泡，一般流速不超过 0.1 L/min。

地下水样品采集的对照样品应与目标样品来自相同含水层的同一深度。

具体地下水样品的采集、保存与流转应按照 HJ 164 的要求进行。

4.5.6　地表水样品的采集

地表水样品采集时应避免搅动水底沉积物。

为反映地表水与地下水之间的水力联系，地表水样品采集频次与采集时间应尽量与地下水样品采集保持一致。

具体地表水样品的采集、保存与流转应按照 HJ/T 91、HJ 493 的要求进行。

4.5.7　环境空气样品的采集

对于有机物污染和汞污染类型的地块，采集的环境空气样品可根据分析仪器的检出限，设置具有一定体积并装有抽气孔的封闭仓（采样时放置在已剥离表层土壤的地块地面，四周用土封闭以保持封闭仓的密闭性），封闭 12 h 后进行气体样品采集。

具体环境空气样品的采集、保存与流转应按照 HJ/T 194 的要求进行。

4.5.8　地块残余废弃物样品的采集

地块内残余的固态废弃物可选用尖头铁锹、钢锤、采样钻、取样铲等工具进行采样。

地块内残余的液态废弃物可选用采样勺、采样管、采样瓶、采样罐、搅拌器等工具进行采样。

地块内残余的半固态废弃物应根据废弃物流动性按照固态废弃物的采样规定或液态废弃物的采样规定进行样品采集。

具体残余废弃物样品的采集、保存与流转应按照 HJ/T 20 及 HJ 298 的要求进行。

4.5.9　其他注意事项

现场采样时,应避免采样设备及外部环境等因素污染样品,采取必要措施避免污染物在环境中扩散。现场采样的具体要求参照 HJ 25.2。

4.5.10　样品追踪管理

应建立完整的样品追踪管理程序,内容包括样品的保存、运输和交接等过程的书面记录和责任归属,避免样品被错误放置、混淆及保存过期。

4.6　样　品　分　析

4.6.1　现场样品分析

1. 现场土壤样品分析

采用便携式仪器设备对挥发性有机物进行定性分析,可将污染土壤置于密闭容器中,稳定一段时间后测试容器中顶部的气体。

2. 现场地下水样品分析

水样的温度须在现场进行分析测试,溶解氧、pH 值、电导率、色度、浊度等监测项目亦可在现场进行分析测试,并应保持监测时间的一致性。

4.6.2　实验室样品分析

1. 实验室土壤样品分析

土壤样品中关注污染物的分析测试应参照 GB 36600 和 HJ/T 166 中的指定方法。土壤的常规理化特征(土壤 pH 值、粒径分布、密度、孔隙度、有机物含量、渗透系数、阳离子交换量等)的分析测试应按照 GB 50021 执行。污染土壤中危险废弃物的特征鉴别分析应参照 GB 5085 和 HJ 298 中的指定方法。

2. 实验室其他样品分析

地下水样品、地表水样品、环境空气样品、残余废弃物样品的分析应分别按照 HJ 164(地下水样品),HJ/T 91(地表水样品),GB 3095、GB 14554(环境空气样品),GB 5085、HJ 298(残余废弃物样品)中的指定方法进行。监测项目分析方法应优先选用国家标准或行业标准方法。尚无国家标准或行业标准分析方法时,可选用行业统一分析方法或等效分析方法,但须按照 HJ 168 的要求进行方法确认和验证,方法检出限、测定下限、准确度和精密度应满足地下水环境监测要求。所选用分析方法的测定下限应低于规定的地下水标准限值。

4.7　质量控制与质量保证

4.7.1　质量保证

从事土壤和地下水监测的组织机构、监测人员、现场监测仪器、实验室分析仪器与设备等按 RB/T 214 和 HJ 630 的有关内容执行。采样人员必须通过岗前培训,考核合格后方可上岗,切实掌握土壤和地下水采样技术,熟知采样器具的使用和样品固定、保存和运输条件等。

4.7.2　采样质量控制

样品的采集、保存、运输、交接等过程应建立完整的管理程序。为避免采样设备及外部环境条件等因素对样品产生影响,应注重现场采样过程中的质量保证和质量控制。

(1) 应防止采样过程中的交叉污染。钻机采样过程中,在第一个钻孔开钻前要进行设备清洗;进行连续多次钻孔的钻探设备应进行清洗;同一钻机在不同深度采样时,应对钻探设备、取样装置进行清洗;与土壤接触的其他采样工具重复利用时也应清洗。一般情况下,可用清水清理,也可用待采土样或清洁土壤进行清洗;必要时或特殊情况下,可采用无磷去垢剂溶液、高压自来水、去离子水(蒸馏水)或 10% 硝酸进行清洗。

(2) 采集现场质量控制样是现场采样和实验室质量控制的重要手段。质量控制样一般包括平行样、空白样及运输样,质控样品的分析数据可从采样到样品运输、储存和数据分析等不同阶段反映数据质量。

(3) 在采样过程中,同种采样介质,应采集至少一个样品采集平行样。样品采集平行样是从相同的点位收集并单独封装和分析的样品。

(4) 采集土壤样品用于分析挥发性有机物指标时,建议每次运输采集至少一个运输空白样,即从实验室带到采样现场后,又返回实验室的与运输过程有关,并与分析无关的样品,以便了解运输途中是否受到污染和样品是否损失。

(5) 现场采样记录、现场监测记录可使用表格描述土壤特征、可疑物质或异常现象等,同时应保留现场相关影像记录,其内容、页码、编号要齐全便于核查,如有改动应注明修改人及修改时间。

4.7.3　实验室分析质量控制

1. 实验室空白样品

每批水样分析时,应同时测定实验室空白样品,当空白值明显偏高时,应仔细查找原因,以消除空白值偏高的因素,并重新分析。

2. 校准曲线控制

(1) 用校准曲线定量时,必须检查校准曲线的相关系数、斜率和截距是否正常,必要时进行校准曲线斜率、截距的统计检验和校准曲线的精密度检验。控制指标按照分析法中的要求确定。

(2) 校准曲线不得长期使用,不得相互借用。

(3) 原子吸收分光光度法、气相色谱法、离子色谱法、等离子发射光谱法、原子荧光法、气相色谱-质谱法和等离子体质谱法等仪器分析方法校准曲线的制作必须与样品测定同时进行。

3. 精密度控制

精密度可采用分析平行双样相对偏差和一组测量值的标准偏差或相对标准偏差等来控制。监测项目的精密度控制指标按照分析方法中的要求确定。

平行双样可以采用密码或明码编入。每批样品分析时均须做10%的平行双样，样品数较少时，每批样品应至少做一份样品的平行双样。

一组测量值的标准偏差和相对标准偏差的计算参照 HJ 168 的相关要求。

4. 准确度控制

采用标准物质和样品同步测试的方法作为准确度控制手段，每批样品带一个已知浓度的标准物质或质控样品。如果实验室自行配制质控样，要注意与国家标准物质比对，并且不得使用与绘制校准曲线相同的标准溶液配制，必须另行配制。

对于受污染的或样品性质复杂的地下水，也可采用测定加标回收率作为准确度控制手段。

相对误差和加标回收率的计算参照 HJ 168 的相关要求。

5. 原始记录和监测报告的审核

地下水监测原始记录和监测报告执行三级审核制。

4.7.4 实验室间质量控制

采用实验室能力验证、方法比对测试或质量控制考核等方式进行实验室间比对，证明各实验室间的监测数据的可比性。

4.8 监测数据处理

4.8.1 原始记录

1. 记录内容

1）现场记录

采样记录包括采样现场描述和现场测定项目记录两部分，可按格式设计统一的采样记录表。每个采样人员应认真填写采样记录，字迹应端正、清晰，各栏内容填写齐全。

2）交接记录

样品送达实验室后，由样品管理员接收。样品管理员对样品进行符合性检查，符合性检查内容如下：样品包装、标识及外观是否完好；对照采样记录单检查样品名称、采样地点、样品数量、形态等是否一致；核对保存剂加入情况；样品是否冷藏，冷藏温度是否满足要求；样品是否被损坏或污染。当样品有异常，或对样品是否适合测试有疑问时，样品管理员应及时向送样人员或采样人员询问，样品管理员应记录有关说明及处理意见，当明确样品有损坏或污染时须重新采样。样品管理员确定样品符合样品交接条件后，进行样品登记，填写样品交接登记表，并由双方签字。

3）实验室分析原始记录

实验室分析原始记录包括分析试剂配制记录、标准溶液配制及标定记录、校准曲线记录、各监测项目分析测试原始记录、内部质量控制记录等，可根据需要自行设计各类实验室分析原始记录表。

分析原始记录应包含足够的信息，以便查找影响不确定度的因素，并使实验室分析工作在最接近原条件下能够复现。记录信息包括样品名称、编号、性状,采样时间、地点,分析方法,使用仪器名称、型号、编号,测定项目,分析时间,环境条件,标准溶液名称、浓度、配制日期,校准曲线,取样体积,计量单位,仪器信号值,计算公式,测定结果,质控数据,测试分析人员和校对人员签名等。

2. 记录要求

(1)记录应使用墨水笔或签字笔填写,要求字迹端正、清晰。

(2)应在测试分析过程中及时、真实填写原始记录,不得事后补填或抄填。

(3)对于记录表中无内容可填的空白栏,应用"/"标记。

(4)原始记录不得涂改。当记录中出现错误时,应在错误的数据上画一横线(不得覆盖原有记录的可见程度),如需改正的记录内容较多,可用框线画出,在框边处填写"作废"两字,并将正确值填写在其上方。所有的改动处应有更改人签名或盖章。

(5)对于测试分析过程中的特异情况和有必要说明的问题,应记录在备注栏内或记录表旁边。

(6)记录测量数据时,根据计量器具的精度和仪器的刻度,只保留一位可疑数字,测试数据的有效数字位数和误差表达方式应符合有关误差理论的规定。

(7)应采用法定计量单位,非法定计量单位的记录应转换成法定计量单位的表达,并记录换算公式。

(8)测试人员应根据标准方法、规范要求对原始记录做必要的数据处理。在数据处理时,发现异常数据时不可轻易剔除,应按数据统计规则进行判断和处理。

3. 异常值的判断和处理

(1)一组监测数据中,个别数据明显偏离其所属样本的其余测定值,即为异常值。对异常值的判断和处理,参照 GB/T 4883 相关要求。

(2)地下水监测中不同的时空分布出现的异常值,应从监测点周围当时的具体情况(地质水文因素变化、气象、附近污染源情况等)进行分析,不能简单地用统计检验方法来决定舍取。

4.8.2　有效数字及近似计算

1. 有效数字

(1)由有效数字构成的数值,其倒数第二位及以上的数字应是可靠的(确定的),只有末位数字是可疑的(不确定的)。对有效数字的位数不能任意增删。

(2)一个分析结果的有效数字位数,主要取决于原始数据的正确记录和数值准确计算。在记录测量值时,要同时考虑计量器具的精密度和准确度,以及测量仪器本身的读数误差。对于检定合格的计量器具,有效位数可以记录到最小分度值,最多保留一位不确定数字(估计值)。

(3)在一系列操作中,使用多种计量仪器时,有效数字以最少的一种计量仪器的位数表示。

(4)分析结果的有效数字所能达到的位数,不能超过方法检出限的有效数字位数。

2. 数据修约规则

数据修约执行 GB/T 8170 相关要求。

3. 近似计算规则

1)加法和减法

近似值进行加减计算时,其和或差的有效数字位数,与各近似值中小数点后位数最少者相同。运算过程中,可以多保留一位小数,计算结果按数值修约规则处理。

　　2）乘法和除法

　　近似值进行乘除计算时,所得积或商的有效数字位数,与各近似值中有效数字位数最少者相同。运算过程中,可先将各近似值修约至比有效数字位数最少者多一位,最后将计算结果按上述规则处理。

　　3）平均值

　　求四个或四个以上准确度接近的数值的平均值时,其有效数字位数可增加一位。

4.8.3　监测结果的表示方法

　　监测结果的计量单位采用中华人民共和国法定计量单位。

　　监测结果表示应按分析方法的要求来确定。

　　平行双样测定结果在允许偏差范围之内时,则用其平均值表示测定结果。

　　当测定结果高于分析方法检出限时,报实际测定结果值;当测定结果低于分析方法检出限时,报所使用方法的检出限值,并在其后加标志位"L"。

4.9　监测报告编制

4.9.1　监测报告的主要内容

　　监测报告应包括但不限于以下内容:报告名称、任务来源、编制目的及依据、监测范围、污染源调查与分析、监测对象、监测项目、监测频次、布点原则与方法、监测点位图、采样与分析方法和时间、质量控制与质量保证、评价标准与方法、监测结果汇总表等。同时还应包括实验室名称,报告编号,报告页码和总页数,采样者,分析者,报告编制、复核、审核和签发者及时间等相关信息。

4.9.2　数据处理

　　监测数据的处理应参照 HJ/T 166、HJ 164、HJ/T 194、HJ/T 91、HJ 298 中的相关要求进行。

4.9.3　监测结果

　　监测结果可按照地块土壤污染状况调查和土壤污染风险评估、治理修复、修复效果评估及回顾性评估等不同阶段的要求与相关标准的技术要求,进行监测数据的汇总分析。

4.10　土壤污染状况调查报告编制

4.10.1　第一阶段土壤污染状况调查报告编制

　　1.报告内容和格式

　　对第一阶段调查过程和结果进行分析、总结和评价。内容主要包括土壤污染状况调查的概述、地块的描述、资料分析、现场踏勘、人员访谈、结果和分析、调查结论与建议、附件等。

2．结论和建议

调查结论应尽量明确地块内及周围区域有无可能的污染源,若有可能的污染源,应说明可能的污染类型、污染状况和来源,应提出是否需要第二阶段土壤污染状况调查的建议。

3．不确定性分析

报告应列出调查过程中遇到的限制条件和欠缺的信息,及对调查工作和结果的影响。

4.10.2　第二阶段土壤污染状况调查报告编制

1．报告内容和格式

对第二阶段调查过程和结果进行分析、总结和评价。内容主要包括工作计划、现场采样和实验室分析、数据评估和结果分析、结论和建议、附件。

2．结论和建议

结论和建议中应提出地块关注污染物清单和污染物分布特征等内容。

3．不确定性分析

报告应说明第二阶段土壤污染状况调查与计划的工作内容的偏差以及限制条件对结论的影响。

4.10.3　第三阶段土壤污染状况调查报告编制

按照 HJ 25.3 和 HJ 25.4 的要求,提供相关内容和测试数据。

4.10.4　报告编制形式要求

调查工作完成后应形成土壤污染状况调查报告。

报告应附从业人员责任页,明确项目负责人、各分项工作承担者;从业单位应建立内部审核制度,明确报告的审核、审定人员。上述人员均应亲笔签字确认。

报告还应附土地使用权人(土壤污染责任人)和从业单位对报告真实性、准确性和科学性负责的承诺书。

报告应加盖土地使用权人和报告编制单位的公章。

4.10.5　图件

报告应包括以下图件:

(1) 地理位置图、调查范围图;

(2) 各历史时期的地形图或卫星图;

(3) 地层剖面图;

(4) 地下水流向图、地下水功能区划图;

(5) 周边污染源示意图;

(6) 地块规划图;

(7) 平面布置图;

(8) 工艺流程与生产排污环节图;

(9) 地下储罐储池分布图;

(10) 雨水、污水管网图;

（11）人员访谈和现场踏勘照片；

（12）采样布点图；

（13）钻孔柱状图；

（14）所有采样点位岩芯照片；

（15）地下水监测井结构示意图；

（16）地下水成井照片；

（17）现场采样代表性工作照片（包括现场布点，土壤钻孔，土壤样品取样、收集，地下水建井、洗井，地下水样品提取、收集，现场采样记录、现场检测、样品保存、样品流转等各工作各环节）；

（18）土壤超标点位分布图；

（19）地下水超标点位分布图。

4.10.6　附件

报告应包括以下附件：

（1）项目委托书；

（2）人员访谈记录；

（3）现场踏勘记录；

（4）采样工作量清单，应包括采样点位置、钻孔深度和坐标、层采样点深度、检测指标、样品数量；

（5）各采样点位现场采样工作照片和岩芯箱；

（6）土壤钻孔柱状图；

（7）土壤采样记录单；

（8）监测井柱状图；

（9）地下水洗井记录单；

（10）地下水采样记录单；

（11）土壤、地下水采样样品流转记录单；

（12）实验室资质证明材料；

（13）土壤和地下水监测报告（加盖中国计量认证（CMA）图章）。

第5章 土壤污染风险评估

5.1 土壤污染风险评估概述

与其他环境污染不同,建设用地污染场地具有很大的隐蔽性,污染物存在于土壤、水等介质中,并在其中发生迁移转化,这些污染物只有接触到受体并发生损害时才会显现出来。因此,在确定一个建设用地遭受污染之后,必须通过特定手段对该场地污染物对人体健康的潜在风险进行评估,并根据这一评估结果进行管理。建设用地健康风险评估兴起于20世纪80年代,经过40多年的发展已成为一门系统的学科,是污染场地管理中尤为重要的一环。

一般情况下,风险评估包括人体健康风险评估和生态风险评估,而土壤污染风险评估仅仅指的是人体健康风险评估,因生态风险评估的对象是一个复杂的系统,囊括了整个生态系统的各个环节,包括个体、种群、群落等,强调整个系统的完整和正常运行。基于以上考虑,生态风险评估并不适合有边界范围的建设用地。土壤污染人体健康风险评估是指对已经造成污染或可能造成污染的场地进行调查、研究并估算其对区域范围内人体健康造成危害的概率,这是在毒理学、流行病学、环境监测等学科的基础上发展起来的一门学科。土壤污染风险评估不仅需要根据污染场地情况进行各介质污染情况调查,确定污染物种类、浓度和污染程度,还需获取相应污染物的理化性质、毒性参数和场地范围内本土化参数等基础数据,分析场地范围内所在人群的暴露途径和暴露量,通过模型计算获得人体健康受危害的概率和程度,并在此基础上提出相应的降低风险的措施和修复工作的目标值,最后依据修复目标值圈定土壤和地下水修复范围,为后续土壤污染治理和修复工作提供支撑。

5.1.1 国外风险评估进程

多数发达国家对于污染场地鉴定和管理都采取多层次的基于风险的评估方法。首先根据初步调查结果应用污染物筛选值确定是否启动风险评估,随后在详细调查和风险评估阶段利用场地实测参数计算本场地的风险控制值,再根据污染物背景值情况和经济、技术等因素综合确定污染场地修复目标值。风险评估过程中应用污染物迁移转化模型和人体暴露模型对风险进行定量评估。

1983年,美国国家科学院(NAS)出台了《联邦政府风险评估:过程管理》,该文件描述了风险评估的"四步法",将风险评估过程分为危害识别、暴露评估、毒性评估和风险表征,并做了详细说明和技术规定,建立了最初的健康风险评估基本模式。1995年,美国材料与试验协会(ASTM)制定了《石油泄漏场地基于风险的纠正行动标准导则》(*Standard Guide for Risk-Based Corrective Action Applied at Petroleum Release Sites*,ASTM E1739)和《建立污染场地概念暴露模型的标准导则》(*Standard Guide for Developing Conceptual Site Models for Contaminated Sites*,ASTM E1689),并分别于2002年和2003年重新审定,1998年提出了健康风险评价模型RBCA。美国污染场地管理时间较早,至今已有近40年,风险评估技术导则(ASTM RBCA E2081)已在国外多个国家使用。国外风险评估均基于分阶段场地调查,分为初步调查和详细调查,初步调查用于识别场地是否被污染,污染物筛选采用通用筛选值,超过筛选值的需进行下一步详细调查和风险评估。1989年,美国出台了《超级基金风险评价手册》(*Risk Assessment Guidance for Superfund*),1991年,发布了B部分推导基于风险的初步修复目标值,又分别于2002年、2004年和2009年对人体健康评价手册进行了补充。1996年美国环保署发布了《土壤筛选导则用户指南》(*Soil Screening Guidance*),用于国家优先名录中将用于居住开发的场地,计算具体场地基于风险的污染物土壤筛选值,以识别需要进一步调查的区域或在具体场地信息不全的情况下为计算通用土壤筛选值提供更为具体的模型方法;2002年发布了超级基金场地土壤筛选值制定的补充导则,更新了居住用地的模型和参数,并建立了非居住用地及建设用地土壤筛选值的计算方法。暴露参数手册于1997年发布,又于2011年更新。2011年又发布了区域筛选值用户指南,同年11月,美国环保署公布了针对全美9大区域的区域筛选值。区域筛选值分别规定了居住用地土壤筛选值和建筑工人接触的土壤筛选值,并每年对其进行更新。

从欧洲国家的发展来看,荷兰最先在1994年规定了土壤健康风险评估的技术方法,对人群暴露途径及模型方法进行了深入的研究,同时采用该方法制定了基于保护人体健康的土壤环境基准。1994年,欧盟成员国在污染物毒理性质、污染物转化及迁移规律和污染场地的调查评估技术方法等方面通过论坛的方式进行交流,以便更好地协作。2002年,英国环境署,环境、食品与农村事务部颁布的一系列污染场地报告文件中提出了住宅(种植蔬菜、水果)、住宅(未种植蔬菜及水果)、配额地、商业/工业用地共四类用地类型下的污染场地暴露评估模型(the contaminated land exposure assessment model,CLEA模型),该模型可通过改变一些参数(如暴露时间、暴露途径、建筑物参数、土壤类型、污染物理化性质和毒理参数等)来得出场地评估的基准值。2009年对污染场地风险评估技术导则进行了增补和修订。英国提出了"污染源-影响途径-敏感受体"的模型,全球多数国家一致认同并采用该模型。英国同时制定了基于风险的土壤污染物筛选和指导限值,该值作为是否需要进行进一步调查及修复的指导值被广泛使用。对于某些特别复杂或敏感的污染场地,当不能应用指导值时,采用暴露评估和毒性评估的健康风险评估方法对场地进行评价。英国于2013年更新了污染场地评估"第四类筛选基准"。

5.1.2　国内风险评估进程

我国污染场地健康风险评估研究起步于2000年,最初主要介绍和引进国外的研究成果,并逐渐采用国外的经验。在风险评估技术框架和标准方面,2009年,我国北京地区率先发布了适用于本地区的污染场地调查评估导则,2011年,北京出台了场地风险评价筛选值;陈梦舫等于2011年对比中、英、美污染场地风险评估导则的异同,并提出了我国污染场地导则的方向和具体建议;2014年,我国正式发布了适用于全国的污染场地调查及风险评估系列导则,对场地调查、场地监测、场地风险评估、场地修复技术方法分别做了指导,这是我国污染场地管理技术层面里程碑式的进展,使后续污染场地调查和风险评估做到了有据可依。同年,我国出台了《工业企业场地环境调查评估与修复工作指南(试行)》,此工作指南是对上述系列导则的具体操作的补充和指导。2015—2016年间,我国上海和重庆相继发布了适用于本地区的导则和筛选值标准。为了更好地贯彻落实土壤污染防治行动计划,2017年,我国原环境保护部又出台了《建设用地土壤环境调查评估技术指南》,对调查评估程序和要点进一步进行了规范;2018年8月,适用于全国的《土壤环境质量建设用地土壤污染风险管控标准(试行)》(GB 36600—2018)在我国正式发布施行,这是我国第一个适用于全国的基于健康风险的土壤环境基准,其中包括了敏感用地和非敏感用地两类用地的筛选值和控制值。2019 年 12 月,为保障人体健康,保护生态环境,加强建设用地环境保护监督管理,我国生态环境部对 2014 年污染场地系列导则进行了修订,发布了《建设用地土壤污染状况调查技术导则》《建设用地土壤污染风险管控和修复监测技术导则》《建设用地土壤污染风险评估技术导则》《建设用地土壤修复技术导则》等一系列导则,其中《建设用地土壤污染风险评估技术导则》修正了部分污染物毒性与理化参数、推荐参数及计算公式。

在土壤污染风险评估及修复实践方面,据不完全统计,2008—2016 年间,我国土壤污染风险评估及修复项目近 200 个。典型案例有上海世博会规划区、首钢二通园区、北京焦化厂、杭州庆丰农化厂区等。上海世博会规划区 6.28 km² 的面积中有 75% 的场地为造船厂、钢铁厂、化工厂以及码头和仓库等工业场地,2005—2008 年间,针对该场地的详尽调查、监测确认污染物为重金属和多环芳烃(PAHs),土壤污染风险评估建立了"污染物-途径-受体"的健康风险概念模型,对上海建设用地类型和建筑物的特征、污染物暴露特征、关键受体和暴露时间等方面进行了研究,采用英国的 CLEA 模型,计算了上海世博会规划区若干污染场地的修复指导限值。世博会规划区的土壤修复完成于 2008 年底,共处理了 30 万 m³ 污染土壤。2007—2008 年,北京市环保局明确了北京焦化厂土壤和地下水的修复目标与修复范围,涉及 34.2 万 m² 范围内约 153 万 m³ 土壤的修复。北京焦化厂的污染土壤分为四层,其中地表以下 0~1.5 m 污染物主要是多环芳烃;地表以下 1.5~6.5 m 是复合污染层,污染物包括多环芳烃和苯、萘,地表以下 6.5~10 m 的污染物主要是苯、萘,地表以下 10~18 m 则主要是苯污染,土壤修复主要使用热解吸技术。杭州庆丰农化厂区占地面积约 14.7 万 m²,是杭州最老的大型化工企业之一,已有 62 年历史,使用和生产过多种农药制剂。经评估,该退役场地的主要污染物为挥发性有机物、半挥发性有机物和农药类,部分土壤受到一定程度的污染。土壤中的污染物成分为挥发性有机物(VOCs)、半挥发性有机物(SVOCs)、多环芳烃(PAHs)、有机氯农药和砷(As),修复土壤量达 25 万 m³。

5.2　风险评估术语

(1) 关注污染物:根据场地污染特征、相关标准规范要求和场地利益相关方意见,确定需要进行土壤污染状况调查和土壤污染风险评估的污染物。

(2) 暴露途径:建设用地土壤和地下水中污染物迁移到达和暴露于人体的方式。

(3) 建设用地健康风险评估:在土壤污染状况调查的基础上,分析场地土壤和地下水中污染物对人群的主要暴露途径,评估污染物对人体健康的致癌风险或危害水平。

(4) 致癌风险:人群暴露于致癌污染物,诱发致癌性疾病或损伤的概率。

(5) 危害商:污染物每日摄入剂量与参考剂量的比值,用于表征人体经单一途径暴露于非致癌污染物而受到危害的水平。

(6) 危害指数:人群经多种途径暴露于单一污染物的危害商之和,用于表征人体暴露于非致癌污染物受到危害的水平。

(7) 可接受风险水平:对暴露人群不会产生不良或有害健康效应的风险水平,包括致癌物的可接受风险水平和非致癌物的可接受危害商。单一污染物的可接受风险水平为 10^{-6},单一污染物的可接受危害商为 1。

(8) 土壤和地下水风险控制值:根据用地方式、暴露情景和可接受风险水平,采用风险评估方法和土壤污染状况调查获得相关数据,计算获得的土壤中污染物的含量限值和地下水中污染物的浓度限值。

(9)场地概念模型:综合描述地块土壤、地下水中污染物进入人体及周边环境介质,并对暴露人群健康和环境产生影响的关系模型。场地概念模型的要素至少包括污染源分布、污染物进入土壤及地下水等环境介质的途径、污染物迁移转化规律及人体接触污染物的方式等。

(10)暴露周期:暴露人群与场地中污染物接触的累计时间。

(11)暴露单元:暴露人群整个暴露周期内在污染场地中的主要活动区域。

5.3　场地概念模型细化

根据详细调查阶段更新后的场地概念模型,结合场地未来再开发用地规划及建设方案进一步细化概念模型(表5.1),主要内容包括但不限于以下条目。

(1)明确场地未来再开发利用后的主要暴露人群及其暴露特征(如暴露周期及频率等)。

(2)结合暴露人群的活动规律及关注污染物在环境介质中的迁移归趋特征,分析和确定关注污染物的暴露途径、人群接触污染物的暴露方式及暴露点分布。

(3)结合场地所在区域地下水功能规划、环境敏感目标分布及关注污染物迁移归趋特征等信息,明确场地土壤和地下水污染可能造成环境风险的途径和方式。

表 5.1　地块概念模型的主要内容

项　　目	主　要　内　容
场地污染情况	场地污染物类型、空间分布,污染迁移转化途径
场地规划用地情况	规划为第一类用地或第二类用地
水文地质条件	场地地层分布,地下水埋深、含水层情况
受体情况	受体人群(成人、儿童),结合规划分析暴露时间、暴露途径

5.4　健康风险评估

土壤污染健康风险评估的工作内容包括危害识别、暴露评估、毒性评估、风险表征等,通过健康风险评估判断土壤和地下水污染造成的人体健康风险是否超过可接受水平,并计算土壤和地下水风险控制值,确定场地修复目标和修复范围。

图5.1中的风险评估程序不适用于铅污染土壤。

5.4.1　危害识别

收集土壤污染状况调查阶段获得的相关资料和数据,掌握场地土壤和地下水关注污染物的浓度分布,明确规划土地利用方式,分析可能的敏感受体,如儿童、成人、地下水体等。

(1)较为详尽的场地相关资料及历史信息,如用地规划、历史企业环保资料,明确场地污染源和用地规划涉及的主要受体人群。

(2)场地土壤和地下水等样品中污染物的浓度数据,掌握场地污染的空间分布情况。

(3)场地土壤的理化性质分析数据。

(4)场地(所在地)气候、水文、地质特征信息和数据,清晰了解场地现状的信息和参数,可

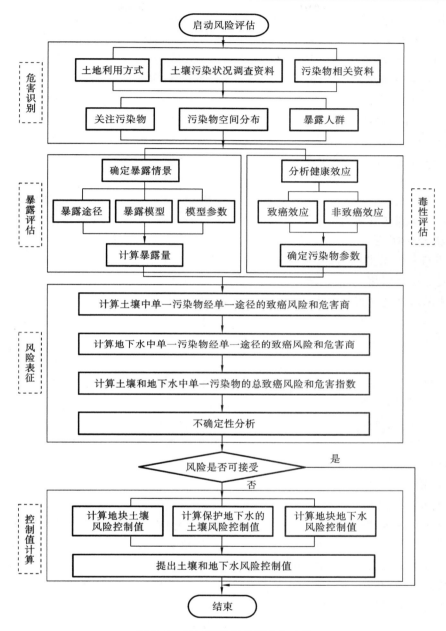

图 5.1　场地风险评估程序与内容

供后续模型计算使用。

（5）场地及周边土地利用方式、敏感人群及建筑物等相关信息。

根据土壤污染状况调查和监测结果，将对人群等敏感受体具有潜在风险、需要进行风险评估的污染物，确定为关注污染物。

5.4.2　暴露评估

1. 分析暴露情景

暴露情景是指特定土地利用方式下，场地污染物经由不同途径迁移和到达受体人群的情况。根据不同土地利用方式下人群的活动模式,规定了两类典型用地方式下的暴露情景,即以住宅用地为代表的第一类用地(简称"第一类用地")和以工业用地为代表的第二类用地(简称"第二类用地")的暴露情景风险表征。

第一类用地利用方式下,儿童和成人均可能长时间暴露于污染场地而产生健康危害。对于致癌效应,考虑人群的终生暴露危害,一般根据儿童期和成人期的暴露来评估污染物的终生致癌风险;对于非致癌效应,儿童体重较轻、暴露量较高,一般根据儿童期暴露来评估污染物的非致癌危害效应。第一类用地方式包括 GB 50137 规定的城市建设用地中的居住用地(R),公共管理与公共服务用地中的中小学用地(A33)、医疗卫生用地(A5)和社会福利设施用地(A6),以及公园绿地(G1)中的社区公园或儿童公园用地等。

第二类用地利用方式下,成人的暴露期长、暴露频率高,一般根据成人期的暴露来评估污染物的致癌风险和非致癌效应。第二类用地包括 GB 50137 规定的城市建设用地中的工业用地(M)、物流仓储用地(W)、商业服务业设施用地(B)、道路与交通设施用地(S)、公用设施用地(U)、公共管理与公共服务用地(A)(A33、A5、A6 除外),以及绿地与广场用地(G)(G1 中的社区公园或儿童公园用地除外)等。

除上述用地外的建设用地,应分析特定场地人群暴露的可能性、暴露频率和暴露周期等情况,参照第一类用地或第二类用地情景进行评估或构建适合特定场地的暴露情景进行风险评估。

2. 确定暴露途径

由于铅对儿童认知能力和神经系统具有较强毒性,研究认为不存在铅暴露量最低限制的安全水平,即不存在参考剂量(RfD,参考剂量指污染物浓度低于该值时将不会对人体产生不利影响)。对铅的风险评估与其他污染物不同,不采用参考剂量评估。我国发布的《建设用地土壤污染风险评估技术导则》(HJ 25.3—2019)也明确指出适用范围不包括铅。因此针对场地土壤中存在的铅污染,一般参考 USEPA 颁布的 IEUBK 模型(计算儿童血铅浓度)和 ALM(计算成人血铅浓度)开展评估。

1) 除铅外的污染物

对于第一类用地和第二类用地,规定了 10 种主要暴露途径和暴露评估模型,包括经口摄入土壤、皮肤接触土壤、吸入土壤颗粒物、吸入室外空气中来自表层土壤的气态污染物、吸入室外空气中来自下层土壤的气态污染物、吸入室内空气中来自下层土壤的气态污染物共 6 种土壤污染物暴露途径和吸入室外空气中来自地下水的气态污染物、吸入室内空气中来自地下水的气态污染物、经口摄入地下水和皮肤接触地下水共 4 种地下水污染物暴露途径(表 5.2)。

表 5.2　暴露途径(除铅外的污染物)

分　类	序号	暴　露　途　径
土壤污染物暴露途径	1	经口摄入土壤
	2	皮肤接触土壤
	3	吸入土壤颗粒物
	4	吸入室外空气中来自表层土壤的气态污染物
	5	吸入室外空气中来自下层土壤的气态污染物
	6	吸入室内空气中来自下层土壤的气态污染物

续表

分　　类	序号	暴　露　途　径
地下水污染物暴露途径	7	吸入室外空气中来自地下水的气态污染物
	8	吸入室内空气中来自地下水的气态污染物
	9	经口摄入地下水（具有饮用功能的地下水暴露途径）
	10	皮肤接触地下水

特定用地方式下的主要暴露途径应根据实际情况分析确定,暴露评估模型参数应尽可能根据现场调查获得。

表层土壤应考虑全部 6 种土壤污染物暴露途径,不开挖或不扰动的下层土壤应考虑吸入室外空气中来自下层土壤的气态污染物、吸入室内空气中来自下层土壤的气态污染物 2 种土壤暴露途径。在风险评估阶段,对场地污染土壤的具体再利用方式或分层再利用方式尚不确定,原下层土壤开挖后有可能变成表层土壤,或开挖过程中会与表层土壤发生混合,原则上不进行分层,整体按照表层土壤进行评价。

场地所在区域及周边有饮用地下水情况的,应考虑吸入室外空气中来自地下水的气态污染物、吸入室内空气中来自地下水的气态污染物、经口摄入地下水 3 种地下水污染物暴露途径,不饮用地下水的,应考虑吸入室外空气中来自地下水的气态污染物、吸入室内空气中来自地下水的气态污染物 2 种地下水污染物暴露途径,涉及人群皮肤直接接触地下水的(如地下水用于日常洗澡、游泳或清洗等),还应考虑皮肤接触地下水这一种暴露途径。

2) 铅污染物

对于铅,USEPA 对污染场地中血铅风险削减目标确定为:对场地进行清理修复后保证儿童血铅浓度超过 $10\ \mu g/dL$ 的可能性低于 5% 或更低,在进行区域暴露受体铅暴露途径的分析过程中应考虑除铅污染土壤介质暴露途径外的其他主要暴露途径(图 5.2)。

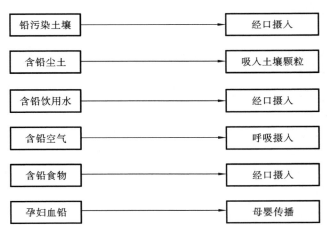

图 5.2　铅污染物暴露途径

5.4.3　暴露评估模型

1. 除铅外的污染物的暴露评估方法和模型

定量暴露评估是针对不同受体计算所有可能暴露途径下在暴露点的日均暴露剂量或暴露

浓度。

1）第一类用地暴露评估模型

（1）经口摄入土壤途径。

对于单一污染物的致癌效应，考虑人群在儿童期和成人期暴露的终生危害，经口摄入土壤途径对应的土壤暴露量采用公式（5.1）计算：

$$OISER_{ca} = \frac{\left(\dfrac{OSIR_c \times ED_c \times EF_c}{BW_c} + \dfrac{OSIR_a \times ED_a \times EF_a}{BW_a}\right) \times ABS_o}{AT_{ca}} \times 10^{-6} \quad (5.1)$$

对于单一污染物的非致癌效应，考虑人群在儿童期暴露受到的危害，经口摄入土壤途径对应的土壤暴露量采用公式（5.2）计算：

$$OISER_{nc} = \frac{OSIR_c \times ED_c \times EF_c \times ABS_o}{BW_c \times AT_{nc}} \times 10^{-6} \quad (5.2)$$

式中：$OISER_{ca}$——经口摄入土壤途径对应的土壤暴露量（致癌效应），$kg/(kg \cdot d)$；

$OSIR_c$——儿童每日摄入土壤量，mg/d；

$OSIR_a$——成人每日摄入土壤量，mg/d；

ED_c——儿童暴露周期，a；

ED_a——成人暴露周期，a；

EF_c——儿童暴露频率，d/a；

EF_a——成人暴露频率，d/a；

BW_c——儿童平均体重，kg；

BW_a——成人平均体重，kg；

ABS_o——经口摄入吸收因子，无量纲；

AT_{ca}——致癌效应平均时间，d；

$OISER_{nc}$——经口摄入土壤途径对应的土壤暴露量（非致癌效应），$kg/(kg \cdot d)$；

AT_{nc}——非致癌效应平均时间，d。

（2）皮肤接触土壤途径。

对于单一污染物的致癌效应，考虑人群在儿童期和成人期暴露的终生危害，皮肤接触土壤途径对应的土壤暴露量采用公式（5.3）计算：

$$DCSER_{ca} = \frac{SAE_c \times SSAR_c \times EF_c \times ED_c \times E_v \times ABS_d}{BW_c \times AT_{ca}} \times 10^{-6}$$
$$+ \frac{SAE_a \times SSAR_a \times EF_a \times ED_a \times E_v \times ABS_d}{BW_a \times AT_{ca}} \times 10^{-6} \quad (5.3)$$

对于单一污染物的非致癌效应，考虑人群在儿童期暴露受到的危害，皮肤接触土壤途径对应的土壤暴露量采用公式（5.4）计算：

$$DCSER_{nc} = \frac{SAE_c \times SSAR_c \times EF_c \times ED_c \times E_v \times ABS_d}{BW_c \times AT_{nc}} \times 10^{-6} \quad (5.4)$$

$$SAE_c = 239 \times H_c^{0.417} \times BW_c^{0.517} \times SER_c \quad (5.5)$$

$$SAE_a = 239 \times H_a^{0.417} \times BW_a^{0.517} \times SER_a \quad (5.6)$$

式中：$DCSER_{ca}$——皮肤接触土壤途径对应的土壤暴露量（致癌效应），$kg/(kg \cdot d)$；

SAE_c——儿童暴露皮肤表面积，cm^2；

SAE_a——成人暴露皮肤表面积，cm^2；

SSAR$_c$——儿童皮肤表面土壤黏附系数,mg/cm^2;

SSAR$_a$——成人皮肤表面土壤黏附系数,mg/cm^2;

ABS$_d$——皮肤接触吸收因子,无量纲;

E_v——每日皮肤接触事件频率,次/天;

H_c——儿童平均身高,cm;

H_a——成人平均身高,cm;

SER$_c$——儿童暴露皮肤所占体表面积比,无量纲;

SER$_a$——成人暴露皮肤所占体表面积比,无量纲;

DCSER$_{nc}$——皮肤接触土壤途径对应的土壤暴露量(非致癌效应),kg/(kg·d)。

公式中 EF$_c$、ED$_c$、BW$_c$、AT$_{ca}$、EF$_a$、ED$_a$ 和 BW$_a$ 的含义见公式(5.1),AT$_{nc}$ 的含义见公式(5.2)。

（3）吸入土壤颗粒物途径。

对于单一污染物的致癌效应,考虑人群在儿童期和成人期暴露的终生危害,吸入土壤颗粒物途径对应的土壤暴露量采用公式(5.7)计算:

$$PISER_{ca} = \frac{PM_{10} \times DAIR_c \times ED_c \times PIAF \times (fspo \times EFO_c + fspi \times EFI_c)}{BW_c \times AT_{ca}} \times 10^{-6}$$
$$+ \frac{PM_{10} \times DAIR_a \times ED_a \times PIAF \times (fspo \times EFO_a + fspi \times EFI_a)}{BW_a \times AT_{ca}} \times 10^{-6} \quad (5.7)$$

对于单一污染物的非致癌效应,考虑人群在儿童期暴露受到的危害,吸入土壤颗粒物途径对应的土壤暴露量采用公式(5.8)计算:

$$PISER_{nc} = \frac{PM_{10} \times DAIR_c \times ED_c \times PIAF \times (fspo \times EFO_c + fspi \times EFI_c)}{BW_c \times AT_{nc}} \times 10^{-6} \quad (5.8)$$

式中:PISER$_{ca}$——吸入土壤颗粒物途径对应的土壤暴露量(致癌效应),kg/(kg·d);

PM$_{10}$——空气中可吸入颗粒物含量,mg/m^3;

DAIR$_c$——儿童每日空气吸入量,m^3/d;

DAIR$_a$——成人每日空气吸入量,m^3/d;

PIAF——吸入土壤颗粒物在体内滞留比例,无量纲;

fspo——室外空气中来自土壤的颗粒物所占比例,无量纲;

fspi——室内空气中来自土壤的颗粒物所占比例,无量纲;

EFI$_c$——儿童的室内暴露频率,d/a;

EFI$_a$——成人的室内暴露频率,d/a;

EFO$_c$——儿童的室外暴露频率,d/a;

EFO$_a$——成人的室外暴露频率,d/a;

PISER$_{nc}$——吸入土壤颗粒物途径对应的土壤暴露量(非致癌效应),kg/(kg·d)。

式中 ED$_c$、BW$_c$、AT$_{ca}$、ED$_a$ 和 BW$_a$ 的含义见公式(5.1),AT$_{nc}$ 的参数含义见公式(5.2)。

（4）吸入室外空气中来自表层土壤的气态污染物途径。

对于单一污染物的致癌效应,考虑人群在儿童期和成人期暴露的终生危害,吸入室外空气中来自表层土壤的气态污染物途径对应的土壤暴露量,采用公式(5.9)计算:

$$IOVER_{ca1} = VF_{suroa} \times \left(\frac{DAIR_c \times EFO_c \times ED_c}{BW_c \times AT_{ca}} + \frac{DAIR_a \times EFO_a \times ED_a}{BW_a \times AT_{ca}} \right) \quad (5.9)$$

对于单一污染物的非致癌效应,考虑人群在儿童期暴露受到的危害,吸入室外空气中来自表层土壤的气态污染物途径对应的土壤暴露量，采用公式(5.10)计算：

$$IOVER_{nc1} = VF_{suroa} \times \frac{DAIR_c \times EFO_c \times ED_c}{BW_c \times AT_{nc}} \quad (5.10)$$

$$VF_{suroa} = MIN(VF_{suroa1}, VF_{suroa2}) \quad (5.11)$$

$$VF_{suroa1} = \frac{\rho_b}{DF_{oa}} \times \sqrt{\frac{4 \times D_s^{eff} \times H'}{\pi \times \tau \times 31536000 \times K_{sw} \times \rho_b}} \times 10^3 \quad (5.12)$$

$$VF_{suroa2} = \frac{d \times \rho_b}{DF_{oa} \times \tau \times 31536000} \times 10^3 \quad (5.13)$$

$$D_s^{eff} = D_a \times \frac{\theta_{as}^{3.33}}{\theta^2} + D_w \times \frac{\theta_{ws}^{3.33}}{H' \times \theta^2} \quad (5.14)$$

$$\theta = 1 - \frac{\rho_b}{\rho_s} \quad (5.15)$$

$$\theta_{ws} = \frac{\rho_b \times P_{ws}}{\rho_w} \quad (5.16)$$

$$\theta_{as} = \theta - \theta_{ws} \quad (5.17)$$

$$K_{sw} = \frac{\theta_{ws} + K_d \times \rho_b + H' \times \theta_{as}}{\rho_b} \quad (5.18)$$

$$K_d = K_{oc} \times f_{oc} \quad (5.19)$$

$$f_{oc} = \frac{f_{om}}{1.7 \times 1000} \quad (5.20)$$

$$DF_{oa} = \frac{U_{air} \times W \times \delta_{air}}{A} \quad (5.21)$$

式中：$IOVER_{ca1}$——吸入室外空气中来自表层土壤的气态污染物途径对应的土壤暴露量（致癌效应），kg/(kg·d)；

VF_{suroa}——表层土壤中污染物挥发对应的室外空气中的土壤含量，kg/m³；

$IOVER_{nc1}$——吸入室外空气中来自表层土壤的气态污染物途径对应的土壤暴露量（非致癌效应），kg/(kg·d)；

VF_{suroa1}——表层土壤中污染物扩散进入室外空气的挥发因子（算法一），kg/m³；

VF_{suroa2}——表层土壤中污染物扩散进入室外空气的挥发因子（算法二），kg/m³；

τ——气态污染物入侵持续时间，a；

d——表层污染土壤层厚度，cm；

31536000——时间单位转换系数，31536000 s/a；

D_s^{eff}——土壤中气态污染物的有效扩散系数，cm²/s；

D_a——空气中扩散系数，cm²/s；

D_w——水中扩散系数，cm²/s；

H'——无量纲亨利常数；

θ——非饱和土层土壤中总孔隙体积比，无量纲；

θ_{ws}——非饱和土层土壤中孔隙水体积比，无量纲；

θ_{as}——非饱和土层土壤中孔隙空气体积比，无量纲；

ρ_b——土壤容重，kg/dm³；

ρ_s——土壤颗粒密度，kg/dm³；

P_{ws}——土壤含水率，kg/kg；

ρ_w——水的密度，1 kg/dm³；

K_{sw}——土壤-水中污染物分配系数，cm³/g；

K_d——土壤固相-水中污染物分配系数，cm³/g；

K_{oc}——土壤有机碳/土壤孔隙水分配系数，L/kg；

f_{oc}——土壤有机碳质量分数，无量纲；

f_{om}——土壤有机质含量，g/kg；

DF_{oa}——室外空气中气态污染物扩散因子，(g/(cm²·s))/(g/cm³)；

U_{air}——混合区大气流速风速，cm/s；

A——污染源区面积，cm²；

W——污染源区宽度，cm²；

δ_{air}——混合区高度，cm。

式中 $DAIR_c$、$DAIR_a$、EFO_c、EFO_a 的含义见公式(5.7)，ED_c、BW_c、AT_{ca}、ED_a 和 BW_a 的含义见公式(5.1)，AT_{nc} 的含义见公式(5.2)。

(5) 吸入室外空气中来自下层土壤的气态污染物途径。

对于单一污染物的致癌效应，考虑人群在儿童期和成人期暴露的终生危害，吸入室外空气中来自下层土壤的气态污染物途径对应的土壤暴露量，采用公式(5.22)计算：

$$IOVER_{ca2} = VF_{suboa} \times \left(\frac{DAIR_c \times EFO_c \times ED_c}{BW_c \times AT_{ca}} + \frac{DAIR_a \times EFO_a \times ED_a}{BW_a \times AT_{ca}} \right) \tag{5.22}$$

对于单一污染物的非致癌效应，考虑人群在儿童期暴露受到的危害，吸入室外空气中来自下层土壤的气态污染物途径对应的土壤暴露量，采用公式(5.23)计算：

$$IOVER_{nc2} = VF_{suboa} \times \frac{DAIR_c \times EFO_c \times ED_c}{BW_c \times AT_{nc}} \tag{5.23}$$

$$VF_{suboa} = MIN(VF_{suboa1}, VF_{suboa2}) \tag{5.24}$$

$$VF_{suboa1} = \frac{1}{\left(1 + \frac{DF_{oa} \times L_s}{D_s^{eff}} \right) \times \frac{K_{sw}}{H'}} \times 10^3 \tag{5.25}$$

$$VF_{suboa2} = \frac{d_{sub} \times \rho_b}{DF_{oa} \times \tau \times 31536000} \times 10^3 \tag{5.26}$$

式中：$IOVER_{ca2}$——吸入室外空气中来自下层土壤的气态污染物途径对应的土壤暴露量(致癌效应)，kg/(kg·d)；

VF_{suboa}——下层土壤中污染物挥发对应的室外空气中的土壤含量，kg/m³；

$IOVER_{nc2}$——吸入室外空气中来自下层土壤的气态污染物途径对应的土壤暴露量(非致癌效应)，kg/(kg·d)；

VF_{suboa1}——下层土壤中污染物扩散进入室外空气的挥发因子(算法一)，kg/m³；

VF_{suboa2}——下层土壤中污染物扩散进入室外空气的挥发因子(算法二)，kg/m³；

L_s——下层污染土壤上表面到地表的距离，cm；

d_{sub}——下层污染土壤层厚度，cm；

$DAIR_c$、$DAIR_a$、EFO_c、EFO_a——含义见公式(5.7)；

ED_c、BW_c、AT_{ca}、ED_a 和 BW_a——含义见公式(5.1)；

AT_{nc}——含义见公式(5.2)；

D_s^{eff} 和 H'——含义见公式(5.14)；

ρ_b——含义见公式(5.15)；

K_{sw}——含义见公式(5.18)；

DF_{oa}——含义见公式(5.21)；

τ——含义见公式(5.13)。

(6) 吸入室内空气中来自下层土壤的气态污染物途径。

对于单一污染物的致癌效应，考虑人群在儿童期和成人期暴露的终生危害，吸入室内空气中来自下层土壤的气态污染物途径对应的土壤暴露量，采用公式(5.27)计算：

$$IIVER_{ca1} = VF_{subia} \times \left(\frac{DAIR_c \times EFI_c \times ED_c}{BW_c \times AT_{ca}} + \frac{DAIR_a \times EFI_a \times ED_a}{BW_a \times AT_{ca}} \right) \tag{5.27}$$

对于单一污染物的非致癌效应，考虑人群在儿童期暴露受到的危害，吸入室内空气中来自下层土壤的气态污染物途径对应的土壤暴露量，采用公式(5.28)计算：

$$IIVER_{nc1} = VF_{subia} \times \frac{DAIR_c \times EFI_c \times ED_c}{BW_c \times AT_{nc}} \tag{5.28}$$

式中：$IIVER_{ca1}$——吸入室内空气中来自下层土壤的气态污染物途径对应的土壤暴露量(致癌效应)，$kg/(kg \cdot d)$；

$\quad VF_{subia}$——下层土壤中污染物挥发对应的室内空气中的土壤含量，kg/m^3；

$\quad IIVER_{nc2}$——吸入室内空气中来自下层土壤的气态污染物途径对应的土壤暴露量(非致癌效应)，$kg/(kg \cdot d)$；

$\quad DAIR_c$、$DAIR_a$、EFI_c、EFI_a——含义见公式(5.7)；

$\quad ED_c$、BW_c、AT_{ca}、ED_a 和 BW_a——含义见公式(5.1)；

$\quad AT_{nc}$——含义见公式(5.2)；

$\quad D_s^{eff}$ 和 H'——含义见公式(5.14)：

$\quad \rho_b$——含义见公式(5.15)；

$\quad K_{sw}$——含义见公式(5.18)；

$\quad DF_{oa}$——含义见公式(5.21)；

$\quad \tau$——含义见公式(5.13)。

(7) 吸入室外空气中来自地下水的气态污染物途径。

对于单一污染物的致癌效应，考虑人群在儿童期和成人期暴露的终生危害，吸入室外空气中来自地下水的气态污染物途径对应的地下水暴露量，采用公式(5.29)计算：

$$IOVER_{ca3} = VF_{gwoa} \times \left(\frac{DAIR_c \times EFO_c \times ED_c}{BW_c \times AT_{ca}} + \frac{DAIR_a \times EFO_a \times ED_a}{BW_a \times AT_{ca}} \right) \tag{5.29}$$

对于单一污染物的非致癌效应，考虑人群在儿童期暴露受到的危害，吸入室外空气中来自地下水的气态污染物途径对应的地下水暴露量，采用公式(5.30)计算：

$$IOVER_{nc3} = VF_{gwoa} \times \frac{DAIR_c \times EFO_c \times ED_c}{BW_c \times AT_{nc}} \tag{5.30}$$

$$VF_{gwoa} = \frac{1}{\left(1 + \frac{DF_{oa} \times L_{gw}}{D_s^{eff}} \right) \times AT_{nc}} \times 10^3 \tag{5.31}$$

$$D_{gws}^{eff} = \frac{L_{gw}}{\frac{h_{cap}}{D_{cap}^{eff}} + \frac{h_v}{D_s^{eff}}} \tag{5.32}$$

$$D_{cap}^{eff} = D_a \times \frac{\theta_{acap}^{3.33}}{(\theta_{acap} + \theta_{wcap})^2} + D_w \times \frac{\theta_{acap}^{3.33}}{H' \times (\theta_{acap} + \theta_{wcap})^2} \qquad (5.33)$$

式中：$IOVER_{ca3}$——吸入室外空气中来自地下水的气态污染物途径对应的地下水暴露量（致癌效应），$L/(kg \cdot d)$；

　　　VF_{gwoa}——地下水中污染物扩散进入室外空气的挥发因子，L/m；

　　　$IOVER_{nc3}$——吸入室外空气中来自地下水的气态污染物途径对应的地下水暴露量（非致癌效应），$L/(kg \cdot d)$；

　　　D_{cap}^{eff}——毛细管层中气态污染物的有效扩散系数，cm^2/s；

　　　θ_{acap}——毛细管层孔隙空气体积比，无量纲；

　　　θ_{wcap}——毛细管层孔隙水体积比，无量纲；

　　　D_{gws}^{eff}——地下水到表层土壤的有效扩散系数，cm^2/s；

　　　h_{cap}——土壤地下水交界处毛细管层厚度，cm；

　　　h_v——非饱和土层厚度，cm；

　　　L_{gw}——地下水埋深，cm；

　　　$DAIR_a$、$DAIR_c$、EFO_a、EFO_c——含义见公式(5.7)；

　　　ED_c、BW_c、AT_{ca}、ED_a 和 BW_a——含义见公式(5.1)；

　　　D_a、D_w、θ、H' 和 D_s^{eff}——含义见公式(5.14)；

　　　DF_{oa}——含义见公式(5.21)；

　　　AT_{nc}——含义见公式(5.2)。

（8）吸入室内空气中来自地下水的气态污染物途径。

对于单一污染物的致癌效应，考虑人群在儿童期和成人期暴露的终生危害，吸入室内空气中来自地下水的气态污染物途径对应的地下水暴露量，采用公式(5.34)计算：

$$IIVER_{ca2} = VF_{gwia} \times \left(\frac{DAIR_c \times EFI_c \times ED_c}{BW_c \times AT_{ca}} + \frac{DAIR_a \times EFI_a \times ED_a}{BW_a \times AT_{ca}} \right) \qquad (5.34)$$

对于单一污染物的非致癌效应，考虑人群在儿童期暴露受到的危害，吸入室内空气中来自地下水的气态污染物途径对应的地下水暴露量，采用公式(5.35)计算：

$$IIVER_{nc2} = VF_{gwia} \times \frac{DAIR_c \times EFI_c \times ED_c}{BW_c \times AT_{nc}} \qquad (5.35)$$

$$Q_s = \frac{2 \times \pi \times dP \times K_v \times X_{crack}}{\mu_{air} \times \ln\left(\frac{2 \times Z_{crack}}{R_{crack}} \right)} \qquad (5.36)$$

$$R_{crack} = \frac{A_b \times \eta}{X_{crack}} \qquad (5.37)$$

$Q_s = 0$ 时，

$$VF_{gwia} = \frac{1}{\frac{1}{H'} \times \left(1 + \frac{D_{gws}^{eff}}{DF_{ia} \times L_{gw}} + \frac{D_{gws}^{eff} \times L_{crack}}{D_{crack}^{eff} \times L_{gw} \times \eta} \right) \times \frac{DF_{ia}}{D_{gws}^{eff} \times L_{gw}}} \times 10^3 \qquad (5.38)$$

$Q_s > 0$ 时，

$$VF_{gwia} = \frac{1}{\frac{1}{H'} \times \left(e^\xi + \frac{D_{gws}^{eff}}{DF_{ia} \times L_{gw}} + \frac{D_{gws}^{eff} \times A_b}{Q_s \times L_{gw}} \times (e^\xi - 1) \right) \times \frac{DF_{ia} \times L_s}{D_{gws}^{eff} \times e^\xi}} \times 10^3 \qquad (5.39)$$

$$D_{\mathrm{crack}}^{\mathrm{eff}} = D_{\mathrm{a}} \times \frac{\theta_{\mathrm{acrack}}^{3.33}}{(\theta_{\mathrm{acrack}} + \theta_{\mathrm{wcrack}})^2} + D_{\mathrm{w}} \times \frac{\theta_{\mathrm{wcrack}}^{3.33}}{H' \times (\theta_{\mathrm{acrack}} + \theta_{\mathrm{wcrack}})^2} \tag{5.40}$$

$$\mathrm{DF_{ia}} = \mathrm{LB} \times \mathrm{ER} \times \frac{1}{86400} \tag{5.41}$$

式中：$\mathrm{IIVER_{ca2}}$——吸入室内空气中来自地下水的气态污染物途径对应的地下水暴露量（致癌效应），$\mathrm{L/(kg \cdot d)}$；

$\mathrm{VF_{gwia}}$——地下水中污染物扩散进入室内空气的挥发因子，$\mathrm{L/m^3}$；

$\mathrm{IIVER_{nc2}}$——吸入室内空气中来自地下水的气态污染物途径对应的地下水暴露量（非致癌效应），$\mathrm{L/(kg \cdot d)}$；

Q_{s}——流经地下室地板裂隙的对流空气流速，$\mathrm{cm^3/s}$；

$\mathrm{d}P$——室内室外气压差，$\mathrm{g/(cm \cdot s^2)}$；

K_{v}——土壤透性系数，$\mathrm{cm^2}$；

X_{crack}——室内地板周长，cm；

μ_{air}——空气黏滞系数，$1.81 \times 10^{-4}\ \mathrm{g/(cm \cdot s)}$；

Z_{crack}——室内地面到地板底部厚度，cm；

R_{crack}——室内裂隙宽度，cm；

A_{b}——室内地板面积，$\mathrm{cm^2}$；

η——地基和墙体裂隙表面积占室内地表面积比例，无量纲；

$D_{\mathrm{crack}}^{\mathrm{eff}}$——气态污染物在地基与墙体裂隙中的有效扩散系数，$\mathrm{cm^2/s}$；

θ_{acrack}——地基裂隙中空气体积比，无量纲；

θ_{wcrack}——地基裂隙中水体积比，无量纲；

$\mathrm{DF_{ia}}$——室内空气中气态污染物扩散因子，$\mathrm{(g/(cm^2 \cdot s))/(g/cm^3)}$；

ER——室内空气交换速率，次/天；

LB——室内空间体积与气态污染物入渗面积之比，cm；

86400——时间单位转换系数，$86400\ \mathrm{s/d}$；

L_{crack}——室内地基厚度，cm；

ξ——土壤污染物进入室内挥发因子计算过程参数；

$\mathrm{DAIR_c}$、$\mathrm{DAIR_a}$、$\mathrm{EFI_c}$、$\mathrm{EFI_a}$——含义见公式(5.7)；

$\mathrm{ED_c}$、$\mathrm{BW_c}$、$\mathrm{AT_{ca}}$、$\mathrm{ED_a}$ 和 $\mathrm{BW_a}$——含义见公式(5.1)；

$\mathrm{AT_{nc}}$——含义见公式(5.2)；

D_{a}、D_{w}、θ 和 H'——含义见公式(5.14)；

$D_{\mathrm{gws}}^{\mathrm{eff}}$、$h_{\mathrm{cap}}$、$h_{\mathrm{v}}$、$L_{\mathrm{gw}}$——含义见公式(5.32)。

（9）经口摄入地下水途径。

对于单一污染物的致癌效应，考虑人群在儿童期和成人期暴露的终生危害，经口摄入地下水途径对应的地下水暴露量，采用公式(5.42)计算：

$$\mathrm{CGWER_{ca}} = \frac{\mathrm{GWCR_c} \times \mathrm{EF_c} \times \mathrm{ED_c}}{\mathrm{BW_c} \times \mathrm{AT_{ca}}} + \frac{\mathrm{GWCR_a} \times \mathrm{EF_a} \times \mathrm{ED_a}}{\mathrm{BW_a} \times \mathrm{AT_{ca}}} \tag{5.42}$$

对于单一污染物的非致癌效应，考虑人群在儿童期暴露受到的危害，经口摄入地下水途径对应的地下水暴露量，采用公式(5.43)计算：

$$\mathrm{CGWER_{nc}} = \frac{\mathrm{GWCR_c} \times \mathrm{EF_c} \times \mathrm{ED_c}}{\mathrm{BW_c} \times \mathrm{AT_{nc}}} \tag{5.43}$$

式中:$CGWER_{ca}$——经口摄入地下水途径对应的地下水的暴露量(致癌效应),$L/(kg \cdot d)$;

$GWCR_c$——儿童每日饮水量,L/d;

$GWCR_a$——成人每日饮水量,L/d;

$CGWER_{nc}$——经口摄入地下水途径对应的地下水暴露量(非致癌效应),$L/(kg \cdot d)$;

EF_c、ED_c、BW_c、AT_{ca}、EF_a、ED_a和BW_a——含义见公式(5.1);

AT_{nc}——含义见公式(5.2)。

(10) 皮肤接触地下水途径。

对于单一污染物的致癌效应,考虑人群在儿童期和成人期暴露的终生危害。用受污染的地下水日常洗澡或清洗,皮肤接触地下水途径对应的地下水暴露量采用公式(5.44)计算:

$$DGWER_{ca} = \frac{SAE_c \times EF_c \times ED_c \times E_v \times DA_{ec}}{BW_c \times AT_{ca}} \times 10^{-6} + \frac{SAE_a \times EF_a \times ED_a \times E_v \times DA_{ea}}{BW_a \times AT_{ca}} \times 10^{-6}$$

(5.44)

对于单一污染物的非致癌效应,考虑人群在儿童期暴露受到的危害。皮肤接触地下水途径对应的地下水暴露剂量采用公式(5.45)计算:

$$DGWER_{nc} = \frac{SAE_c \times EF_c \times ED_c \times E_v \times DA_{ec}}{BW_c \times AT_{nc}} \times 10^{-6}$$

(5.45)

$$DA_{ec} = K_p \times C_{gw} \times t_c \times 10^{-3}$$

(5.46)

$$DA_{ea} = K_p \times C_{gw} \times t_a \times 10^{-3}$$

(5.47)

式中:$DGWER_{ca}$——皮肤接触地下水途径的地下水暴露量(致癌效应),$mg/(kg \cdot d)$;

DA_{ec}——儿童无机污染物的吸收剂量,mg/cm^2;

DA_{ea}——成人无机污染物的吸收剂量,mg/cm^2;

$DGWER_{nc}$——皮肤接触地下水途径的地下水暴露量(非致癌效应),$mg/(kg \cdot d)$;

C_{gw}——地下水中污染物浓度,mg/L;

K_p——皮肤渗透系数,cm/h;

t_c——儿童经皮肤接触地下水的时间,h;

t_a——成人经皮肤接触地下水的时间,h;

EF_c、ED_c、BW_c、AT_{ca}、EF_a、ED_a和BW_a——含义见公式(5.1);

AT_{nc}——含义见公式(5.2);

E_v——含义见公式(5.3);

SAE_c——含义见公式(5.5);

SAE_a——含义见公式(5.6)。

2) 第二类用地暴露评估模型

(1) 经口摄入土壤途径。

对于单一污染物的致癌效应,考虑人群在成人期暴露的终生危害,经口摄入土壤途径对应的土壤暴露量采用公式(5.48)计算:

$$OISER_{ca} = \frac{OSIR_a \times ED_a \times EF_a \times ABS_o}{BW_a \times AT_{ca}} \times 10^{-6}$$

(5.48)

对于单一污染物的非致癌效应,考虑人群在成人期暴露受到的危害,经口摄入土壤途径对应的土壤暴露量采用公式(5.49)计算:

$$OISER_{nc} = \frac{OSIR_a \times ED_a \times EF_a \times ABS_o}{BW_a \times AT_{nc}} \times 10^{-6}$$

(5.49)

式中参数含义见公式(5.1)和公式(5.2)。

(2)皮肤接触土壤途径。

对于单一污染物的致癌效应,考虑人群在成人期暴露的终生危害。皮肤接触土壤途径的土壤暴露量采用公式(5.50)计算:

$$DCSER_{ca} = \frac{SAE_a \times SSAR_a \times EF_a \times ED_a \times E_v \times ABS_d}{BW_a \times AT_{ca}} \times 10^{-6} \quad (5.50)$$

对于单一污染物的非致癌效应,考虑人群在成人期暴露受到的危害,皮肤接触土壤途径对应的土壤暴露量采用公式(5.51)计算:

$$DCSER_{nc} = \frac{SAE_a \times SSAR_a \times EF_a \times ED_a \times E_v \times ABS_d}{BW_a \times AT_{nc}} \times 10^{-6} \quad (5.51)$$

式中参数含义见公式(5.3)和公式(5.4)。

(3)吸入土壤颗粒物途径。

对于单一污染物的致癌效应,考虑人群在成人期暴露的终生危害,吸入土壤颗粒物途径对应的土壤暴露量采用公式(5.52)计算:

$$PISER_{ca} = \frac{PM_{10} \times DAIR_a \times ED_a \times PIAF \times (fspo \times EFO_a + fspi \times EFI_a)}{BW_a \times AT_{ca}} \times 10^{-6} \quad (5.52)$$

对于单一污染物的非致癌效应,考虑人群在成人期暴露受到的危害,吸入土壤颗粒物途径对应的土壤暴露量采用公式(5.53)计算:

$$PISER_{nc} = \frac{PM_{10} \times DAIR_a \times ED_a \times PIAF \times (fspo \times EFO_a + fspi \times EFI_a)}{BW_a \times AT_{nc}} \times 10^{-6} \quad (5.53)$$

式中参数含义见公式(5.7)和公式(5.8)。

(4)吸入室外空气中来自表层土壤的气态污染物途径。

对于单一污染物的致癌效应,考虑人群在成人期暴露的终生危害,吸入室外空气中来自表层土壤的气态污染物途径对应的土壤暴露量,采用公式(5.54)计算:

$$IOVER_{ca1} = VF_{suroa} \times \frac{DAIR_a \times EFO_a \times ED_a}{BW_a \times AT_{ca}} \quad (5.54)$$

对于单一污染物的非致癌效应,考虑人群在成人期暴露受到的危害,吸入室外空气中来自表层土壤的气态污染物途径对应的土壤暴露量,采用公式(5.55)计算:

$$IOVER_{nc1} = VF_{suroa} \times \frac{DAIR_a \times EFO_a \times ED_a}{BW_a \times AT_{nc}} \quad (5.55)$$

式中参数含义见公式(5.9)和公式(5.10)。

(5)吸入室外空气中来自下层土壤的气态污染物途径。

对于单一污染物的致癌效应,考虑人群在成人期暴露的终生危害,吸入室外空气中来自下层土壤的气态污染物途径对应的土壤暴露量,采用公式(5.56)计算:

$$IOVER_{ca2} = VF_{suboa} \times \frac{DAIR_a \times EFO_a \times ED_a}{BW_a \times AT_{ca}} \quad (5.56)$$

式中参数含义见公式(5.22)。

对于单一污染物的非致癌效应,考虑人群在成人期暴露受到的危害,吸入室外空气中来自下层土壤的气态污染物途径对应的土壤暴露量,采用公式(5.57)计算:

$$IOVER_{nc2} = VF_{suboa} \times \frac{DAIR_a \times EFO_a \times ED_a}{BW_a \times AT_{nc}} \quad (5.57)$$

式中参数含义见公式(5.22)和公式(5.23)。

（6）吸入室内空气中来自下层土壤的气态污染物途径。

对于单一污染物的致癌效应,考虑人群在成人期暴露的终生危害,吸入室内空气中来自下层土壤的气态污染物途径对应的土壤暴露量,采用公式(5.58)计算:

$$\text{IIVER}_{ca1} = \text{VF}_{subia} \times \frac{\text{DAIR}_a \times \text{EFI}_a \times \text{ED}_a}{\text{BW}_a \times \text{AT}_{ca}} \tag{5.58}$$

对于单一污染物的非致癌效应,考虑人群在成人期暴露受到的危害,吸入室内空气中来自下层土壤的气态污染物途径对应的土壤暴露量,采用公式(5.59)计算:

$$\text{IIVER}_{nc1} = \text{VF}_{subia} \times \frac{\text{DAIR}_a \times \text{EFI}_a \times \text{ED}_a}{\text{BW}_a \times \text{AT}_{nc}} \tag{5.59}$$

式中参数含义见公式(5.27)和公式(5.28)。

（7）吸入室外空气中来自地下水的气态污染物途径。

对于单一污染物的致癌效应,考虑人群在成人期暴露的终生危害,吸入室外空气中来自地下水的气态污染物途径对应的地下水暴露量,采用公式(5.60)计算:

$$\text{IOVER}_{ca3} = \text{VF}_{gwoa} \times \frac{\text{DAIR}_a \times \text{EFO}_a \times \text{ED}_a}{\text{BW}_a \times \text{AT}_{ca}} \tag{5.60}$$

对于单一污染物的非致癌效应,考虑人群在成人期暴露受到的危害,吸入室外空气中来自地下水的气态污染物途径对应的地下水暴露量,采用公式(5.61)计算:

$$\text{IOVER}_{nc3} = \text{VF}_{gwoa} \times \frac{\text{DAIR}_a \times \text{EFO}_a \times \text{ED}_a}{\text{BW}_a \times \text{AT}_{nc}} \tag{5.61}$$

式中参数含义见公式(5.29)和公式(5.30)。

（8）吸入室内空气中来自地下水的气态污染物途径。

对于单一污染物的致癌效应,考虑人群在成人期暴露的终生危害,吸入室内空气中来自地下水的气态污染物途径对应的地下水暴露量,采用公式(5.62)计算:

$$\text{IIVER}_{ca2} = \text{VF}_{gwia} \times \frac{\text{DAIR}_a \times \text{EFI}_a \times \text{ED}_a}{\text{BW}_a \times \text{AT}_{ca}} \tag{5.62}$$

对于单一污染物的非致癌效应,考虑人群在成人期暴露受到的危害,吸入室内空气中来自地下水的气态污染物途径对应的地下水暴露量,采用公式(5.63)计算:

$$\text{IIVER}_{nc2} = \text{VF}_{gwia} \times \frac{\text{DAIR}_a \times \text{EFI}_a \times \text{ED}_a}{\text{BW}_a \times \text{AT}_{nc}} \tag{5.63}$$

式中参数含义见公式(5.34)和公式(5.35)。

（9）经口摄入地下水途径。

对于单一污染物的致癌效应,考虑人群在成人期暴露的终生危害,经口摄入地下水途径对应的地下水暴露量,采用公式(5.64)计算:

$$\text{CGWER}_{ca} = \frac{\text{GWCR}_a \times \text{EF}_a \times \text{ED}_a}{\text{BW}_a \times \text{AT}_{ca}} \tag{5.64}$$

对于单一污染物的非致癌效应,考虑人群在成人期暴露受到的危害,经口摄入地下水途径对应的地下水暴露量,采用公式(5.65)计算:

$$\text{CGWER}_{nc} = \frac{\text{GWCR}_a \times \text{EF}_a \times \text{ED}_a}{\text{BW}_a \times \text{AT}_{nc}} \tag{5.65}$$

公式中参数含义见公式(5.42)和公式(5.43)。

（10）皮肤接触地下水途径。

对于单一污染物的致癌效应,考虑人群在成人期暴露的终生危害。用受污染的地下水日常洗澡、游泳或清洗，皮肤接触地下水途径对应的地下水暴露剂量（致癌效应）采用公式(5.66)计算：

$$DGWER_{ca} = \frac{SAE_a \times EF_a \times ED_a \times E_v \times DA_{ea}}{BW_a \times AT_{ca}} \times 10^{-6} \quad (5.66)$$

对于单一污染物的非致癌效应，考虑人群在成人期暴露受到的危害。皮肤接触地下水途径对应的地下水暴露剂量采用公式(5.67)计算：

$$DGWER_{nc} = \frac{SAE_a \times EF_a \times ED_a \times E_v \times DA_{ea}}{BW_a \times AT_{nc}} \times 10^{-6} \quad (5.67)$$

式中参数含义见公式(5.44)和公式(5.45)。

2. 铅污染物的暴露评估方法和模型

由于铅对儿童认知能力和神经系统具有较强毒性，人们认为不存在允许铅暴露量最低限值的安全水平，因此在对铅污染的毒性评价时不再采用《建设用地土壤污染风险评估技术导则》(HJ 25.3—2019)中的方法。国际上广泛使用 IEUBK 模型和成人血铅模型(ALM)推导出居住用地和商业/工业用地土壤铅环境基准值，进而对污染场地进行健康风险评估。

1）第一类用地暴露评估模型（铅污染物）

IEUBK 模型主要用于预测儿童(0～7岁)环境铅暴露后血铅浓度水平，包括 4 个子模块（暴露模块、吸收模块、生物动力学模块和概率分布模块），采用机制模型与统计相结合的方法，将不同途径和来源的环境铅暴露与儿童群体血铅水平关联起来。模型假设儿童群体血铅的分布类型近似几何正态分布，根据收集到的儿童环境铅暴露信息预测儿童群体的血铅水平几何均值，进一步估算儿童群体血铅水平超过某一临界浓度(10 μg/dL)的概率。

IEUBK 模型中铅的来源包括土壤、室内外灰尘、饮水、空气和饮食等。由于进入人体呼吸和胃肠系统的铅只有一部分最终进入血液循环系统产生毒性，IEUBK 模型假设从不同环境介质进入人体的铅，其生物有效性不同，且不同的铅摄入水平，其吸收速率也有差异。

（1）暴露模块。

IEUBK 模型采用吸收速率(IN)模型描述儿童对环境介质中铅的吸收。

$$IN_{soil,outdoor} = C_{soil} \times WF_{soil} \times IR_{soil+dust} \quad (5.68)$$
$$IN_{dust} = C_{dust,resid} \times (1 - WF_{soil}) \times IR_{soil+dust} \quad (5.69)$$
$$IN_{air} = C_{air} \times VR \quad (5.70)$$
$$IN_{water} = C_{water} \times IR_{water} \quad (5.71)$$

式中：$IN_{soil,outdoor}$、IN_{dust}、IN_{air}、IN_{water}——儿童对室外土壤、灰尘、空气和饮水中铅的吸收速率，μg/d；

C_{soil}、$C_{dust,resid}$、C_{air}、C_{water}——土壤、居住地灰尘、空气和饮水中铅的含量，mg/kg、μg/m³、μg/m³、μg/L；

WF_{soil}——儿童摄入土壤总量中直接摄入土壤所占比例；

$IR_{soil+dust}$、IR_{water}——儿童对土壤及灰尘、饮水每日摄入量，mg/d、L/d；

VR——儿童每日空气吸入量，m³/d。

（2）吸收模块。

不同途径摄入铅的可吸收效果不同，IEUBK 模型中，土壤及灰尘、饮食、饮水、空气中铅的可吸收率分别为 30%、40%～50%、60%、20%～45%。

$$UP_{poten} = ABS_{diet} \times IN_{diet} + ABS_{dust} \times IN_{dust} + ABS_{soil} \times IN_{soil} + ABS_{air} \times IN_{air} + ABS_{other} \times IN_{other}$$
$$(5.72)$$

式中：UP_{poten}——进入儿童体内具有潜在被吸收可能的铅总量，$\mu g/d$；

　　　ABS_{diet}、ABS_{dust}、ABS_{soil}、ABS_{air}、ABS_{other}——儿童对饮食、灰尘、土壤、空气、饮水中铅的
吸收率，%；

　　　IN_{diet}、IN_{other}——儿童通过饮食和除饮食以外的土壤、灰尘、空气、饮水摄入铅的量，$\mu g/d$。

根据儿童体内铅的浓度水平不同，其对铅的吸收过程可分为被动吸收过程和主动吸收过程。

$$UP_{passive} = PAF \times UP_{poten} \tag{5.73}$$

$$UP_{active} = (1-PAF) \times UP_{poten}/(1+UP_{poten}/SAT_{uptake}) \tag{5.74}$$

式中：PAF——被动吸收占铅吸收总量的比例；

　　　SAT_{uptake}——主动吸收过程达到半数最大值时的 UP_{poten} 值；

　　　$UP_{passive}$——被动吸收铅浓度值，$\mu g/d$；

　　　UP_{active}——主动吸收铅浓度值，$\mu g/d$。

（3）生物动力学模块。

IEUBK 模型的生物动力学模块采用机理模型表述铅在人体内转运的生理-生化过程，将铅的吸收速率与人体各器官的铅含量尤其是血铅浓度变化联系起来。

（4）差异性。

由于儿童自身行为、家庭习惯以及个体类型的差异，在不同环境铅浓度条件下，儿童群体血铅浓度有较大的变异性，IEUBK 模型采用几何标准差（GSD）描述这种差异。

2）第二类用地暴露评估模型（铅污染物）

成人血铅模型（ALM）由美国环保署于 1996 年提出，该方法通过评估暴露于商业/工业用地铅污染土壤的孕妇胎儿血铅含量来表征铅污染土壤对人体健康的风险。

（1）暴露模块。

$$INTAKE = \frac{PbS \times IR_s \times EF_s}{AT} \tag{5.75}$$

式中：INTAKE——平均每日摄入铅的量，$\mu g/d$；

　　　PbS——土壤中铅的浓度，$\mu g/g$；

　　　IR_s——每日摄入土壤的量，g/d；

　　　EF_s——平均每年暴露于铅污染场景的天数，d/a；

　　　AT——长期暴露平均时间，d。

（2）吸收模块。

$$UPTAKE = AF_s \times INTAKE \tag{5.76}$$

式中：UPTAKE——平均每日吸收铅的量，$\mu g/d$；

　　　AF_s——吸收率，无量纲。

（3）生物动力学模块。

$$PbB_{adult,central} = PbB_{adult,0} + BKSF \times UPTAKE \tag{5.77}$$

式中：$PbB_{adult,central}$——暴露于铅污染场地的孕妇血铅含量，$\mu g/dL$；

　　　$PbB_{adult,0}$——无铅暴露时育龄妇女的血铅浓度背景值，$\mu g/dL$；

　　　BKSF——血铅浓度与每日摄入体内铅含量的斜率系数，d/dL。

（4）人群分布。

一般认为，暴露人群中成人血铅的浓度分布符合对数正态分布。

$$\mathrm{PbB_{adult,0.95}} = \mathrm{PbB_{adult,central}} \times \mathrm{GSD_i^{1.645}} \tag{5.78}$$

式中：$\mathrm{PbB_{adult,0.95}}$——成人血铅浓度分布的95％上限值，$\mu\mathrm{g/dL}$；

　　　　$\mathrm{GSD_i}$——血铅浓度的几何标准差，无量纲。

胎儿的血铅浓度可用孕妇血铅浓度乘以胎儿与母亲血铅含量相关系数。

$$\mathrm{PbB_{fetal,0.95}} = R_{\mathrm{fetal/maternal}} \times \mathrm{PbB_{adult,central}} \times \mathrm{GSD_i^{1.645}} \tag{5.79}$$

式中：$\mathrm{PbB_{fetal,0.95}}$——胎儿血铅浓度分布的95％上限值，$\mu\mathrm{g/dL}$；

　　　　$R_{\mathrm{fetal/maternal}}$——胎儿与母亲血铅含量相关系数。

5.4.4　风险评估模型参数

1. 除铅外污染物的暴露评估模型参数

除铅外污染物的暴露评估模型参数（表5.3）优先采用场地所在地的区域性参数，缺乏本地区域性参数值的，可参考《建设用地土壤污染风险评估技术导则》（HJ 25.3）中的推荐值。

表5.3　除铅外污染物暴露评估模型参数

参数符号	参数名称	单位	第一类用地推荐值	第二类用地推荐值
C_{sur}	表层土壤中污染物浓度 (concentrations of contaminants in surface soil)	mg/kg	—	—
C_{sub}	下层土壤中污染物浓度 (concentrations of contaminants in subsurface soil)	mg/kg	—	—
d^*	表层污染土壤层厚度 (thickness of surface soil)	cm	50	50
LS^*	下层污染土壤层埋深 (thickness of surface soil)	cm	50	50
d_{sub}^*	下层污染土壤层厚度 (thickness of subsurface soil)	cm	100	100
A^*	污染源区面积 (source-zone area)	$\mathrm{cm^2}$	16000000	16000000
C_{gw}	地下水中污染物浓度 (concentrations of contaminants in groundwater)	mg/L	—	—
L_{gw}	地下水埋深 (depth of groundwater)	cm	—	—
f_{om}^*	土壤有机物含量 (organic matter content in soils)	g/kg	15	15
ρ_{b}^*	土壤容重 (soil bulk density)	$\mathrm{kg/dm^3}$	1.5	1.5
P_{ws}^*	土壤含水率 (soil water content)	kg/kg	0.2	0.2
ρ_{s}^*	土壤颗粒密度 (density of soil particulates)	$\mathrm{kg/dm^3}$	2.65	2.65

续表

参数符号	参数名称	单位	第一类用地推荐值	第二类用地推荐值
PM_{10}^*	空气中可吸入颗粒物含量 (content of inhalable particulates in ambient air)	mg/m³	0.119	0.119
U_{air}	混合区大气流速风速 (ambient air velocity in mixing zone)	cm/s	200	200
δ_{air}	混合区高度 (mixing zone height)	cm	200	200
W^*	污染源区宽度 (width of source-zone area)	cm	4000	4000
h_{cap}	土壤地下水交界处毛管层厚度 (capillary zone thickness)	cm	5	5
h_v	非饱和土层厚度 (vadose zone thickness)	cm	295	295
θ_{acap}	毛细管层孔隙空气体积比 (soil air content-capillary fringe zone)	无量纲	0.038	0.038
θ_{wcap}	毛细管层孔隙水体积比 (soil water content - capillary fringe zone)	无量纲	0.342	0.342
U_{gw}	地下水达西(Darcy)速率 (ground water Darcy velocity)	cm/a	2500	2500
δ_{gw}	地下水混合区厚度 (ground water mixing zone height)	cm	200	200
I	土壤中水的入渗速率 (water infiltration rate)	cm/a	30	30
θ_{acrack}	地基裂隙中空气体积比 (soil air content-soil filled foundation cracks)	无量纲	0.26	0.26
θ_{wcrack}	地基裂隙中水体积比 (soil water content-soil filled foundation cracks)	无量纲	0.12	0.12
L_{crack}	室内地基厚度 (thickness of enclosed-space foundation or wall)	cm	35	35
LB	室内空间体积与气态污染物入渗面积之比 (volume/infiltration area ratio of enclosed space)	cm	220	300
ER	室内空气交换速率 (air exchange rate of enclosed space)	次/天	12	20
η	地基和墙体裂隙表面积占室内地表面积比例 (areal fraction of cracks in foundations/walls)	无量纲	0.0005	0.0005

参数符号	参数名称	单位	第一类用地推荐值	第二类用地推荐值
τ	气态污染物入侵持续时间 (averaging time for vapor flux)	a	30	25
dP	室内室外气压差 (differential pressure between indoor and outdoor air)	$g/(cm \cdot s^2)$	0	0
K_v	土壤透性系数 (soil permeability)	cm^2	1.0×10^{-8}	1.0×10^{-8}
Z_{crack}	室内地面到地板底部厚度 (depth to bottom of slab)	cm	35	35
X_{crack}	室内地板周长 (slab perimeter)	cm	3400	3400
A_b	室内地板面积 (slab area)	cm^2	700000	700000
ED_a	成人暴露期 (exposure duration of adults)	a	24	25
ED_c	儿童暴露期 (exposure duration of children)	a	6	—
EF_a	成人暴露频率 (exposure frequency of adults)	d/a	350	250
EF_c	儿童暴露频率 (exposure frequency of children)	d/a	350	—
EFI_a	成人室内暴露频率 (indoor exposure frequency of adults)	d/a	262.5	187.5
EFI_c	儿童室内暴露频率 (indoor exposure frequency of children)	d/a	262.5	—
EFO_a	成人室外暴露频率 (outdoor exposure frequency of adults)	d/a	87.5	62.5
EFO_c	儿童室外暴露频率 (outdoor exposure frequency of children)	d/a	87.5	—
BW_a	成人平均体重 (average body weight of adults)	kg	61.8	61.8
BW_c	儿童平均体重 (average body weight of children)	kg	19.2	—
H_a	成人平均身高 (average height of adults)	cm	161.5	161.5

续表

参数符号	参数名称	单位	第一类用地推荐值	第二类用地推荐值
H_c	儿童平均身高 (average height of children)	cm	113.15	—
$DAIR_a$	成人每日空气吸入量 (daily air inhalation rate of adults)	m³/d	14.5	14.5
$DAIR_c$	儿童每日空气吸入量 (daily air inhalation rate of children)	m³/d	7.5	—
$GWCR_a$	成人每日饮水量 (daily groundwater consumption rate of adults)	L/d	1.0	1.0
$GWCR_c$	儿童每日饮水量 (daily groundwater consumption rate of children)	L/d	0.7	0.7
$OSIR_a$	成人每日摄入土壤量 (daily oral ingestion rate of soils of adults)	mg/d	100	100
$OSIR_c$	儿童每日摄入土壤量 (daily oral ingestion rate of soils of children)	mg/d	200	—
E_v	每日皮肤接触事件频率 (daily exposure frequency of dermal contact event)	次/天	1	1
fspi	室内空气中来自土壤的颗粒物所占比例 (fraction of soil-borne particulates in indoor air)	无量纲	0.8	0.8
fspo	室外空气中来自土壤的颗粒物所占比例 (fraction of soil-borne particulates in outdoor air)	无量纲	0.5	0.5
SAF	暴露于土壤的参考剂量分配比例 (soil allocation factor)	无量纲	0.33(挥发性有机物)/0.5(其他污染物)	0.33(挥发性有机物)/0.5(其他污染物)
WAF	暴露于地下水的参考剂量分配比例 (groundwater allocation factor)	无量纲	0.33(挥发性有机物)/0.5(其他污染物)	0.33(挥发性有机物)/0.5(其他污染物)
SER_a	成人暴露皮肤所占体表面积比 (skin exposure ratio of adults)	无量纲	0.32	0.18
SER_c	儿童暴露皮肤所占体表面积比 (skin exposure ratio of children)	无量纲	0.36	—
$SSAR_a$	成人皮肤表面土壤黏附系数 (adherence rate of soil on skin for adults)	mg/cm²	0.07	0.2
$SSAR_c$	儿童皮肤表面土壤黏附系数 (adherence rate of soil on skin for children)	mg/cm²	0.2	—

续表

参数符号	参数名称	单位	第一类用地推荐值	第二类用地推荐值
PIAF	吸入土壤颗粒物在体内滞留比例 (retention fraction of inhaled particulates in body)	无量纲	0.75	0.75
ABS_o	经口摄入吸收因子 (absorption factor of oral ingestion)	无量纲	1	1
ACR	单一污染物可接受致癌风险 (acceptable cancer risk for individual contaminant)	无量纲	1.0×10^{-6}	1.0×10^{-6}
AHQ	可接受危害商 (acceptable hazard quotient for individual contaminant)	无量纲	1	1
AT_{ca}	致癌效应平均时间 (average time for carcinogenic effect)	d	27740	27740
AT_{nc}	非致癌效应平均时间 (average time for non-carcinogenic effect)	d	2190	9125

注:"—"表示参数值需结合实际场地确定或该用地方式下参数值不适用,"＊"表示具体场地风险评估采用场地实际值。

2. 铅污染物的暴露评估模型参数

采用儿童血铅模型(IEUBK 模型)计算未来暴露情景下儿童血铅浓度将用到众多暴露参数(表 5.4)及 ALM 参数(表 5.5)并进行本地化处理。据相关文献中的统计资料,我国妇女血铅含量范围为 $2.25 \sim 6.69 \ \mu g/dL$,相应的几何标准差在 1.24 ± 1.84 之间。综合国内各类文献研究,育龄妇女的血铅含量实测统计几何平均值为 $4.79 \ \mu g/dL$ 时;育龄妇女的血铅含量实测统计几何均值为 $351 \ \mu g/dL$ 时,其相应的几何标准差为 1.72。EFs 也根据我国实际情况,商业用地情况下主要暴露人群为成人,除去正常双休日和其他国家法定节假日,暴露频率约为 250 d/a;国家标准《生活饮用水卫生标准》(GB 5749—2022)对铅的最高允许含量为 0.01 mg/L,在推导居住用地土壤环境铅基准时,选定铅浓度 $6 \ \mu g/L$ 为饮水中铅含量默认值;《食品安全国家标准 食品中污染物限量》(GB 2762—2022)对各类食品中铅的含量作了限定,其中婴儿配方食品中铅的最高限量为 0.08 mg/kg,FAO/WHO 规定铅的每周最高允许摄入量(以体重计)为 $25 \ \mu g/kg$。

表 5.4　IEUBK 模型参数

参 数 名 称	符号	单位	取值	参数来源
儿童血铅含量 95% 概率目标值	$PbB_{fetal,0.95,goal}$	$\mu g/dL$	10	USEPA
儿童血铅浓度几何标准差	$GSD_{i,child}$	$\mu g/L$	1.38	文献参考
根据设定目标血铅浓度时保护人群的概率水平取值	n	—	1.645	USEPA
胎儿与母亲血铅含量相关系数	$R_{fetal/maternal}$	—	0.9	USEPA
暴露于铅污染场地的孕妇血铅平均含量目标值	$PbB_{adult,central,goal}$	$\mu g/L$	5.830113	中间参数
无铅暴露时育龄妇女的血铅浓度背景值	$PbB_{adult,0}$	$\mu g/dL$	4.79	文献参考

续表

参 数 名 称	符号	单位	取值	参数来源
长期暴露平均时间	AT	d	365	USEPA
血铅浓度与每日摄入体内铅含量的斜率系数	BKSF	d/dL	0.4	USEPA
每日摄入土壤的量	IR_s	g/d	0.05	USEPA
胃肠对摄入体内的铅的吸收率	AF_s	—	0.12	USEPA
平均每年暴露于铅污染场景的天数	EF_s	d/a	250	文献参考
空气中铅含量	—	$\mu g/m^3$	0.147	文献参考
食品中铅摄入量	—	$\mu g/d$	10.25	文献参考
饮用水中铅含量	—	$\mu g/L$	6	文献参考

表 5.5　ALM 参数

参 数 名 称	符号	单位	取值
基于人体健康风险的土壤铅环境基准值	PbC/PbS	mg/kg	—
暴露于铅污染场地的孕妇血铅平均含量目标值	$PbB_{adult,central,goal}$	$\mu g/L$	—
无铅暴露时育龄妇女的血铅浓度背景值	$PbB_{adult,0}$	$\mu g/L$	1.7～2.2
长期暴露平均时间	AT	d	365
血铅浓度与每日摄入体内铅含量的斜率系数	BKSF	d/dL	0.4
每日摄入土壤的量	IR_s	g/d	0.05
胃肠对摄入体内铅的吸收效率	AF_s	—	0.12
平均每年暴露于铅污染场景的天数	EF_s	d/a	219～250
胎儿血铅含量的 95% 概率目标值	$PbB_{fetal,0.95,goal}$	$\mu g/dL$	10
育龄妇女血铅含量几何标准差	$GSD_{i,adult}$	—	2.0～2.3
胎儿与母亲血铅含量相关系数	$R_{fetal/maternal}$	—	0.9
根据设定目标血铅浓度时保护人群的概率水平取值	n	—	1.645

5.4.5　毒性评估

1. 关注污染物的健康效应

场地风险评估过程是评估受体长期暴露于污染源下的长期健康风险,因此常用污染物的慢性毒性效应来衡量场地风险水平。通常认为慢性毒性效应分为非致癌效应和致癌效应两大类型。毒理学研究表明,非致癌效应存在阈值,即有毒有害物质欲对人体造成危害,必须有一个最小剂量/浓度,当暴露剂量/浓度小于该阈值时,不认为该有毒有害物质会对人体健康造成可探查到的危害。

根据《建设用地土壤污染风险评估技术导则》(HJ 25.3—2019),选择非致癌风险的参考值,分别用呼吸吸入参考浓度(RfC)、呼吸吸入参考剂量(RfD$_i$)、经口摄入参考剂量(RfD$_o$)和皮肤接触参考剂量(RfD$_d$)。RfD$_d$由于在毒理学实验中难以直接获得,通常采用从 RfD$_o$ 推导的数据。对非致癌风险的量化评估指标为危害商,即暴露剂量/浓度与参考剂量/浓度的比值,当危害商小于 1 时,可认为该剂量/浓度不会导致人体健康风险。致癌风险的特点是不存在类似于非致癌性风险的阈值,即任何剂量/浓度致癌物均有可能导致患癌风险,致癌风险体现为增加患癌风险的可能性。暴露剂量/浓度越高,增加患癌风险的可能性越大,其风险量化指标一般分两个部分:一是致癌证据等级,二是致癌斜率因子。

(1) 证据等级是对其致癌能力的可信度的分级,USEPA 综合风险信息系统(IRIS)将致癌物分为 A、B、C、D 和 E 五类。A 类为确定的人类致癌物,表示有足够的流行病学研究来证实接触剂量与致癌的因果关系;B 类为很可能的人类致癌物,包括由流行病学研究得到的人类致癌证据从"足够"到"不足"的物质,又分为 B_1 和 B_2 两类,其中 B_1 类为有限的人类证据证明具有致癌性的物质,B_2 类为动物实验证据充分而人类证据不充分或无证据的物质;C 类为可能的人类致癌物;D 类为尚不能进行人类致癌分类的物质;E 类为有对人类无致癌性证据的物质。同时,USEPA 根据致癌效应,将致癌物分为有诱导基因突变可能的致癌物(mutagen)和非诱导基因突变的致癌物。

(2) 与非致癌效应类似,USEPA 采用经口摄入致癌斜率因子(SF_o)、皮肤接触致癌斜率因子(SF_d)和呼吸吸入单位致癌风险(IUR)作为致癌效应食入、皮肤吸收和呼吸等三种途径致癌效应的量度。对致癌风险的量化评估指标为风险水平,即暴露剂量/浓度与致癌斜率因子/单位致癌风险因子(SF/IUR)的乘积,当风险水平小于可接受的风险水平时,可认为风险是可接受的。污染物毒性常用污染物对人体产生的不良效应以剂量-反应关系表示。关注污染因子的毒性参数包括各途径吸收致癌斜率因子、各途径吸收参考剂量、呼吸吸入参考浓度、呼吸吸入致癌斜率因子等。部分毒性参数之间可通过以下计算公式转换得到。

① 呼吸吸入致癌斜率因子和呼吸吸入参考剂量由以下公式计算:

$$SF_i = \frac{IUR \times BW_a}{DAIR_a} \tag{5.80}$$

$$RfD_i = \frac{RfC \times DAIR_a}{BW_a} \tag{5.81}$$

式中:SF_i——呼吸吸入致癌斜率因子,$kg \cdot d/mg$;

RfD_i——呼吸吸入参考剂量,$mg/(kg \cdot d)$;

IUR——呼吸吸入单位致癌因子,m^3/mg;

RfC——呼吸吸入参考浓度,mg/m^3。

② 皮肤接触致癌斜率因子和皮肤接触参考剂量采用以下公式计算:

$$SF_d = \frac{SF_o}{ABS_{gi}} \tag{5.82}$$

$$RfD_d = RfD_o \times ABS_{gi} \tag{5.83}$$

式中:SF_d——皮肤接触致癌斜率因子,$kg \cdot d/mg$;

SF_o——经口摄入致癌斜率因子,$kg \cdot d/mg$;

RfD_d——皮肤接触参考剂量,$mg/(kg \cdot d)$;

RfD_o——经口摄入参考剂量,$mg/(kg \cdot d)$;

ABS_{gi}——消化道吸收效率因子,无量纲。

2. 污染物的毒性参数和理化参数

关注污染物的毒性参数和理化参数值应参考《建设用地土壤污染风险评估技术导则》(HJ 25.3—2019)。HJ 25.3—2019 未规定的,可参考国内地方风险评估技术导则推荐的参数值;HJ 25.3—2019 和地方风险评估技术导则均未规定的,可引用国际权威机构发布的具有较高认可度的参数值。表 5.6 中列举了部分污染物参数,污染物参数可查询污染场地风险评估电

表 5.6　污染物理化和毒性参数（示例）

序号	中文名	CAS 编号	H'	数据来源	D_a	数据来源	D_w	数据来源	K_{oc}	数据来源	S	数据来源	Sf_o	数据来源	IUR	数据来源	RfD_o	数据来源	RfC	数据来源	ABS_o	数据来源	ABS_d	数据来源	皮肤渗透系数
1	丁酰肼	1596-84-5	1.7E-08	EPI	6.4E-02	WATER 9 (U.S. EPA, 2001)	7.5E-06	WATER 9 (U.S. EPA, 2001)	1.0E+01	EPI	1.0E+05	PHYSPROP	1.8E-02	C	5.1E-03	C	1.5E-01				1		0.1		
2	十溴二苯醚	1163-19-5	4.9E-07	PHYSPROP	1.9E-02	WATER 9 (U.S. EPA, 2001)	4.8E-06	WATER 9 (U.S. EPA, 2001)	2.8E+05	EPI	1.0E-04	PHYSPROP	7.00E-04	I			7.00E-03	1			1		0.1		
3	内吸磷	8065-48-3	1.6E-04	PHYSPROP	1.6E-02	WATER 9 (U.S. EPA, 2001)	3.8E-06	WATER 9 (U.S. EPA, 2001)			6.7E+02	PHYSPROP					4.00E-05	1			1		0.1		
4	己二酸二(2-乙基己)酯	103-23-1	1.8E-05	PHYSPROP	1.7E-02	WATER 9 (U.S. EPA, 2001)	4.2E-06	WATER 9 (U.S. EPA, 2001)	3.6E+04	EPI	7.8E+01	PHYSPROP	1.20E-03	I			6.00E-01	1			1		0.1		
5	燕麦敌	2303-16-4	1.6E-04	EPI	4.5E-02	WATER 9 (U.S. EPA, 2001)	5.3E-06	WATER 9 (U.S. EPA, 2001)	6.4E+02	EPI	1.4E+01	PHYSPROP	6.10E-02	H							1		0.1		
6	三嗪磷	333-41-5	4.6E-06	PHYSPROP	2.1E-02	WATER 9 (U.S. EPA, 2001)	5.2E-06	WATER 9 (U.S. EPA, 2001)	3.0E+03	EPI	4.0E+01	PHYSPROP					9.00E-04	H			1		0.1		
7	二苯并噻吩	132-65-0	1.4E-03	EPI	3.6E-02	WATER 9 (U.S. EPA, 2001)	7.6E-06	WATER 9 (U.S. EPA, 2001)	9.2E+03	EPI	1.5E+00	PHYSPROP					1.00E-02	X			1				
8	1,2-二溴-3-氯丙烷	96-12-8	6.0E-03	PHYSPROP	3.2E-02	WATER 9 (U.S. EPA, 2001)	8.9E-06	WATER 9 (U.S. EPA, 2001)	1.2E+02	EPI	1.2E+03	PHYSPROP	8.0E-01	P	6.0E+00	P	2.0E-04	P	2.0E-04	P	1				
9	1,3-二溴苯	108-36-1	5.1E-02	EPI	3.1E-02	WATER 9 (U.S. EPA, 2001)	8.5E-06	WATER 9 (U.S. EPA, 2001)	3.8E+02	EPI	6.8E+01	PHYSPROP					4.00E-04	X			1				
10	1,4-二溴苯	106-37-6	3.7E-02	EPI	3.3E-02	WATER 9 (U.S. EPA, 2001)	9.3E-06	WATER 9 (U.S. EPA, 2001)	3.8E+02	EPI	2.0E+01	PHYSPROP					1.0E-02	1			1				
11	二溴甲烷	74-95-3	3.4E-02	PHYSPROP	5.5E-02	WATER 9 (U.S. EPA, 2001)	1.2E-05	WATER 9 (U.S. EPA, 2001)	2.2E+01	EPI	1.2E+04	PHYSPROP					6.00E-02	I	4.00E-03	X	1				

续表

序号	中文名	CAS编号	H'	数据来源	D_a	数据来源	D_w	数据来源	K_{oc}	数据来源	S	数据来源	Sf_o	数据来源	IUR	数据来源	RfD_o	数据来源	RfC	数据来源	ABS_d	数据来源	ABS_{gi}	皮肤渗透系数
12	二丁基化合物	E1790660																						
13	麦草畏	1918-00-9	8.9E-08	EPI	2.9E-02	WATER 9 (U.S. EPA, 2001)	7.8E-06	WATER 9 (U.S. EPA, 2001)	2.9E+01	EPI	8.3E+03	PHYSPROP					3.00E-04	P			0.1	1	0.1	
14	1,4-二氯-2-丁烯	764-41-0	3.5E-01	PHYSPROP	6.7E-02	WATER 9 (U.S. EPA, 2001)	9.3E-06	WATER 9 (U.S. EPA, 2001)	1.3E+02	EPI	5.8E+02	PHYSPROP			4.20E+00	P						1		
15	顺式-1,4-二氯-2-丁烯	1476-11-5	2.7E-02	EPI	6.7E-02	WATER 9 (U.S. EPA, 2001)	9.3E-06	WATER 9 (U.S. EPA, 2001)	1.3E+02	EPI	5.8E+02	PHYSPROP			4.20E+00	P						1		
16	反式-1,4-二氯-2-丁烯	110-57-6	2.7E-02	EPI	6.6E-02	WATER 9 (U.S. EPA, 2001)	9.3E-06	WATER 9 (U.S. EPA, 2001)	1.3E+02	EPI	8.5E+02	PHYSPROP			4.20E+00	P						1		
17	二氯乙酸	79-43-6	3.4E-07	PHYSPROP	7.2E-02	WATER 9 (U.S. EPA, 2001)	1.1E-05	WATER 9 (U.S. EPA, 2001)	2.3E+00	EPI	1.0E+06	PHYSPROP	5.00E-02	1			4.00E-03	1			0.1	1	0.1	
18	4,4'-二氯二苯甲酮	90-98-2	4.4E-05	PHYSPROP	2.6E-02	WATER 9 (U.S. EPA, 2001)	6.9E-06	WATER 9 (U.S. EPA, 2001)	2.9E+03	EPI	8.3E-01	PHYSPROP					9.00E-03	X				1		
19	二氯二氟甲烷	75-71-8	1.4E+01	PHYSPROP	7.6E-02	WATER 9 (U.S. EPA, 2001)	1.1E-05	WATER 9 (U.S. EPA, 2001)	4.4E+01	EPI	2.8E+02	PHYSPROP					2.00E-01	X	1.00E-01	X		1		0.009

备注：

(1) Sf_o 为经口摄入致癌斜率因子,(kg·d)/mg;IUR 为呼吸吸入单位致癌风险,m³/kg;RfD_o 为经口摄入参考剂量,mg/(kg·d);RfC 为呼吸吸入参考浓度,mg/m³;ABS_{gi} 为消化道吸收效率因子,无量纲;ABS_d 为皮肤吸收效率因子,无量纲;H' 为亨利常数,无量纲;D_a 为空气中扩散系数,cm²/s;K_{oc} 为土壤有机碳分配系数,cm³/g;S 为水中溶解度,mg/L;皮肤渗透系数,cm/h。

(2) "I"代表数据来自美国环保署"综合风险信息系统(USEPA Integrated Risk Information System)","RSL"代表数据来自美国环保署"区域筛选值(Regional Screening Levels)总表"污染物毒性数据(2018 年 5 月发布),"P"代表数据来自美国环保署"临时性同行审定毒性数据(The Provisional Peer Reviewed Toxicity Values)","EPI"代表数据来自美国环保署"估算程序界面系统(Estimation Program Interface Suite)"数据,"WATER9"代表数据来自美国环保署"废水处理模型(the wastewater treatment model)"数据,"PHYSPROP"代表"化学品性质数据库/物理/化学性质数据库(Physical/Chemical Property Database)"。

(3) 表中亨利常数(H')等理化参数为常温条件下的参数值。

子表格 2022 年 5 月 31 日，表格中已更新 973 个污染物参数信息。

5.4.6　风险表征

1. 除铅污染物外的风险表征模型

风险表征计算的风险值包括单一污染物的致癌风险值、所有关注污染物的总致癌风险值、单一污染物的危害商（非致癌风险值）和多个关注污染物的危害商（非致癌风险值）。

非致癌物：每种暴露途径（如经口摄入、皮肤接触或空气吸入）推导的日均暴露剂量（average daily exposure，ADE）之和与参考剂量相除（ADE/RfD）得到危害指数（hazard index，HI），这个过程通常被称为正向计算（forward calculation）。若危害指数小于等于 1，说明不会产生健康危害；若危害指数大于 1，说明有潜在危害的可能性，需要更深入的调查与评估。

致癌物：每种暴露途径（如经口摄入、皮肤接触或空气吸入）推导的 ADE 之和与致癌斜率因子相乘（ADE×SF）得到风险值（Risk）。若风险值小于等于目标风险（10^{-6}），说明致癌风险可以接受；若风险值大于目标风险，说明有潜在致癌风险的可能性，需要进行更深入的调查与评估。

2. 铅污染物的风险表征模型

第一类用地的铅风险计算模型采用 IEUBK 模型，计算儿童血铅浓度超过 10 μg/L（限值）的概率。

第二类用地的铅风险计算模型采用成人血铅模型（ALM），通过胎儿与母亲血铅含量比例系数，评价成人孕妇在土壤铅胁迫下，引起胎儿血铅含量超过 10 μg/L（限值）的概率。

5.4.7　风险表征计算模型

下面主要介绍除铅污染物外的风险表征模型。

1. 土壤中单一污染物致癌风险

（1）经口摄入土壤途径的致癌风险采用公式（5.84）计算：

$$CR_{ois} = OISER_{ca} \times C_{sur} \times SF_o \tag{5.84}$$

式中：CR_{ois}——经口摄入土壤途径的致癌风险，无量纲；

C_{sur}——表层土壤中污染物浓度，mg/kg。

（2）皮肤接触土壤途径的致癌风险采用公式（5.85）计算：

$$CR_{dcs} = DCSER_{ca} \times C_{sur} \times SF_d \tag{5.85}$$

式中：CR_{dcs}——皮肤接触土壤途径的致癌风险，无量纲。

（3）吸入土壤颗粒物途径的致癌风险采用公式（5.86）计算：

$$CR_{pis} = PISER_{ca} \times C_{sur} \times SF_i \tag{5.86}$$

式中：CR_{pis}——吸入土壤颗粒物途径的致癌风险，无量纲。

（4）吸入室外空气中来自表层土壤的气态污染物途径的致癌风险，采用公式（5.87）计算：

$$CR_{iov1} = IOVER_{ca1} \times C_{sur} \times SF_i \tag{5.87}$$

式中：CR_{iov1}——吸入室外空气中来自表层土壤的气态污染物途径的致癌风险，无量纲。

（5）吸入室外空气中来自下层土壤的气态污染物途径的致癌风险，采用公式（5.88）计算：

$$CR_{iov2} = IOVER_{ca2} \times C_{sub} \times SF_i \tag{5.88}$$

式中：CR_{iov2}——吸入室外空气中来自下层土壤的气态污染物途径的致癌风险，无量纲；

C_{sub}——下层土壤中污染物浓度，mg/kg。

（6）吸入室内空气中来自下层土壤的气态污染物途径的致癌风险，采用公式（5.89）计算：

$$CR_{iiv1} = IIVER_{ca1} \times C_{sub} \times SF_i \tag{5.89}$$

式中：CR_{iiv1}——吸入室内空气中来自下层土壤的气态污染物途径的致癌风险，无量纲。

（7）土壤中单一污染物经所有暴露途径的总致癌风险采用公式（5.90）计算：

$$CR_n = CR_{ois} + CR_{dcs} + CR_{pis} + CR_{iov1} + CR_{iov2} + CR_{iiv1} \tag{5.90}$$

式中：CR_n——土壤中单一污染物（第 n 种）经所有暴露途径的总致癌风险，无量纲。

2. 土壤中单一污染物危害商

（1）经口摄入土壤途径的危害商采用公式（5.91）计算：

$$HQ_{ois} = \frac{OISER_{nc} \times C_{sur}}{RfD_o \times SAF} \tag{5.91}$$

式中：HQ_{ois}——经口摄入土壤途径的危害商，无量纲；

SAF——暴露于土壤的参考剂量分配系数，无量纲。

（2）皮肤接触土壤途径的非致癌风险的危害商采用公式（5.92）计算：

$$HQ_{dcs} = \frac{DCSER_{nc} \times C_{sur}}{RfD_d \times SAF} \tag{5.92}$$

式中：HQ_{dcs}——皮肤接触土壤途径的危害商，无量纲。

（3）吸入土壤颗粒物途径的非致癌风险的危害商采用公式（5.93）计算：

$$HQ_{pis} = \frac{PISER_{nc} \times C_{sur}}{RfD_i \times SAF} \tag{5.93}$$

式中：HQ_{pis}——吸入土壤颗粒物途径的危害商，无量纲。

（4）吸入室外空气中来自表层土壤的气态污染物途径的危害商，采用公式（5.94）计算：

$$HQ_{iov1} = \frac{IOVER_{nc1} \times C_{sur}}{RfD_i \times SAF} \tag{5.94}$$

式中：HQ_{iov1}——吸入室外空气中来自表层土壤的气态污染物途径的危害商，无量纲。

（5）吸入室外空气中来自下层土壤的气态污染物途径的危害商，采用公式（5.95）计算：

$$HQ_{iov2} = \frac{IOVER_{nc2} \times C_{sub}}{RfD_i \times SAF} \tag{5.95}$$

式中：HQ_{iov2}——吸入室外空气中来自下层土壤的气态污染物途径的危害商，无量纲。

（6）吸入室内空气中来自下层土壤的气态污染物途径的危害商，采用公式（5.96）计算：

$$HQ_{iiv1} = \frac{IIVER_{nc1} \times C_{sub}}{RfD_i \times SAF} \tag{5.96}$$

式中：HQ_{iiv1}——吸入室内空气中来自下层土壤的气态污染物途径的危害商，无量纲。

（7）土壤中单一污染物经所有暴露途径的危害指数采用公式（5.97）计算：

$$HI_n = HQ_{ois} + HQ_{dcs} + HQ_{pis} + HQ_{iov1} + HQ_{iov2} + HQ_{iiv1} \tag{5.97}$$

式中：HI_n——土壤中单一污染物（第 n 种）经所有暴露途径的危害指数，无量纲。

3. 地下水中单一污染物致癌风险

（1）吸入室外空气中来自地下水的气态污染物途径的致癌风险，采用公式（5.98）计算：

$$CR_{iov3} = IOVER_{ca3} \times C_{gw} \times SF_i \tag{5.98}$$

式中：CR_{iov3}——吸入室外空气中来自地下水的气态污染物途径的致癌风险，无量纲；

C_{gw}——地下水中污染物浓度，mg/L。

（2）吸入室内空气中来自地下水的气态污染物途径的致癌风险，采用公式（5.99）计算：

$$CR_{iiv2} = IIVER_{ca2} \times C_{gw} \times SF_i \qquad (5.99)$$

式中：CR_{iiv2}——吸入室内空气中来自地下水的气态污染物途径的致癌风险，无量纲。

（3）经口摄入地下水途径的致癌风险采用公式（5.100）计算：

$$CR_{cgw} = CGWER_{ca} \times C_{gw} \times SF_o \qquad (5.100)$$

式中：CR_{cgw}——经口摄入地下水途径的致癌风险，无量纲。

（4）皮肤接触地下水途径的致癌风险采用公式（5.101）计算：

$$CR_{dgw} = DGWER_{ca} \times SF_d \qquad (5.101)$$

式中：CR_{dgw}——皮肤接触地下水途径的致癌风险，无量纲。

（5）地下水中单一污染物经所有暴露途径的总致癌风险采用公式（5.102）计算：

$$CR_n = CR_{iov3} + CR_{iiv2} + CR_{cgw} + CR_{dgw} \qquad (5.102)$$

式中：CR_n——地下水中单一污染物（第 n 种）经所有暴露途径的总致癌风险，无量纲。

4. 地下水中单一污染物危害商

（1）吸入室外空气中来自地下水的气态污染物途径的危害商，采用公式（5.103）计算：

$$HQ_{iov3} = \frac{IOVER_{nc3} \times C_{gw}}{RfD_i \times WAF} \qquad (5.103)$$

式中：HQ_{iov3}——吸入室外空气中来自地下水的气态污染物途径的危害商，无量纲；

　WAF——暴露于地下水的参考剂量分配比例，无量纲。

（2）吸入室内空气中来自地下水的气态污染物途径的危害商，采用公式（5.104）计算：

$$HQ_{iiv2} = \frac{IIVER_{nc2} \times C_{gw}}{RfD_i \times WAF} \qquad (5.104)$$

式中：HQ_{iiv2}——吸入室内空气中来自地下水的气态污染物途径的危害商，无量纲。

（3）经口摄入地下水途径的危害商采用公式（5.105）计算：

$$HQ_{cgw} = \frac{CGWER_{nc} \times C_{gw}}{RfD_o \times WAF} \qquad (5.105)$$

式中：

　HQ_{cgw}——经口摄入地下水途径的危害商，无量纲。

（4）皮肤接触地下水途径的危害商，采用公式（5.106）计算：

$$HQ_{dgw} = \frac{DGWER_{nc}}{RfD_d} \qquad (5.106)$$

式中：HQ_{dgw}——皮肤接触地下水途径的危害商，无量纲。

（5）地下水中单一污染物经所有暴露途径的危害指数采用公式（5.107）计算：

$$HI_n = HQ_{iov3} + HQ_{iiv2} + HQ_{cgw} + HQ_{dgw} \qquad (5.107)$$

式中：HI_n——地下水中单一污染物（第 n 种）经所有暴露途径的危害指数，无量纲。

5.4.8　不确定性分析

由于土壤环境的复杂性，风险评价环境的复杂性，本风险评价中也存在较大的不确定性，这些不确定性会对评价结果造成较大的影响。该不确定性包括选用模型的适用性、模型的设定条件与实际条件的差异、数据本身的变异性（variability），采用的模型或参数的不确定性（uncertainty）。

1. 暴露风险贡献率分析

单一污染物经不同暴露途径致癌和非致癌风险贡献率，分别采用公式（5.108）和公式

(5.109)计算：

$$PCR_i = \frac{CR_i}{CR_n} \times 100\%$$ (5.108)

$$PHQ_i = \frac{HQ_i}{HI_n} \times 100\%$$ (5.109)

式中：CR_i——单一污染物经第 i 种暴露途径的致癌风险，无量纲；

PCR_i——单一污染物经第 i 种暴露途径致癌风险贡献率，无量纲；

HQ_i——单一污染物经第 i 种暴露途径的危害商，无量纲；

PHQ_i——单一污染物经第 i 种暴露途径非致癌风险贡献率，无量纲。

2. 模型参数敏感性分析

模型参数（P）敏感性比例，可采用公式（5.110）计算：

$$SR = \frac{\dfrac{X_2 - X_1}{X_1}}{\dfrac{P_2 - P_1}{P_1}} \times 100\%$$ (5.110)

式中：SR——模型参数敏感性比例，无量纲；

P_1——模型参数 P 变化前的数值；

P_2——模型参数 P 变化后的数值；

X_1——按 P_1 计算的致癌风险或危害商，无量纲；

X_2——按 P_2 计算的致癌风险或危害商，无量纲。

5.4.9　风险控制值计算模型

下面主要介绍除铅污染物外的风险表征模型。

1. 基于致癌效应的土壤风险控制值

（1）基于经口摄入土壤途径致癌效应的土壤风险控制值，采用公式（5.111）计算：

$$RCVS_{ois} = \frac{ACR}{OISER_{ca} \times SF_o}$$ (5.111)

式中：$RCVS_{ois}$——基于经口摄入土壤途径致癌效应的土壤风险控制值，mg/kg；

ACR——可接受致癌风险，无量纲，取值为 10^{-6}。

（2）基于皮肤接触土壤途径致癌效应的土壤风险控制值，采用公式（5.112）计算：

$$RCVS_{dcs} = \frac{ACR}{DCSER_{ca} \times SF_d}$$ (5.112)

式中：$RCVS_{dcs}$——基于皮肤接触土壤途径致癌效应的土壤风险控制值，mg/kg。

（3）基于吸入土壤颗粒物途径致癌效应的土壤风险控制值，采用公式（5.113）计算：

$$RCVS_{pis} = \frac{ACR}{PISER_{ca} \times SF_i}$$ (5.113)

式中：$RCVS_{pis}$——基于吸入土壤颗粒物途径致癌效应的土壤风险控制值，mg/kg。

（4）基于吸入室外空气中来自表层土壤的气态污染物途径致癌效应的土壤风险控制值，采用公式（5.114）计算：

$$RCVS_{iov1} = \frac{ACR}{IOVER_{ca1} \times SF_i}$$ (5.114)

式中：$RCVS_{iov1}$——基于吸入室外空气中来自表层土壤的气态污染物途径致癌效应的土壤风

险控制值,mg/kg。

(5) 基于吸入室外空气中来自下层土壤的气态污染物途径致癌效应的土壤风险控制值,采用公式(5.115)计算:

$$RCVS_{iov2} = \frac{ACR}{IOVER_{ca2} \times SF_i} \tag{5.115}$$

式中:$RCVS_{iov2}$——基于吸入室外空气中来自下层土壤的气态污染物途径致癌效应的土壤风险控制值,mg/kg。

(6) 基于吸入室内空气中来自下层土壤的气态污染物途径致癌效应的土壤风险控制值,采用公式(5.116)计算:

$$RCVS_{iiv} = \frac{ACR}{IIVER_{ca1} \times SF_i} \tag{5.116}$$

式中:$RCVS_{iiv}$——基于吸入室内空气中来自下层土壤的气态污染物途径致癌效应的土壤风险控制值,mg/kg。

(7) 基于 6 种土壤暴露途径综合致癌效应的土壤风险控制值,采用公式(5.117)计算:

$$RCVS_n = \frac{ACR}{OISER_{ca} \times SF_o + DCSER_{ca} \times SF_d + (PISER_{ca} + IOVER_{ca1} + IOVER_{ca2} + IIVER_{ca1}) \times SF_i} \tag{5.117}$$

式中:$RCVS_n$——单一污染物(第 n 种)基于 6 种土壤暴露途径综合致癌效应的土壤风险控制值,mg/kg。

2. 基于非致癌效应的土壤风险控制值

(1) 基于经口摄入土壤途径非致癌效应的土壤风险控制值,采用公式(5.118)计算:

$$HCVS_{ois} = \frac{RfD_o \times SAF \times AHQ}{OISER_{nc}} \tag{5.118}$$

式中:$HCVS_{ois}$——基于经口摄入土壤途径非致癌效应的土壤风险控制值,mg/kg;

　　AHQ——可接受危害商,无量纲,取值为 1。

(2) 基于皮肤接触土壤途径非致癌效应的土壤风险控制值,采用公式(5.119)计算:

$$HCVS_{dcs} = \frac{RfD_d \times SAF \times AHQ}{DCSER_{nc}} \tag{5.119}$$

式中:$HCVS_{dcs}$——基于皮肤接触土壤途径非致癌效应的土壤风险控制值,mg/kg。

(3) 基于吸入土壤颗粒物途径非致癌效应的土壤风险控制值,采用公式(5.120)计算:

$$HCVS_{pis} = \frac{RfD_i \times SAF \times AHQ}{PISER_{nc}} \tag{5.120}$$

式中:$HCVS_{pis}$——基于吸入土壤颗粒物途径非致癌效应的土壤风险控制值,mg/kg。

(4) 基于吸入室外空气中来自表层土壤的气态污染物途径非致癌效应的土壤风险控制值,采用公式(5.121)计算:

$$HCVS_{iov1} = \frac{RfD_i \times SAF \times AHQ}{IOVER_{nc1}} \tag{5.121}$$

式中:$HCVS_{iov1}$——基于吸入室外空气中来自表层土壤的气态污染物途径非致癌效应的土壤风险控制值,mg/kg。

(5) 基于吸入室外空气中来自下层土壤的气态污染物途径非致癌效应的土壤风险控制值,采用公式(5.122)计算:

$$HCVS_{iov2} = \frac{RfD_i \times SAF \times AHQ}{IOVER_{nc2}} \tag{5.122}$$

式中：$HCVS_{iov2}$——基于吸入室外空气中来自下层土壤的气态污染物途径非致癌效应的土壤风险控制值，mg/kg。

（6）基于吸入室内空气中来自下层土壤的气态污染物途径非致癌效应的土壤风险控制值，采用公式（5.123）计算：

$$HCVS_{iiv} = \frac{RfD_i \times SAF \times AHQ}{IIVER_{nc1}} \tag{5.123}$$

式中：$HCVS_{iiv}$——基于吸入室内空气中来自下层土壤的气态污染物途径非致癌效应的土壤风险控制值，mg/kg。

（7）基于6种土壤暴露途径综合非致癌效应的土壤风险控制值，采用公式（5.124）计算：

$$HCVS_n = \frac{AHQ \times SAF}{\dfrac{OISER_{nc}}{RfD_o} + \dfrac{DCSER_{nc}}{RfD_d} + \dfrac{PISER_{nc} + IOVER_{nc1} + IOVER_{nc2} + IIVER_{nc1}}{RfD_i}} \tag{5.124}$$

式中：$HCVS_n$——单一污染物（第n种）基于6种土壤暴露途径综合非致癌效应的土壤风险控制值，mg/kg。

3. 保护地下水的风险控制值

保护地下水的风险控制值可采用公式（5.125）计算：

$$CVS_{pgw} = \frac{MCL_{gw}}{LF_{sgw}} \tag{5.125}$$

式中：CVS_{pgw}——保护地下水的土壤风险控制值，mg/L。

4. 基于致癌效应的地下水风险控制值

（1）基于吸入室外空气中来自地下水的气态污染物途径致癌效应的地下水风险控制值，可采用公式（5.126）计算：

$$RCVG_{iov} = \frac{ACR}{IOVER_{ca3} \times SF_i} \tag{5.126}$$

式中：$RCVG_{iov}$——基于吸入室外空气中来自地下水的气态污染物途径致癌效应的地下水风险控制值，mg/L。

（2）基于吸入室内空气中来自地下水的气态污染物途径致癌效应的地下水风险控制值，采用公式（5.127）计算：

$$RCVG_{iiv} = \frac{ACR}{IIVER_{ca2} \times SF_i} \tag{5.127}$$

式中：$RCVG_{iiv}$——基于吸入室内空气中来自地下水的气态污染物途径致癌效应的地下水风险控制值，mg/L。

（3）基于经口摄入地下水途径致癌效应的地下水风险控制值，采用公式（5.128）计算：

$$RCVG_{cgw} = \frac{ACR}{CGWER_{ca} \times SF_o} \tag{5.128}$$

式中：$RCVG_{cgw}$——基于经口摄入地下水途径致癌效应的地下水风险控制值，mg/L。

（4）基于皮肤接触地下水途径致癌效应的地下水风险控制值，采用公式（5.129）计算：

$$RCVG_{dgw} = \frac{ACR}{DGWER_{ca} \times SF_d} \tag{5.129}$$

式中：$RCVG_{dgw}$——基于皮肤接触致癌效应的地下水风险控制值，mg/L。

（5）基于 4 种地下水暴露途径综合致癌效应的地下水风险控制值，采用公式（5.130）计算：

$$RCVG_n = \frac{ACR}{(IOVER_{ca3} + IIVER_{ca2}) \times SF_i + CGWER_{ca} \times SF_o + DGWER_{ca} \times SF_d} \quad (5.130)$$

式中：$RCVG_n$——单一污染物（第 n 种）基于 4 种地下水暴露途径综合致癌效应的地下水风险控制值，mg/L。

5. 基于非致癌效应的地下水风险控制值

（1）基于吸入室外空气中来自地下水的气态污染物途径非致癌效应的地下水风险控制值，采用公式（5.131）计算：

$$HCVG_{iov} = \frac{RfD_i \times WAF \times AHQ}{IOVER_{nc3}} \quad (5.131)$$

式中：$HCVG_{iov}$——基于吸入室外空气中来自地下水的气态污染物途径非致癌效应的地下水风险控制值，mg/L。

（2）基于吸入室内空气中来自地下水的气态污染物途径非致癌效应的地下水风险控制值，采用公式（5.132）计算：

$$HCVG_{iiv} = \frac{RfD_i \times WAF \times AHQ}{IIVER_{nc2}} \quad (5.132)$$

式中：$HCVG_{iiv}$——基于吸入室内空气中来自地下水的气态污染物途径非致癌效应的地下水风险控制值，mg/L。

（3）基于经口摄入地下水途径非致癌效应的地下水风险控制值，根据公式（5.133）计算：

$$HCVG_{cgw} = \frac{RfD_o \times WAF \times AHQ}{CGWER_{nc}} \quad (5.133)$$

式中：$HCVG_{cgw}$——基于经口摄入地下水途径非致癌效应的地下水风险控制值，mg/L。

（4）基于皮肤接触地下水途径非致癌效应的地下水风险控制值，采用公式（5.134）计算：

$$HCVG_{dgw} = \frac{RfD_d \times AHQ}{DGWER_{nc}} \quad (5.134)$$

式中：$HCVG_{dgw}$——基于皮肤接触非致癌效应的地下水风险控制值，mg/L。

（5）基于 4 种地下水暴露途径综合非致癌效应的地下水风险控制值，采用公式（5.135）计算：

$$HCVG_n = \frac{WAF \times AHQ}{\dfrac{IOVER_{nc3} + IIVER_{nc2}}{RfD_i} + \dfrac{CGWER_{nc}}{RfD_o} + \dfrac{DGWER_{nc}}{RfD_d}} \quad (5.135)$$

式中：$HCVG_n$——单一污染物（第 n 种）基于 4 种地下水暴露途径综合非致癌效应的地下水风险控制值，mg/L。

5.5 污染场地修复目标与范围

5.5.1 修复目标值的确定

原则上用风险控制值作为修复目标值，风险控制值低于筛选值的，则采用筛选值作为修复目标值；修复目标值应小于 GB 36600 风险控制值。

如调查地块所在区域的背景值高于筛选值和风险控制值，则选取背景值作为修复目标值。

污染地块位于地下水型饮用水源保护区及补给区和其他区域参照 HJ 25.6 确定风险管控值与修复目标值。

5.5.2　风险管控和修复范围的确定

风险管控和修复范围可采用无污染点位连线法(图 5.3)或污染物浓度插值计算法进行确定。若采用插值计算法进行确定需采用规范的方法和合理的参数并进行详细的说明。

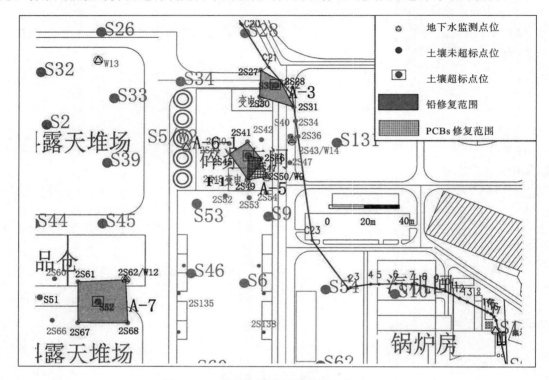

图 5.3　无污染点位连线法圈修复范围示例

若修复范围不能完全反映地块实际情况,可结合监测点位置、生产设施布局、修复施工可行性及污染物的迁移转化规律对修复范围进行截弯取值。如果污染范围在边界附近,且边界无控制点,则以垂直于边界进行范围确定。修复范围应根据不同深度的污染程度分别划定。

5.6　操作步骤示范

某食品加工地块经土壤污染状况调查,土壤存在一定程度的污染,主要关注污染物为铅和汞,其中汞在 0.5～4.0 m 土壤中最高浓度可达 26.2 mg/kg,铅在 0.5～4.0 m 土壤中最高浓度可达 4803 mg/kg。该地块未来将主要规划为二类居住用地。下面分别用 HJ 25.3 导则公式和风评电子表格两种方法计算。

1. 汞风险评估步骤(方法 1:公式计算)

(1) 步骤 1:危害识别。

调查地块规划为二类居住用地,污染区域按第一类用地进行风险评估,该情境下主要的受体为成人和儿童。根据调查结果,地块内主要关注污染物为汞和铅,其中汞在 0.5～4.0 m 土壤中最高浓度可达 26.2 mg/kg。

（2）步骤 2：暴露评估。

① 暴露途径。

汞的暴露途径主要如下：a. 经口摄入土壤；b. 皮肤接触土壤；c. 吸入土壤颗粒物；d. 吸入室外空气中来自表层土壤的气态污染物；e. 吸入室外空气中来自下层土壤的气态污染物；f. 吸入室内空气中来自下层土壤的气态污染物。同时场地及周边的生活饮用水由市政管网提供，不存在地下水作为饮用水和开采使用情况，因此不需要对地下水进行风险评估。

② 暴露评估模型。

暴露评估模型按 5.4.3 小节所述进行选择。

③ 暴露参数的选取。

各暴露参数的选取见表 5.7 至表 5.10。

表 5.7　人体暴露参数

符号	含　义	单位	第一类用地	参数来源
ED_a	成人暴露期	a	24	
ED_c	儿童暴露期	a	6	
EF_a	成人暴露频率	d/a	350	
EF_c	儿童暴露频率	d/a	350	
EFI_a	成人室内暴露频率	d/a	262.5	
EFI_c	儿童室内暴露频率	d/a	262.5	
EFO_a	成人室外暴露频率	d/a	87.5	
EFO_c	儿童室外暴露频率	d/a	87.5	
$DAIR_a$	成人每日空气呼吸量	m³/d	14.5	
$DAIR_c$	儿童每日空气呼吸量	m³/d	7.5	《建设用地土壤污染风险评估技术导则》（HJ 25.3—2019）推荐值
$GWCR_c$	儿童每日饮用水量	L/d	0.7	
$OSIR_a$	成人每日摄入土壤量	mg/d	100	
$OSIR_c$	儿童每日摄入土壤量	mg/d	200	
E_v	每日皮肤接触事件频率	次/天	1	
fspi	室内空气中来自土壤的颗粒物所占比例	无量纲	0.8	
fspo	室外空气中来自土壤的颗粒物所占比例	无量纲	0.5	
SAF	暴露于土壤的参考剂量分配比例（SVOCs 和重金属）	无量纲	0.5	
WAF	暴露于地下水的参考剂量分配比例（SVOCs 和重金属）	无量纲	0.5	
SER_a	成人暴露皮肤所占体表面积比	无量纲	0.32	
SER_c	儿童暴露皮肤所占体表面积比	无量纲	0.36	
$SSAR_a$	成人皮肤表面土壤黏附系数	mg/cm²	0.07	
$SSAR_c$	儿童皮肤表面土壤黏附系数	mg/cm²	0.2	

符号	含　　义	单位	第一类用地	参数来源
PIAF	吸入土壤颗粒物在体内滞留比例	无量纲	0.75	
ABS_o	经口摄入吸收因子	无量纲	1	
ACR	单一污染物可接受致癌风险	无量纲	0.000001	《建设用地土壤污染风险评估技术导则》(HJ 25.3—2019)推荐值
AHQ	单一污染物可接受危害商	无量纲	1	
AT_{nc}	非致癌效应平均时间	d	2190	
SAF	暴露于土壤的参考剂量分配比例(VOCs)	无量纲	0.33	
WAF	暴露于地下水的参考剂量分配比例(VOCs)	无量纲	0.33	
BW_a	成人平均体重	kg	61.3	《广东省建设用地土壤污染状况调查、风险评估及效果评估报告技术审查要点(试行)》的推荐值
BW_c	儿童平均体重	kg	18.4	
H_a	成人平均身高	cm	162	
H_c	儿童平均身高	cm	108.8	
$GWCR_a$	成人每日饮用水量	L/d	1.7	
AT_{ca}	致癌效应平均时间	d	27920	

表 5.8　土壤和地下水暴露参数

符号	含　　义	单位	第一类用地	参数来源
f_{om}	土壤有机质含量	g/kg	14.93	
ρ_b	土壤容重(干密度)	kg/dm³	1.22	
P_{ws}	土壤含水率	kg/kg	0.43	场地实测
ρ_s	土壤颗粒密度(土粒比重)	kg/dm³	2.67	
W	污染源区宽度	cm	3696	
PM_{10}	空气中可吸入颗粒物含量	mg/m³	0.05	《广东省建设用地土壤污染状况调查、风险评估及效果评估报告技术审查要点(试行)》的推荐值
U_{air}	混合区大气流速风速	cm/s	220	
δ_{air}	混合区高度	cm	200	
h_{cap}	土壤地下水交界处毛管层厚度	cm	5	
h_v	非饱和土层厚度	cm	295	
θ_{acap}	毛细管层孔隙空气体积比	无量纲	0.038	《建设用地土壤污染风险评估技术导则》(HJ 25.3—2019)推荐值
θ_{wcap}	毛细管层孔隙水体积比	无量纲	0.342	
U_{gw}	地下水达西(Darcy)速率	cm/a	2500	
δ_{gw}	地下水混合区厚度	cm	200	
I	土壤中水的入渗速率	cm/a	30	

表 5.9　气象和建筑物暴露参数

符号	含　义	单位	第一类用地	参数来源
θ_{acrack}	地基裂隙中空气体积比	无量纲	0.26	
θ_{wcrack}	地基裂隙中水体积比	无量纲	0.12	
L_{crack}	室内地基厚度	cm	35	
LB	室内空间体积与气态污染物入渗面积之比	cm	220	
ER	室内空气交换速率	次/天	12	《建设用地土壤
η	地基和墙体裂隙表面积所占面积	无量纲	0.0005	污染风险评估技术
τ	气态污染物入侵持续时间	a	30	导则》(HJ 25.3—
dP	室内室外气压差	(g/cm)·s^2	0	2019)推荐值
Z_{crack}	室内地面到地板底部厚度	cm	35	
X_{crack}	室内地板周长	cm	3400	
A_b	室内地板面积	cm^2	700000	
K_v	土壤透性系数	cm^2	1.00×10^{-8}	

表 5.10　污染区暴露参数

符号	含　义	单位	第一类用地	参数来源
d	表层污染土壤层厚度	cm	50	场地实际情况
L_s	下层污染土壤层埋深	cm	50	场地实际情况
d_{sub}	下层污染土壤层厚度	cm	450	场地实际情况
A	污染源区面积	cm^2	33430000	场地受污染面积
L_{gw}	地下水埋深	cm	143	场地实际情况

④ 暴露量的计算。

各暴露途径的暴露量见表 5.11。

表 5.11　各暴露途径的暴露量

暴露量		所用公式	汞
经口摄入土壤暴露量 (OISER)	致癌效应	公式(5.1)	1.31×10^{-6}
	非致癌效应	公式(5.2)	1.04×10^{-5}
皮肤接触途径的土壤暴露量 (DCSER)	致癌效应	公式(5.3)、(5.5)、(5.6)	—
	非致癌效应	公式(5.4)、(5.5)、(5.6)	—
吸入土壤颗粒物的土壤暴露量 (PISER)	致癌效应	公式(5.7)	2.77×10^{-9}
	非致癌效应	公式(5.8)	1.06×10^{-8}
吸入室外空气中来自表 层土壤的气态污染物对 应的土壤暴露量 (IOVER$_1$)	致癌效应	公式(5.9)、(5.11)、(5.12)、 (5.13)、(5.14)、(5.15)、 (5.16)、(5.17)、(5.18)、 (5.19)、(5.20)、(5.21)	4.68×10^{-8}

续表

暴露量		所用公式	汞
吸入室外空气中来自表层土壤的气态污染物对应的土壤暴露量（IOVER$_1$）	非致癌效应	公式(5.10)、(5.11)、(5.12)、(5.13)、(5.14)、(5.15)、(5.16)、(5.17)、(5.18)、(5.19)、(5.20)、(5.21)	1.80×10^{-7}
吸入室外空气中来自下层土壤的气态污染物对应的土壤暴露量（IOVER$_2$）	致癌效应	公式(5.22)、(5.24)、(5.25)、(5.26)	5.10×10^{-9}
	非致癌效应	公式(5.23)、(5.24)、(5.25)、(5.26)	1.96×10^{-8}
吸入室内空气中来自下层土壤的气态污染物对应的土壤暴露量（IIVER$_1$）	致癌效应	公式(5.27)	4.65×10^{-7}
	非致癌效应	公式(5.28)	1.78×10^{-6}

⑤ 风险表征结果。

各暴露途径的风险表征结果见表 5.12。

表 5.12　各暴露途径的风险表征

风险表征		所用公式	汞	合计
致癌效应	经口摄入土壤暴露量（OISER）	公式(5.84)	—	—
	皮肤接触途径的土壤暴露量（DCSER）	公式(5.85)	—	
	吸入土壤颗粒物的土壤暴露量（PISER）	公式(5.86)	—	
	吸入室外空气中来自表层土壤的气态污染物对应的土壤暴露量（IOVER$_1$）	公式(5.87)	—	
	吸入室外空气中来自下层土壤的气态污染物对应的土壤暴露量（IOVER$_2$）	公式(5.88)	—	
	吸入室内空气中来自下层土壤的气态污染物对应的土壤暴露量（IIVER$_1$）	公式(5.89)	—	
非致癌效应	经口摄入土壤暴露量（OISER）	公式(5.91)	—	2.02
	皮肤接触途径的土壤暴露量（DCSER）	公式(5.92)	—	
	吸入土壤颗粒物的土壤暴露量（PISER）	公式(5.93)	—	
	吸入室外空气中来自表层土壤的气态污染物对应的土壤暴露量（IOVER$_1$）	公式(5.94)	—	
	吸入室外空气中来自下层土壤的气态污染物对应的土壤暴露量（IOVER$_2$）	公式(5.95)	2.19×10^{-2}	
	吸入室内空气中来自下层土壤的气态污染物对应的土壤暴露量（IIVER$_1$）	公式(5.96)	2.00	

⑥ 风险控制值的计算。

汞的风险控制值见表 5.13。

表 5.13　汞的风险控制值

污染物	所用公式	风险控制值/(mg/kg)
汞	公式(5.124)	5.25

2. 汞风险评估步骤(方法 2:风险评估电子表格计算)

(1) 步骤 1:选择汞污染物(图 5.4)。

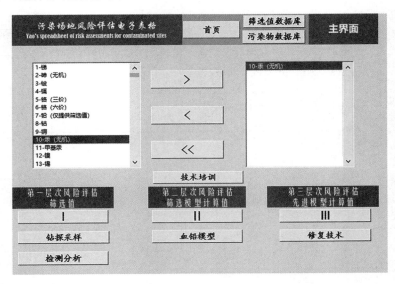

图 5.4　选择汞污染物

(2) 步骤 2:选择第二层次风险评估筛选模型计算值,选择暴露途径,输入参数(图 5.5)。

(a)

图 5.5　选择暴露途径

符号	含义	单位	敏感用地	非敏感用地
τ	气态污染物入侵持续时间	a	30	25
dP	室内室外气压差	g·cm⁻¹·s⁻²	0	0
K_v	土壤透性系数	cm²	1.00E-08	1.00E-08
Z_{crack}	室内地面到地板底部厚度	cm	35	35
X_{crack}	室内地板周长	cm	3400	3400
Ab	室内地板面积	cm²	700000	700000
	暴露参数			
符号	含义	单位	敏感用地	非敏感用地
EDa	成人暴露期	a	24	25
EDc	儿童暴露期	a	6	无须输入
EFa	成人暴露频率	d·a⁻¹	350	250
EFc	儿童暴露频率	d·a⁻¹	350	无须输入
EFIa	成人室内暴露频率	d·a⁻¹	262.5	187.5
EFIc	儿童室内暴露频率	d·a⁻¹	262.5	无须输入
EFOa	成人室外暴露频率	d·a⁻¹	87.5	62.5
EFOc	儿童室外暴露频率	d·a⁻¹	87.5	无须输入
BWa	成人平均体重	kg	61.3	61.8
BWc	儿童平均体重	kg	18.4	无须输入
Ha	成人平均身高	cm	162	161.5
Hc	儿童平均身高	cm	108.8	无须输入
DAIRa	成人每日空气呼吸量	m³·d⁻¹	14.5	14.5
DAIRc	儿童每日空气呼吸量	m³·d⁻¹	7.5	无须输入
GWCRa	成人每日饮用水量	L·d⁻¹	1.7	1
GWCRc	儿童每日饮用水量	L·d⁻¹	0.7	无须输入
OSIRa	成人每日摄入土壤量	mg·d⁻¹	100	100
OSIRc	儿童每日摄入土壤量	mg·d⁻¹	200	无须输入
Ev	每日皮肤接触事件频率	次·d⁻¹	1	1
fspi	室内空气中来自土壤的颗粒物所占比例	无量纲	0.8	0.8
fspo	室外空气中来自土壤的颗粒物比例	无量纲	0.5	0.5
SAF	暴露于土壤的参考剂量分配比例(SVOCs和重金属)	无量纲	0.5	0.5
WAF	暴露于地下水的参考剂量分配比例(SVOCs和重金属)	无量纲	0.5	0.5
SERa	成人暴露皮肤所占体表面积比	无量纲	0.32	0.18
SERc	儿童暴露皮肤所占体表面积比	无量纲	0.36	0
SSARa	成人皮肤表面土壤粘附系数	mg·cm⁻²	0.07	0.2
SSARc	儿童皮肤表面土壤粘附系数	mg·cm⁻²	0.2	无须输入
PIAF	吸入土壤颗粒物在体内滞留比例	无量纲	0.75	0.75
ABSo	经口摄入吸收因子	无量纲	1	1
ACR	单一污染物可接受致癌风险	无量纲	0.000001	0.000001
AHQ	单一污染物可接受危害商	无量纲	1	1
ATca	致癌效应平均时间	d	27920	27740
ATnc	非致癌效应平均时间	d	2190	9125
SAF	暴露于土壤的参考剂量分配比例(VOCs)	无量纲	0.33	0.33
WAF	暴露于地下水的参考剂量分配比例(VOCs)	无量纲	0.33	0.33
tc	儿童单次经皮肤接触的时间	h	0.5	0.5
ta	成人单次经皮肤接触的时间	h	0.5	0.5

(b)

续图 5.5

（3）步骤 3：选择第二层次输出，显示计算结果（图 5.6）。

(a)

图 5.6　显示计算结果

（b）

（c）

（d）

（e）

续图 5.6

(f)

(g)

(h)

续图 5.6

根据电子表格计算结果可知,汞的非致癌危害商为 2.02,大于可接受水平,风险不可接受,污染物汞的关键暴露途径为吸入室外空气中来自下层土壤的气态污染物和吸入室内空气中来自下层土壤的气态污染物。其中吸入室内空气中来自下层土壤的气态污染物的贡献率为 98.80%。

汞的风险控制值为 5.25 mg/kg,筛选值为 8 mg/kg,汞的风险控制值低于筛选值,则选择 8 mg/kg 作为场地汞的修复目标值。

铅风险评估步骤(方法 2:风险评估电子表格计算)如下。

（1）步骤 1：选择血铅模型（图 5.7）。

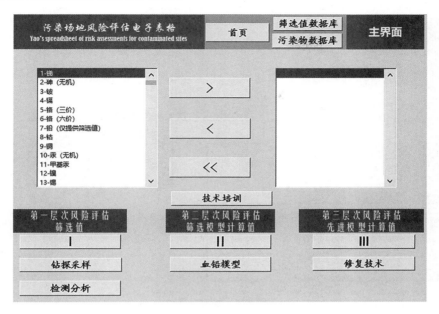

图 5.7　选择血铅模型

（2）步骤 2：选择儿童血铅模型，输入参数（图 5.8）。

the Integrated Exposure Uptake Biokinetic (IEUBK) model 儿童血铅模型，适用于第一类用地								
年龄/岁		0-1	1-2	2-3	3-4	4-5	5-6	6-7
土壤+尘埃摄入量	g/day	0.085	0.135	0.135	0.135	0.1	0.09	0.085
室外空气铅浓度	ug/m3	0.1	0.1	0.1	0.1	0.1	0.1	0.1
室外活动时间	hr/day	1	2	3	4	4	4	4
日呼吸量	m3/day	2	3	5	5	7	7	7
肺对空气的吸收率	%	32	32	32	32	32	32	32
每日饮食摄入铅	ug/day	2.26	1.96	2.13	2.04	1.95	2.05	2.22
每日饮水量	L/day	0.2	0.5	0.52	0.53	0.55	0.58	0.59
水中铅浓度	ug/L	4	4	4	4	4	4	4
儿童体重	出生/kg	3.4	11.2	13.5	15.6	17.7	19.6	22.3
	0-<3月/kg	6.4						
	3-<6月/kg	7.9						
	6-<9月/kg	9.1						
	9-<12月/kg	9.8						

土壤/(土壤+尘埃)	%	45	土壤铅吸收率	%	30
室内空气铅/室外空气铅浓度	%	30	灰尘铅吸收率	%	30
被动吸收率		0.2	水铅吸收率	%	50
平均铅浓度（2年）	ug/day	100	饮食铅吸收率	%	50
室内尘埃铅/室外土壤铅浓度		0.7	目标血铅浓度	ug/dL	10
产妇分娩时血铅浓度	ug/dL	6.2	儿童血铅分布的几何标准偏差		1.6
新生儿血铅/产妇分娩时血铅浓度比		0.77			
室外空气对室内家用粉尘铅的贡献比		100			

IEUBK 血铅模型计算	年龄	0-7
使得儿童血铅浓度超过目标血铅浓度的概率不超过5%的室外土壤铅浓度	mg/kg	
使得儿童血铅浓度超过目标血铅浓度的概率不超过5%的室内灰尘铅浓度	mg/kg	

图 5.8　输入参数

（3）步骤 3：IEUBK 血铅模型计算（图 5.9）。

血铅含量超过 10 $\mu g/L$ 的土壤铅含量临界值为 262 mg/kg，低于本场地中铅的风险筛选值（400 mg/kg），则选择 400 mg/kg 作为场地铅的修复目标值。

the Integrated Exposure Uptake Biokinetic (IEUBK) model 儿童血铅模型，适用于第一类用地								
年龄/岁		0-1	1-2	2-3	3-4	4-5	5-6	6-7
土壤+尘埃摄入量	g/day	0.085	0.135	0.135	0.135	0.1	0.09	0.085
室外空气铅浓度	ug/m3	0.1	0.1	0.1	0.1	0.1	0.1	0.1
室外活动时间	hr/day	1	2	3	4	4	4	4
日呼吸量	m3/day	2	3	5	5	7	7	7
肺对空气铅的吸收率	%	32	32	32	32	32	32	32
每日饮食摄入铅	ug/day	2.26	1.96	2.13	2.04	1.95	2.05	2.22
每日饮水量	L/day	0.2	0.5	0.52	0.53	0.55	0.58	0.59
水中铅浓度	ug/L	4	4	4	4	4	4	4
儿童体重	出生/kg	3.4	11.2	13.5	15.6	17.7	19.6	22.3
	0-<3月/kg	6.4						
	3-<6月/kg	7.9						
	6-<9月/kg	9.1						
	9-<12月/kg	9.8						

土壤/（土壤+尘埃）	%	45		土壤铅吸收率	%	30
室内空气铅/室外空气铅浓度	%	30		灰尘铅吸收率	%	30
植物吸收率		0.2		水铅吸收率	%	50
半饱和浓度（2年）	ug/day	100		饮食铅吸收率	%	50
室内尘埃铅/室外土壤铅浓度		0.7		目标血铅浓度	ug/dL	10
产妇分娩时血铅浓度	ug/dL	6.2		儿童血铅分布的几何标准偏差		1.38
新生儿血铅浓度/产妇分娩时血铅浓度比		0.77				
室外空气对室内粉尘铅的贡献比		100				

IEUBK血铅模型计算	年龄	0-7
使得儿童血铅浓度超过目标血铅浓度的概率不超过5%的室外土壤铅浓度	mg/kg	554.50
使得儿童血铅浓度超过目标血铅浓度的概率不超过5%的室内灰尘铅浓度	mg/kg	398.15

图 5.9 模型计算

第6章 污染土壤修复技术

土壤污染是指人为因素有意或无意地将对人类或其他生命体有害的物质施加到土壤中，使土壤某种成分的含量明显高于背景值含量，并引起土壤环境质量恶化的现象。土壤污染修复以受人类活动直接影响的区域、与人类接触最为密切的非饱和区为主。非饱和区是指地面以下、潜水面以上的液相饱和度小于1的区域。非饱和区土壤一般包含固态、液态、气态三相系统，但与地下水修复有所不同。污染土壤修复技术按照处置场所、原理、修复方式、污染物存在介质等方面的不同，有多种分类方法。按照污染场地不同，污染土壤修复技术可分为原位修复技术和异位修复技术。按照修复技术原理不同，污染土壤修复技术可分为物理修复技术、化学修复技术、生物修复技术、生态工程修复技术和联合修复技术等。

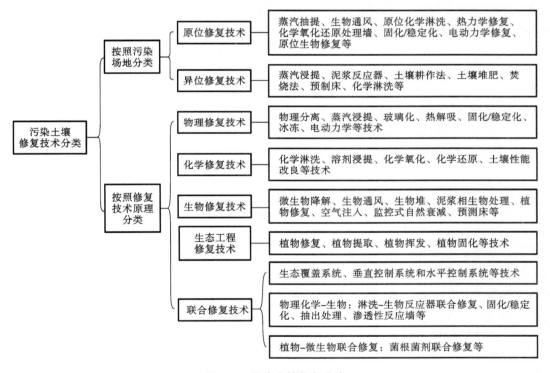

图 6.1　污染土壤修复分类

各种污染土壤修复技术在作用原理、适用性、局限性和经济性方面均存在各自的特点。一般来说，特定场合的污染土壤进行修复时，需根据当地的经济实力、土壤性质、污染物性质等因素，进行修复技术的合理选择和组合工艺的优化设计。《建设用地土壤修复技术导则》（HJ 25.4—2019）初步规定了化学性污染场地土壤修复可行性研究的原则、内容、程序和技术要求。该修复标准的可行性研究报告主要内容包括确定预修复目标、技术预评估、筛选评价修复技术、集成修复技术、确定修复技术的工艺参数、制订修复监测计划、估算修复的污染土壤体积、分析经济效益、评价修复工程的环境影响、制订安全防护计划、安排修复进度和编制可行性研究报告。其中筛选评价修复技术和确定修复技术的工艺参数与美国《CERCLA 修复调查和可行性研究导则》内容一致，制订修复监测计划、估算修复的污染土壤体积、分析经济效益、评价修复工程的环境影响、制订安全防护计划、安排修复进度是为了适应我国需要而增加的内容。

　　污染土壤修复总的技术路线：调理（调节土壤介质环境）、削减（降低总量或有效态）、恢复（逐次恢复生态功能）、增效（增加生态效益、经济效益和社会效益）。完全恢复土壤原有的生态功能和状态是一个长期复杂的系统生态工程。

6.1　污染土壤原位修复技术

6.1.1　土壤混合/稀释技术

　　土壤混合/稀释技术是指用清洁土壤取代或者部分取代污染土壤，覆盖在土壤表层或混匀，使污染物浓度降低到临界危害浓度以下的一种修复技术。通过混合和稀释，减少污染物与植物根系的接触，并减少污染物进入食物链。土壤混合/稀释技术可以是单一的修复技术，也可以作为其他修复技术的一部分，如固化/稳定化、氧化还原等。使用此技术时需根据土壤污染物浓度、范围和土壤修复目标值，计算需要混合的干净土壤的量。混合时尽量在垂直方向上混合，减少水平方向的混合，以免扩大污染面积。土壤混合/稀释可以是原位混合，也可以是异位混合。

　　土壤混合/稀释技术适用于土壤中的污染物不具危险特性，且含量不高（一般不超过修复目标值的 2 倍）的情况。该技术适用于土壤渗流区，即土壤含水量较低的土壤，当土壤含水量较高时，混合不均匀会影响混合效果。

6.1.2　填埋法

　　填埋法是将污染土壤进行掩埋覆盖，采用防渗、封顶等配套设施防止污染物扩散的处理方法。填埋法不能降低土壤中污染物本身的毒性和体积，但可以降低污染物在地表的暴露及其迁移性。填埋法是修复技术中的常用技术之一。在填埋的污染土壤上方需布设阻隔层和排水层。阻隔层应是低渗透性的黏土层或土工合成黏土层，排水层的设置可以避免地表降水入渗造成污染物的进一步扩散。通常干旱气候条件要求填埋系统简单一些，湿润气候条件可以设计比较复杂的填埋系统。填埋法的费用通常低于其他技术。

　　在填埋场合适的情况下，填埋法可以用来临时存放或最终处置各类污染土壤。该技术通常适用于地下水位之上的污染土壤。由于填埋的顶盖只能阻挡垂直方向水流入渗，因此需要建设垂直方向阻隔墙以避免水平流动导致的污染扩散。填埋场需要定期进行检查和维护，确保顶盖不被破坏。

　　土壤阻隔填埋是将污染土壤或经过治理后的土壤置于防渗阻隔填埋场内，或通过铺设阻隔层阻断土壤中污染物迁移扩散的途径，使污染土壤与四周环境隔离，避免污染物与人体接触和随降水或地下水迁移进而对人体和周围环境造成危害，但未对污染物进行降解和去除，是以风险控制为目标的修复技术（图 6.2）。按其实施方式，土壤阻隔填埋可以分为原位阻隔覆盖和异位阻隔填埋。土壤阻隔填埋适用于重金属、有机物及重金属-有机物复合污染土壤，不宜用于污染物水溶性强或渗透率高的污染土壤，不适用于地质活动频繁和地下水水位较高的地区。

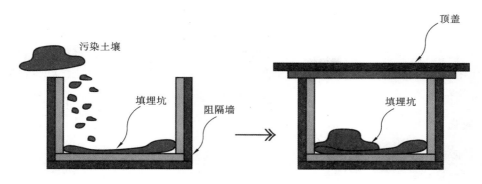

图 6.2　土壤阻隔填埋示意图

　　系统构成和主要设备如下。原位土壤阻隔覆盖系统主要由土壤阻隔系统、土壤覆盖系统和监测系统组成。土壤阻隔系统主要由高密度聚乙烯膜、泥浆墙等防渗阻隔材料组成,通过在污染区域四周建设阻隔层,将污染区域限制在某一特定区域;土壤覆盖系统通常由黏土层、人工合成材料衬层、砂层、覆盖层等一层或多层组合而成;监测系统主要由阻隔区域上下游的监测井构成。异位土壤阻隔填埋系统主要由土壤预处理系统、填埋场防渗阻隔系统、渗滤液收集系统、封场系统、排水系统、监测系统组成。其中填埋场防渗系统通常由 HDPE 膜、土工布、钠基膨润土、土工排水网、天然黏土等防渗阻隔材料构筑而成。根据项目所在地地质及污染土壤情况,通常还可以设置地下水导排系统与气体抽排系统或者地面生态驳岸系统。阻隔填埋技术施工阶段涉及大型的施工工程设备,土壤阻隔系统施工需冲击钻、液压式抓斗、液压双轮铣槽机等设备,土壤覆盖系统施工需要挖掘机、推土机等设备,填埋场防渗阻隔系统施工需要吊装设备、挖掘机、焊膜机等设备。异位土壤填埋施工需要装载机、压实机、推土机等设备,填埋封场系统施工需要吊装设备、焊膜机、挖掘机等设备。阻隔填埋技术在运行维护阶段需要的设备相对较少,仅异位阻隔填埋土壤预处理系统需要破碎、筛分设备,土壤改良机等设备。

　　影响原位土壤阻隔覆盖技术修复效果的关键技术参数有阻隔材料的性能、阻隔系统深度、土壤覆盖层厚度等。① 阻隔材料的渗透系数要小于 10^{-7} cm/s,需具有极强的抗腐蚀性、抗老化性,具有较强的抵抗紫外线的能力,使用寿命达 100 年以上,无毒无害。阻隔材料应确保阻隔系统连续、均匀、无渗漏。② 阻隔系统深度:通常阻隔系统要阻隔到不透水层或弱透水层,否则会削弱阻隔效果。③ 土壤覆盖层厚度:对于覆盖层通常要求厚度大于 300 mm,且经机械压实后的饱和渗透系数小于 10^{-7} cm/s;对于人工合成材料衬层,应满足《垃圾填埋场用高密度聚乙烯土工膜》(CJ/T 234)相关要求。

　　影响异位土壤阻隔填埋技术修复效果的关键技术参数有阻隔防渗填埋场的阻隔防渗效果及填埋的抗压强度、污染土壤的浸出浓度、土壤含水率等。① 阻隔防渗效果:该阻隔防渗填埋场通常由压实黏土层、钠基膨润土垫层(GCL)和 HDPE 膜组成。该阻隔防渗填埋场的防渗阻隔系数要小于 10^{-7} cm/s。② 抗压强度:对于高风险污染土壤,需经固化/稳定化后处置。为了能安全储存,固化体必须达到一定的抗压强度,否则会出现破碎,增加暴露的表面积和污染性,一般为 0.1～0.5 MPa 即可。③ 浸出浓度:高风险污染土壤经固化/稳定化处置后浸出浓度要小于《危险废物鉴别标准　浸出毒性鉴别》(GB 5085.3)中相应浓度规定限值。④ 土壤含水率:要低于 20%。

　　原位土壤阻隔覆盖技术测试参数有土壤污染类型及程度、场地水文地质、土壤污染深度、土壤渗透系数等,可根据需要在现场进行工程中试。异位土壤阻隔填埋技术测试参数有土壤含水率、土壤重金属含量、土壤有机物含量、土壤重金属浸出浓度、土壤渗透系数、场地水文地质等,可以在实验室开展相应的小试或中试实验。对于高风险污染土壤,可以联合固化/稳定化技术使用后,对污染土壤进行填埋;对于低风险污染土壤,可直接填埋在阻隔防渗的阻隔填埋技术应用成本为 $300\sim800$ 元/米^2。

6.1.3 固化/稳定化技术

1. 固化/稳定化概况

固化/稳定化技术是指将污染土壤(重金属污染土壤及放射性、毒性或强反应性土壤)与黏结剂或固化剂混合、经稳定化形成渗透性低的固体混合物,改变污染物在土壤中的存在状态。或者将污染土壤与黏结剂或固化剂混合、经熟化形成渗透性低的固体混合物,而达到物理封锁(如降低孔隙率等)或发生化学反应形成固体沉淀物(如形成氢氧化物或硫化物沉淀等),降低污染物迁移可能性,通过固态形式在物理上隔离污染物;或者将污染物转化成化学性质不活泼的形态,降低污染物的危害,从而达到降低污染物迁移性和活性的目的。废物和固化稳定剂(土壤聚合物)间通过化学键合力(分子键合技术)、固化剂对废物的物理包容及固化剂水合产物对废物的吸附作用,从而降低其生物有效性和迁移性(图 6.3)。

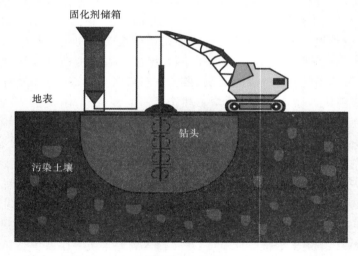

固化剂储箱

地表

钻头

污染土壤

图 6.3 污染土壤原位固化/稳定化修复示意图

固化/稳定化修复技术实际上分为固定化和稳定化两种技术。其中,固定化技术是将污染物封入特定的品格材料中,或在其表面覆盖渗透性低的惰性材料,以达到限制其迁移活动的目的;稳定化技术是从改变污染物的有效性出发,将污染物转化为不易溶解、迁移能力或毒性更小的形式,以降低其环境风险和健康风险。但当包容体破裂后,危险成分重新进入环境可能造成不可预见的影响;不能彻底根除污染,容易导致土壤和地下水的进一步污染。固化/稳定化技术包括水泥固化、石灰固化、药剂稳定化等,如硅酸盐水泥、火山灰、硅酸酯和沥青以及各种多聚物等。硅酸盐水泥以及相关的铝硅酸盐(如高炉熔渣、飞灰和火山灰等)是最常用的黏结剂。

固化/稳定化技术对重金属污染土壤、具有毒性或强反应性半挥发性污染土壤适用,美国超级基金场地中超过 78% 的重金属污染场地采用此技术,此技术可分为原位固化/稳定化修复技术和异位固化/稳定化修复技术(图 6.4)。原位固化/稳定化技术适用于重金属污染土壤的修复,一般不适用于有机污染物污染土壤的修复;异位固化/稳定化技术通常适用于处理无机污染物质,不适用于挥发性/半挥发性有机物和农药杀虫剂污染土壤的修复。

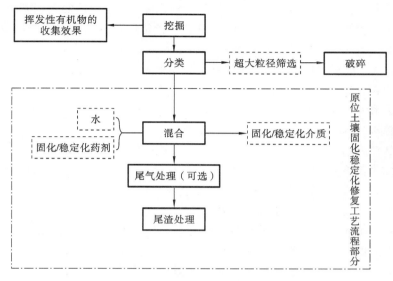

图 6.4 固化/稳定化修复技术

水泥窑协同处置技术是我国常用的固化/稳定化技术,水泥窑协同处置技术是在水泥的生产过程中,将污染土壤作为替代燃料或原料,通过高温焚烧及烧结,在水泥熟料矿物化过程中,实现重金属的物理包容、化学吸附、晶格固化等目的的废物处置手段。水泥窑协同处置技术在我国实际工程的应用中较多,如北京、重庆等地都有水泥窑协同处置重金属污染土壤的案例,其中重金属在水泥窑内协同处置的转化机制已较为清楚。

各种固化剂抑制玉米吸收镉的效果排序如下:骨炭粉≈石灰＞硅肥≈钙镁磷肥＞高炉渣≈钢渣。各种固化剂抑制芦蒿吸收镉的效果排序如下:硅肥≈钙镁磷肥＞石灰≈骨炭粉＞高炉渣≈钢渣。为了保证农产品的安全,骨炭粉和石灰在玉米种植时的施用量必须大于0.5%,而硅肥和钙镁磷肥在芦蒿种植时的施用量必须大于1%,其他固化剂须施用更高量。施用几种固化剂后土壤中水溶态、交换态、碳酸盐结合态及铁锰氧化物结合态镉的含量均有所降低,其余各种形态镉的比例增加,即土壤中有效态镉的含量降低,促进土壤从生物可利用性高的形态向低效态转化。

2. 固化/稳定化技术检测指标

固化/稳定化检测技术有水泥固化、石灰火山灰固化、塑性材料包容固化、玻璃化、药剂稳定化等。在稳定化技术中,加入药剂的目的是改变土壤的物理、化学性质,通过 pH 控制技术、氧化还原电势技术、沉淀技术、吸附技术、离子交换技术等改变重金属在土壤中的存在状态,从而降低其生物有效性和迁移性。有害废物经过固化处理后所形成的固化体应具有良好的抗渗透性、抗浸出性、抗干湿性、抗冻融性及足够的机械强度等。固化过程中材料和能量消耗要低,增容比也要低。固化/稳定化技术检测指标有浸出率、增容比、批处理和土柱试验。

目前我国主要根据以下几个方法进行操作:《固体废物 浸出毒性浸出方法 水平振荡法》(HJ 557—2010)、《固体废物 浸出毒性浸出方法 硫酸硝酸法》(HJ/T 299—2007)、《固

体废物　浸出毒性浸出方法　醋酸缓冲溶液法》(HJ/T 300—2007)。

浸出率是指固化体浸于水中或其他溶液中时,其中有毒(害)物质的浸出速度。

增容比是指所形成的固化体体积与被固化有害废物体积的比值。

批处理和土柱试验是评估金属元素在土壤中可提取性和淋溶性的通用方法。

固体废物毒性浸出方法是美国环保署(USEPA)指定的重金属释放效应评价方法,用来检测在批处理试验中固体、水体和不同废弃物中重金属元素的迁移性和溶出性,用乙酸作浸提剂,土水比为 1∶20,浸提时间为 18 h,来检测重金属的浸出率。

土柱试验模拟污染物从表层土壤到底层土壤淋溶迁移的过程,从另一侧面描述了土壤重金属的环境行为和对地下水的危害。

原欧共体标准局在 Tessier 方法的基础上提出了 BCR 三步提取法。

黑麦幼苗法、盆栽试验、田间试验是评估原位修复效果的最有效方法,它们通过监测植物组织中重金属浓度的变化,以及植物生物量和生长状况,来确定经过稳定化修复后土壤中重金属毒性的变化,此外还可以基于生理过程的重金属提取测试,它模拟了人的胃肠生理环境,也能表达重金属在人体消化系统的生物有效性。

形态分析是表征重金属生物有效性的一种间接方法,利用萃取剂提取有效态重金属可以评估土壤中重金属的生物有效性。化学浸提法可分为一次浸提法和连续浸提法。X 射线衍射(XRD)和扫描电子显微镜/能量分散 X 射线光谱(SEM/EDX),已被众多研究者用于测定新物质的形态,以阐述不同固定物质对重金属离子的吸附机制,结合连续浸提法的结果,还可以发现固定后各种形态分布比例的变化。

3. 固化/稳定化技术方法

分子键合技术是将分子键合剂与重金属污染土壤(或污泥)混合,通过化学反应,把重金属转化为自然界中稳定存在的化合物,实现无害化的过程。分子键合技术有原位修复技术、异位修复技术和在线修复技术 3 种模式。

土壤聚合物是一种新型的无机聚合物,其分子链由 Si、O、Al 等原子以共价键连接而成,是具有网状结构的类沸石,对重金属有较强的固定作用。土壤聚合物有望成为新的处置含重金属离子废弃物的固化/稳定化(S/S)体系。

稳定化技术稳定废物成分的主要机制是废物和凝结剂间的化学键合力、凝结剂对废物的物理包容及凝结剂水合产物对废物的吸附作用。但对确切的包容机制和固化体在不同化学环境中的长期行为的认识还很不够,特别是包容机制,当包容体破裂后,危险成分重新进入环境可能造成不可预见的影响。

熔融固化也称玻璃化,也是固化/稳定化技术的一种:处理时电流通过垂直插入土壤中的一系列电极由土壤表面传导到目标区域,初始阶段在电极之间加入可导电的石墨和玻璃体,熔融的土壤变成导电体,熔融向外扩展。停止加热并冷却后,介质冷却玻璃化,把没有挥发和没有被破坏的污染物固定。玻璃化是指利用等离子体、电流或其他热源,在 1600~2000 ℃的高温下熔化土壤及其污染物,使污染物(可加入玻璃屑和玻璃粉混合)在此高温下被热解或蒸发而除去,产生的水汽和热解产物收集后由尾气处理系统进一步处理后排放。熔化的污染土壤冷却后形成化学惰性的、非扩散的整块坚硬玻璃体,有害无机离子得到固化。如等离子体离心处理的离子体焰炬在 1100 ℃下进行土壤玻璃化。通过用作离子气体的空气将有机物蒸发和电离分解,并对气体污染物进行处理。

玻璃化是一种较为实用的短期技术,加热过程中,土壤和淤泥中有机物的含量要超过 5%

（质量比）。该技术可用于破坏、去除受污染土壤、污泥、其他土质物质、废物和残骸，以实现永久破坏、去除和固化有害和放射性污染的目的。但实施时，需要控制尾气中的有机污染物以及一些挥发性的气态污染物，且需进一步处理玻璃化后的残渣，湿度太大会影响成本。固化的物质可能会妨碍到未来土地的使用。玻璃化技术能有效修复高浓度的重金属污染土壤，但能耗高、成本高，不宜修复大面积高浓度的重金属污染土壤。

固化/稳定化技术可处理大部分 VOCs、SVOCs、PCBs、二噁英等，以及大部分重金属和放射性元素。砾石含量大于 20％会对处理效率产生影响。低于地下水位的污染修复需要采取措施防止地下水反灌。成本和运行费用（500～8000 美元/毫升）都相当高，并可能产生二噁英，需要处理尾气。有机固化剂的种类及其来源见表 6.1。

表 6.1　有机固化剂的种类

材料	树皮锯末	木质素	壳聚糖	甘蔗渣	家禽有机肥	牛粪有机肥	谷壳	活性污泥	树叶	秸秆
重金属	Cd,Pb,Hg,Cu	Zn,Pb,Hg	Cd,Cr,Hg	Pb	Cu,Zn,Pb,Cd	Cd	Cd,Cr,Pb	Cd	Cr,Cd	Cd,Cr,Pb
来源	木材加工厂副产品	纸厂废水	蟹肉罐头废弃产品	甘蔗	家禽	牧场和养殖场	谷物种植	人工驯化合成	红木树、松树	棉花、小麦
固定效果	黏合重金属离子	络合后降低金属离子迁移性	对金属离子产生吸附作用	提高对金属离子的固定效率	固定离子限制其活性	提高有机结合态含量	增加对金属离子的吸附容量	降低被植物所吸收镉的含量	有效结合游离态金属离子	降低金属离子的迁移性

固化/稳定化技术常见的有 pH 控制、氧化还原电位控制、沉淀与共沉淀控制、吸附、离子交换吸附、超临界技术等。吸附技术常用活性炭、黏土、金属氧化物、锯末、沙、泥炭、硅藻土等将有机污染物、正金属吸附固定在特定的吸附剂上，使其稳定并固化/稳定化处理。无机固化剂的种类及其来源见表 6.2。

表 6.2　无机固化剂的种类

固化/稳定化材料	石灰、生石灰	磷酸盐	羟磷石灰	磷矿石	粉煤灰	炉渣	蒙脱石
固化重金属种类	Cd,Cu,Ni,Pb,Zn,Cr,Hg	Pb,Zn,Cd,Cu	Zo,Pb,Cu,Cd	Pb,Zn,Cd	Cd,Pb,Cu,Zn,Cr	Cd,Pb,Cr,Zn	Zn,Pb
材料来源	石灰碎石场	磷肥磷矿	磷矿加工	磷矿	热电厂	热电厂	矿场
固化效果	降低离子淋溶迁移性	增加离子吸附和沉降,降低水溶态含量	降低金属离子在植物中的含量	把水溶态离子转化为残渣态	降低可提取离子的浓度	减少离子淋溶	提高固定效果

4. 固化/稳定化技术的优缺点

固化/稳定化是污染土壤治理过程中一种非常有效的方法，尤其是对于农业活动引起的程度较轻的面源污染具有明显的优势。但污染物在环境条件发生改变时仍可以释放变成生物有效形态，另外化学试剂或材料的使用将在一定程度上改变环境条件，对环境系统产生一定的影响。在一些土壤中，Ca^{2+}能置换出土壤固体表面的金属离子，使其在土壤溶液中的浓度增大。因此，加入含钙化合物（如石灰等）能提高金属离子的生物有效性。在修复过程中，土壤过度石灰化，会使其中重金属离子浓度长期升高并导致农作物减产。由于固化物质的加入，土壤 pH 容易升高，这可能会给植物、土壤动物和土壤本身带来负面影响。各种固化/稳定化技术的优缺点见表 6.3。

表 6.3　固化/稳定化技术的优缺点

技术名称	固化剂、稳定剂	适用对象	优点	缺点
水泥固化	硅酸三钙、硅酸二钙、添加剂、水：水泥＝2：5	重金属、废酸、氧化物	可处理多种污染物，紧实耐压	特殊盐类造成固化体破裂，体积膨胀效应明显
石灰固化	石灰、焚烧灰分、粉煤灰、炉渣	重金属、废酸、氧化物	原料便宜，操作简单	固化强度低，养护时间长，体积膨胀
塑性材料固化	甲醛、聚酯、聚丁二烯、酚醛树脂、环氧树脂、沥青、聚乙烯	部分极性有机物、重金属、废酸	固化体的渗透性弱，疏水性强	需前处理，氧化剂或挥发性物质有潜在危险，专业要求强
熔融固化	玻璃屑与粉、石墨粉	不挥发的高危害性废物、核废料	玻璃体稳定，保存时间长，可对特殊污染物进行处理	污染物限制，弱挥发，耗能，特殊设备与专业人员
烧结	$CaSO_4 \cdot 2H_2O$ 和 $CaSO_4 \cdot H_2O$ 失水后加水	含有大量硫酸钙和亚硫酸钙的废物	稳定，强度高；烧结体具有抗生物性，不易着火	处理限定的污染物，专业要求高

6.1.4　土壤气相抽提技术

土壤气相抽提（SVE）技术是通过在非饱和土壤层中布置抽提井，利用真空泵产生负压驱使空气通过污染土壤的孔隙，解吸并夹带有机污染物流向抽提井。气流将其带走，经抽提井收集后最终处理，从而使包气带污染土壤得到净化的方法（图 6.5）。抽出的气体通过热脱吸附、活性炭吸附以及生物气体处理法等处理。土壤气相抽提又称土壤通风、原位真空抽提、原位挥发或土壤气相分离，广泛应用于挥发性有机物污染土壤的修复。

1. 技术组成与设计参数

典型 SVE 装置包括抽真空系统、抽提井、管路系统、除湿设备、尾气处理系统以及控制系统等，或在地面增加塑料布或柏油路面的防渗层防止抽气时空气从邻近地表进入而形成短路，并防止水分渗入地下。多数情况下，污染土壤中需要安装若干空气注射井，通过真空泵引入可调节气流。此技术可操作性强，处理污染物范围宽，可用标准设备操作，不破坏土壤结构，对回收利用废物有潜在价值。SVE 技术在美国超级基金项目中占 25%。土壤理化特性（有机质、湿度和土壤空气渗透率等）对 SVE 技术的处理效果有较大影响（表 6.4）。地下水位太高（地下 1~2 m）会降低土壤气体抽提的效果。土壤的含水率为 15%~20% 较适宜。黏土、腐殖质

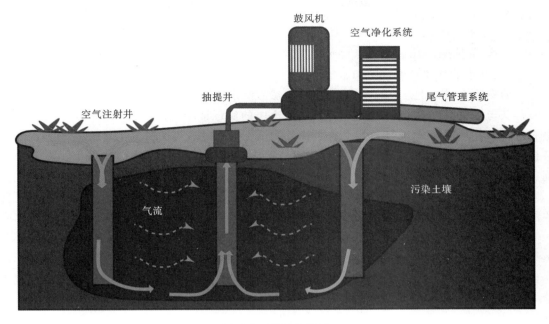

图 6.5　SVE 示意图

含量较高或本身极其干燥的土壤,由于其本身对挥发性有机物的吸附性很强,采用原位 SVE
技术时,污染物的去除效率很低。

表 6.4　渗透率与 SVE 修复效果的关系

土 壤 类 型	黏　　土	冰 河 积 层		粉　　土	粉　　砂	净　　砂	砾　　石	
渗透率/(k/cm²)	10^{-16}	10^{-14}	10^{-12}	10^{-10}	10^{-8}	10^{-6}	10^{-4}	10^{-2}
修复效果	无效			部分有效		有效		

　　SVE 技术可用来处理挥发性有机污染物和某些燃料。可处理的污染土壤应具有质地均
一、渗透能力强、孔隙度大、湿度小和地下水位较深的特点。低渗透性的土壤难以采用该技术
进行修复处理。SVE 技术适用的土壤深度为 1.5～90 m,主要处理 VOCs、燃油(汽油)污染土
壤,对柴油效果不理想,不适合润滑油、燃料油等重油。一般要求污染物亨利常数大于 0.01,
或蒸气压大于 0.5 mmHg(67 Pa),或沸点低于 300 ℃。土壤的含水量越大,越不利于 VOCs
挥发,但当土壤含水量小于一定值时,由于土壤表面的吸附作用导致污染物不易解吸,从而减
少污染物向气相传递。实际应用中也可通过铺设地表土工膜的方式,避免短路,增加抽提井的
影响半径。还可抽取地下水,降低水位,增大包气带的厚度,提高 SVE 效率。SVE 技术难以
单独将污染物降低到很低水平,大多需要与其他技术联用,如微生物修复等。

　　SVE 系统初步设计的重要参数是抽出的 VOCs 浓度、空气流速、抽提井的影响半径、所需
井的数量和真空鼓风机的大小等。而土壤空气渗透率可根据土壤的物理性质相关分析、实验
室检测、现场测试等获得。相关性估算如下:

$$K_a = K_w \left(\frac{\rho_a \mu_w}{\rho_w \mu_a} \right) \tag{6.1}$$

式中:K_a——土壤空气渗透率,L/T;

　　　K_w——水力传导系数,L/T;

ρ_a——空气密度，m/L^3；

ρ_w——水密度，m/L^3；

μ_a——气体黏度，m/LT；

μ_w——水的气体黏度，m/LT。

实验室测定时在土样一端通入一定气压，然后测定通过土体的空气流速，依据土壤空气对流方程获得土壤空气渗透率，但难以评估场地土壤的实际情况和反映其性质。而现场测试是最有效的方法。现场 SVE 土壤空气渗透率的测试主要通过透气性测试实验、土壤空气渗透率解析、测量探头的设置、透气性场址的处理与关键变量，然后逐步测试，经过中试试验最后确定。

（1）自由相与气相间的平衡：非水相液体（NAPL）进入包气带土壤后以自由相、土壤孔隙中的气相、土壤水中的液相和吸附于土壤颗粒上的固相形式存在。

当液体与空气接触时，液体中的分子趋向于以蒸气形式通过挥发或蒸发进入气相，液体的蒸气压由与其平衡时的气相压力获得，通常用毫米汞柱（760 mmHg＝1 atm＝1.013×10^5 Pa ＝14.696 psi）表示。常用克劳修斯-克拉伯龙（Clausius-Clapeyron）方程来描述蒸气压与温度的关系。

$$\ln \frac{p_1^{sat}}{p_2^{sat}} = -\frac{\Delta H^{vap}}{R} \left(\frac{1}{T_1} - \frac{1}{T_2} \right) \tag{6.2}$$

式中：p^{sat}——纯液相组分的蒸气压，Pa；

T_1、T_2——不同状态下的温度，℃；

R——摩尔气体常数；

ΔH^{vap}——蒸发焓（化学手册中可查），J/mol。

安托因（Antoine）方程是广泛使用的经验方程，方程如下：

$$\ln p^{sat} = A - \frac{B}{T+C} \tag{6.3}$$

式中：A、B、C——安托因常数（化学手册中可查）；

T——温度，℃。

对于理想液态混合物，其气-液平衡状态符合拉乌尔（Raoult）定律：

$$p_A = p^{vap} x_A \tag{6.4}$$

式中：p_A——组分 A 在气相中的分压；

p^{vap}——组分 A 作为纯液相的蒸气压，Pa；

x_A——组分 A 在纯液相中的物质的量分数。

气相浓度随着其与自由相的距离增加而降低，形成一个浓度梯度；在自由相附近的气相浓度等于或接近平衡值。

（2）液相与气相间的平衡：包气带土壤孔隙中的污染物趋向于通过溶解或吸收作用进入液相。当污染物溶于液相中的速率等于污染物从液相中挥发的速率时，体系处于平衡状态。亨利定律用于描述液相与气相浓度之间的平衡，其公式如下：

$$p_A = H_A C_A \tag{6.5}$$

式中：p_A——组分 A 在气相中的蒸气压；

H_A——组分 A 的一个常数，其数值取决于温度、压力及溶质和溶剂的性质；

C_A——组分 A 在液相中的浓度，mg/L。

亨利常数（H）为污染物在气相（C_a）与水相（C_w）中的浓度（质量/体积）比，H 越大，污染物越容易进入空气中。

$$H = C_a/C_w \tag{6.6}$$

污染物在固相与液相中的含量比值（K_d）越大，则越容易被介质所吸附。

$$K_d = K_{oc} f_{oc} \tag{6.7}$$

式中：K_d——有机物的分配系数；

$\quad K_{ow}$——污染物在辛醇-水之间的分配系数；

$\quad f_{oc}$——单位质量多孔介质中有机碳的含量。

$$f_{oc} = f_{om}/1.724 = 11 f_N \tag{6.8}$$

式中：f_{om}——介质中有机物的含量；

$\quad f_N$——土壤中的含氮量。

$$K_{oc} = a K_{ow}^b = \alpha \beta S_w^\beta \tag{6.9}$$

式中：K_{oc}——有机物在辛醇和水之间的分配系数，为有机物在辛醇中的浓度与在水中的浓度比；

$\quad a$、b、α、β——实验常数；

$\quad S_w$——溶解度，溶解度越大，越容易进入水中。

当土壤中存在 NAPL 时，可将饱和蒸气压（P_v）转换为气体的浓度（C_v）：

$$C_v = \frac{M P_v}{RT} \tag{6.10}$$

式中：M——气体的摩尔质量；

$\quad R$——摩尔气体常数；

$\quad T$——绝对温度。

当 NAPL 为混合气体时，使用拉乌尔定律估算污染物在气相中的浓度：

$$p_{vi} = p_i^0 x_i \tag{6.11}$$

式中：p_{vi}——NAPL 中 i 组分在物质的量分数为 x_i 时的气相分压；

$\quad p_i^0$——纯组分 i 的饱和蒸气压。

NAPL 进入地下环境后，接触包气带介质，受到自身重力和介质对 NAPL 的毛细压力以及黏滞阻力的影响，当其重力大于阻力时，NAPL 将沿着垂直方向向下迁移，在此过程中，会有部分 NAPL 挥发到包气带气体中，在理想和平衡条件下，挥发过程由污染物的饱和蒸气压所控制。同时会有部分 NAPL 相溶解于土壤水中，溶解过程由其饱和水溶液所控制。若 NAPL 为多组分体系，则蒸气压和溶解度可由拉乌尔定律和亨利定律确定。当 NAPL 相全部消失，则挥发过程仅由亨利定律确定。水相的污染物可与土壤固相发生吸附-解吸，这个过程可采用一般的吸附等温常数 K_d 来描述。对于气-固吸附，通常情况下，由于土壤固相表面均有水膜覆盖，气、固相几乎没有相界面存在，因而通过该过程吸附-解吸的污染物相对较少。

（3）固相与液相间的平衡：在固相与液相共存体系中，利用吸附等温线描述固-液相间的平衡关系。最常见的吸附等温线是朗缪尔（Langmuir）等温线和弗罗因德利希（Freundlich）等温线，其关系是分配系数，有机污染物的分配系数与介质中天然有机物的含量有关。土壤固-液分配系数表达式如下：

$$K_d = K_{oc} f_{oc} \tag{6.12}$$

式中：K_d——有机物的分配系数；

K_{ow}——污染物在辛醇-水之间的分配系数;

f_{oc}——土壤中有机碳含量。

(4)污染物在不同相间的平衡:包气带中污染物总量为 4 个相中污染物质量的总和。以包气带内体积为 V 的污染物为例:

$$Q_1 = V_1 C = V\theta_w C \tag{6.13}$$

$$Q_s = M_s X = V\rho_b X \tag{6.14}$$

$$Q_a = V_a G = V\theta_a G \tag{6.15}$$

式中:Q_1、Q_s、Q_a——分别为水中、土壤颗粒吸附和土壤孔隙中的污染物质量;

V_1——水中污染物的体积;

M_s——土壤质量;

V_a——气相体积;

C——水中污染物的浓度,mg/L;

X——土壤中污染物的含量,mg/kg;

G——气相中污染物的浓度,%或者 mg/m^3;

θ_w——包气带中的孔隙水体积比;

θ_a——包气带中的空隙空气体积比。

污染物的总质量 Q 为上述三相中的污染物质量再加上自由相中污染物的质量。若体系处于平衡状态,且亨利定律和线性吸附适用,其中污染物的平均质量浓度可用相的浓度乘以一个因子来表示:

$$\frac{Q_t}{V} = (Q + \rho_b K_d \theta_a H)C = \left(\frac{\theta_w}{H} + \frac{\rho_b K_d}{H} + \theta_a\right)G = \left(\frac{\theta_w}{K_d} + \rho_b + \theta_a \frac{H}{K_d}\right)X \tag{6.16}$$

式中:ρ_b——土壤密度;

K_d——分配系数;

H——亨利常数。

$\dfrac{Q_t}{V}$——污染物的平均质量浓度,若已知污染物的体积 V,则可计算污染物的总质量(Q_t)。

而地下水中的污染物浓度计算公式如下:

$$\frac{Q_1}{V} = (n + \rho_b K_d)C = \left(\frac{n}{K_d} + \rho_b\right)X \tag{6.17}$$

污染物蒸气的主要迁移运输机制如下:气相中压力诱导的对流,即在压力梯度下的对流,可由 SVE 的真空系统诱导产生;气相中密度诱导的对流,由蒸气的密度差异及梯度造成;气相、水相中的扩散。通常污染物在气相中的扩散系数高出水相中扩散系数 4 个数量级左右。当土壤孔隙气相浓度以自由态出现时,可根据拉乌尔定律求出:

$$p_A = p^{vap} x_A \tag{6.18}$$

式中:p_A——A 组分在气相中的分压;

p^{vap}——A 组分在纯液体中的分压;

x_A——A 组分在液相中的物质的量分数。

(5)抽提井的影响半径与距离:SVE 设计的影响半径可定义为压力降非常小($P < 1$ atm)的位置距抽提井的距离。影响半径是指单井系统运行后由于抽气负压所影响的最大径向距离,一般是以抽提井为圆心,至负压 25 Pa 的最大距离。通过绘制抽提井及监测井的压力随径

向距离的对数变化曲线图或用下式确定影响半径：

$$p_r^2 - p_w^2 = (p_{R_1}^2 - p_w^2)\frac{\ln(r/R_w)}{\ln(R_1/R_w)} \tag{6.19}$$

式中：p_r——距抽提井 r 处的监测井压力，$m/(LT^2)$；

　　　p_w——抽提井的压力，$m/(LT^2)$；

　　　p_{R_1}——最佳影响半径处的压力，$m/(LT^2)$；

　　　r——监测井与抽提井的距离，m；

　　　R_1——最佳影响半径，m；

　　　R_w——抽提井的半径，m。

抽提位置根据分析不同地层污染物的去除程度来确定，抽提过程分析垂直方向的污染物浓度和气体流速可以帮助理解扩散限制的质量传输程度。多数污染物是从地面以下 $5.5\sim$ 6.1 m 抽提，但粉土层的空气流动速率比其他地方小 1 个数量级，抽提井首先提取受污染区域上方或下方更具渗透性层面的污染气体。低渗性土壤的去除主要依靠从低渗透区到相邻高渗透区土壤的扩散来实现。

（6）抽提井与监测井的结构设计：竖直抽提井结构与地下监测井结构类似。大多为 PVC 管抽提井，直径为 $5\sim30$ cm，常用直径为 10 cm。抽提井井屏用纱网缠绕，防止固体颗粒进入管路，然后井屏与井壁安装在钻孔中心。在钻孔与抽提井之间安装过滤物（砾砂），过滤物一般安装至高于井上部 $0.3\sim0.6$ m，再装填 $0.3\sim0.6$ m 的膨润土密封，之后使用水泥浆填满周围孔隙，过滤物以及井缝隙必须考虑周围土壤颗粒的粒径。SVE 抽提井的有效半径为 $6\sim45$ m，深度可达 7 m。

2. SVE 技术应用范围

欧美等国家和地区已有许多实践经验，在场地修复应用中，SVE 系统涉及的污染土壤深度范围为 $1.5\sim90$ m，主要应用于处理 VOCs 或 SVOCs、燃料油污染的土壤。一般要求有机污染物的亨利常数大于 0.01，或蒸气压大于 0.0665 kPa。由于 SVE 效果的影响因素，如土壤含水量、有机物含量、土壤空气渗透率等不同，所以不同的场地会有不同的修复效果。在实际应用中，可以通过地表铺设土工膜，避免短路，增加抽提井的影响半径；也可以抽取地下水，降低水位，增大包气带的厚度，提高 SVE 的效率。SVE 技术不能单独使污染物浓度降到很低的标准，有时需要有后续的其他修复技术，如微生物降解修复等。

SVE 技术不能去除重油、PCB 或二噁英，但对于低挥发性的有机污染物，可以通过气体的流动改善其微生物原位修复的条件，因而 SVE 技术也有一定的作用。

SVE 技术的优点：① 设备简单，易于安装操作，对场地破坏小；② 修复时间短，适宜条件下少于 2 年；③ 修复费用低；④ 易与其他 AS、BS 等技术混合，可在建筑物下操作而不损坏建筑物。

SEV 技术的缺点：① 将污染物浓度降低 90% 以上难度很大；② 对低渗透性土壤和非均匀介质的修复效果不确定；③ 对抽出气体需要后续处理；④ 只能对非饱和区域土壤进行处理。

SVE 技术的适用范围：可用来处理挥发性有机污染物和某些燃料。可处理的污染土壤应具有质地均一、渗透能力强、孔隙度大、湿度小和地下水位较深的特点。低渗透性的土壤难以采用该技术进行修复处理。

3. 技术发展

在 SVE 技术的基础上发展起来的多相浸提/解吸技术，是指利用物理方法通过降低土壤孔隙的蒸气压,把土壤中的污染物转化为蒸气形式而加以去除的技术。多相浸提/解吸技术可分为原位土壤汽提技术、异位土壤汽提技术和多相浸提技术。汽提技术适用于地下含水层以上的包气带。多相浸提技术适用于包气带和地下含水层。原位土壤汽提技术适用于处理亨利系数大于0.01或者蒸气压大于66.66 Pa的挥发性有机化合物,如挥发性有机卤代物或非卤代物、丙酮、甲苯、正己烷、三氯乙烯,也可用于去除土壤中的油类、重金属、多环芳烃或二噁英等污染物;异位土壤汽提技术适用于修复含有挥发性有机卤代物和非卤代物的污染土壤;多相浸提技术适用于处理中、低渗透性地层中的挥发性有机物。SVE运行初期,挥发作用为主导,当污染物浓度降低到一定程度后,好氧生物降解成为污染物去除的主要过程。

微生物排气法也属于SVE技术的一种方法,是在包气带中注入和抽取空气以增加地下氧气浓度,加速非饱和区域微生物的降解,常用于石油污染治理。

蒸汽/热空气注射+SVE技术:将热蒸汽注入污染区域,加快有机污染物的蒸发,提高液体流速与修复效率。

气力和水力分裂+SVE技术:强化系统缝隙或填沙裂缝,增加SVE在低渗土壤的修复效果。

电磁波加热+SVE技术:利用高频电压产生的电磁波对污染场地中的土壤进行加热,加速土壤有机物的挥发与解吸,提高液体的流速以增强修复效率与速度。

生物强化+SVE技术:通过向非饱和区注入空气(氧气)、添加营养物(氮、磷、钾等)和接种功能工程菌等措施强化和提高SVE修复过程中的去除效率。

6.1.5　热解吸修复技术

热解吸修复技术是指通过直接或间接热交换,将受污染的土壤加热(常用的加热方法有蒸汽注入、红外辐射、高频电流、过热空气、燃烧气、热导、电阻加热、微波和射频加热),使土壤中的挥发性污染物(或Hg)从污染介质中挥发或分离,在挥发时能被收集起来进行回收或处理的一种方法。加热温度控制在200~500 ℃,按温度可分成低温热处理技术(土壤温度为150~<315 ℃)和高温热处理技术(土壤温度为315~540 ℃或更高)。热解吸过程中发生蒸发、蒸馏、沸腾、氧化和热解等作用,通过调节温度可以选择性地移除不同的污染物。土壤中的部分有机物在高温下分解,其余未能分解的污染物在负压条件下从土壤中分离出来,最终在地面处理设施(后燃烧器、浓缩器或活性炭吸附装置等)中彻底消除。热解吸修复技术具有工艺简单、技术成熟等优点,但该方法能耗大、操作费用高。该技术对处理土壤的粒径和含水量有一定要求,一般需要对土壤进行预处理,有产生二噁英的风险。热解吸修复过程通常在现场由移动单元完成,因为有解吸过程并对污染物破坏小,所以随后要对解吸出的产物进行处理。

土壤热解吸修复技术装置包括土壤加热系统、气体收集系统、尾气处理系统、控制系统等(图6.6)。

蒸汽浸提法是在污染介质中引入清洁蒸汽以产生驱动力,利用土壤固相、液相和气相之间的浓度梯度,降低土壤孔隙的蒸气压,将污染物转化为气态形式排出土壤外的过程。蒸汽浸提法适用于高挥发性化学污染介质污染土壤的修复,如受汽油、苯和四氯乙烯等污染的土壤。

热解吸修复技术能高效地去除污染场地内的各种挥发性或半挥发性有机污染物,污染物去除率可达99.98%以上。透气性差或黏性土壤由于会在处理过程中结块而影响处理效果。该技术应用时,高黏土含量或湿度会增加处理费用,且高腐蚀性的进料会损坏处理单元。

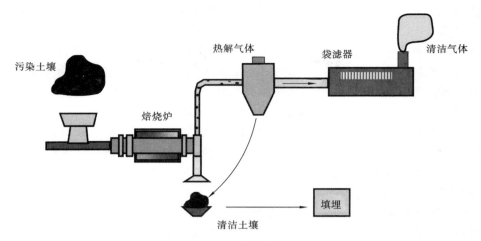

图 6.6　热解吸修复技术示意图

　　热解吸修复技术适合处理土壤中挥发性有机物、半挥发性有机物、农药、高沸点氯代化合物,不适合处理土壤中重金属(Hg 除外)、腐蚀性有机物、活性氧化剂和还原剂。加热会导致局部压力大,可能会造成蒸汽向低温带的迁移,并可能污染地下水,并应注意地下潜在的易燃易爆物质的危险。

6.1.6　土壤微生物修复技术

　　土壤微生物修复技术是指利用微生物(土著菌、外来菌和基因工程菌)对污染物的代谢作用而转化、降解污染物,将土壤、地下水中的危险污染物降解、吸收或富集的生物工程技术。通过强化营造出适宜微生物生长的环境,如营养源、氧化还原电位、共代谢基质、强化微生物降解作用,以污染物特别是有机污染物为营养源,通过吸收、代谢等将污染物转化为稳定无害的物质。作用的原理是通过土著微生物或外源微生物提供最佳的营养条件及必需的化学物质,保持其代谢活动的良好状态。

　　能降解污染物的微生物种类很多,据报道有 200 多种,细菌有假单胞菌、棒状杆菌、微球菌、产碱杆菌属等,放线菌主要有诺卡菌属,酵母主要是解脂假丝酵母和热带假丝酵母,霉菌有青霉属和曲霉属。此外,蓝细菌和绿藻也能降解多种芳烃。

　　1. 土壤微生物修复技术种类

　　土壤微生物修复技术按处置地点分为异位生物修复(生物堆肥等)和原位生物修复(原位深耕、原位生物降解、生物反应墙等)。生物通风是一种强迫氧化生物降解的方法,即在受污染土壤中强制通入空气,将易挥发的有机物一起抽出,然后用排入气体处理装置进行后续处理或直接排入大气中。地耕处理是通过在受污染土壤上进行耕耙、施肥、灌溉等耕作活动,为微生物代谢提供一个良好环境,保证生物降解发生,从而使受污染土壤得到修复的一种方法。堆肥法有以下几种类型:风道式堆肥处理,堆肥料置于称为风道的平行排列的长通道上,靠机械翻动来控制温度;好氧静态堆肥处理,堆肥料被置于有鼓风机和管道的空气系统上,通过管道供氧和控制湿度;机械堆肥处理,堆肥在密封的容器中进行,过程易于得到控制,间歇或连续运行。将污染土壤与水(达到至少 35% 含水量)、营养物、泥炭、稻草和动物粪便混合后,使用机械或压气系统充氧,同时加石灰以调节 pH。经过一段时间的发酵处理,大部分污染物被降解,标志着堆肥完成。经处理消除污染的土壤可返回原地或用于农业生产。

1)生物堆技术

生物堆技术是指将污染土壤挖掘后,在具有防渗层的处置区域堆积,经过曝气,利用微生物对污染物的降解作用处理污染土壤的技术。对污染土壤堆体采取人工强化措施,促进土壤中具备污染物降解能力的土著微生物或外源微生物的生长,降解土壤中的污染物。该技术的特点是在堆起的土层中铺有管道,提供降解用水或营养液,并在污染土层以下设多孔集水管,收集渗滤液。生物堆底部设进气系统,利用真空或正压进行空气的补给。系统可以是完全封闭的,内部的气体、渗滤液和降解产物,都经过诸如活性炭吸附、特定酶的氧化或加热氧化等措施处理后才向大气排放,而且封闭系统的温度、湿度、营养物、氧气和 pH 均可调节用以增强生物的降解作用。在生物堆的顶部需盖薄膜,控制气体和挥发性污染物的挥发和溢出,并能加强太阳能热力作用,从而提高处理效率。生物堆是一项短期技术,一般持续几周到几个月。该技术适用于非卤化挥发性有机物和石油烃类污染物,也可用来处理卤化挥发性和半挥发性有机物、农药等,但处理效果不一,可能对其中特定污染物更有效。

PAH 水溶性差,辛醇-水分配系数高,易于分配到生物体内和沉积层土壤中,土壤是 PAH 的主要载体。生物堆中投加绿肥或秸秆可明显促进苯并[a]芘(BaP)和二苯并[a,h]蒽(DBA)的降解。生物堆不适合用于污染物浓度太高的情况。当土壤中重金属含量较高时,会影响微生物的生长,不利于修复,与土地耕作处理相同。

生物堆系统构成:生物堆主要由土壤堆体、抽气系统、营养水分调配系统、渗滤液收集处理系统以及在线监测系统组成。其中,土壤堆体系统具体包括污染土壤堆、堆体基础防渗系统、渗滤液收集系统、堆体底部抽气管网系统、堆内土壤气监测系统、营养水分添加管网、顶部进气系统、防雨覆盖系统。抽气系统包括抽气风机及其进气口管路上游的气水分离和过滤系统、风机变频调节系统、尾气处理系统、电控系统、故障报警系统。营养水分调配系统主要包括固体营养盐溶解搅拌系统、流速控制系统、营养水分投加泵及设置在堆体顶部的营养水分添加管网。渗滤液收集系统包括收集管网及处理装置。在线监测系统主要包括土壤含水率、温度、二氧化碳和氧气在线监测系统。

2)生物堆肥

生物堆肥是指借助微生物的作用,有机物被不断分解转化的过程。好氧堆肥一般分为三个阶段:升温阶段、高温阶段、降温阶段。堆肥对 PAH 降解效果较好,堆肥的内部温度必须在5~7天内保持50~55 ℃或更高的温度,USEPA 规定密封式堆肥和通风静态堆肥温度必须使内部温度保持 55 ℃或更高达 3 天。野外堆肥必须保持内部温度为 55 ℃或更高达15 天,并且在此期间具有至少 5 次翻耕。控制目标是蛔虫卵死亡率达 100%。60%~80%的水分含量是生物堆肥的最佳限制,可采用通风增强废气的去除与微生物的需氧,当耗氧率为每分钟 0.02%~0.1%时,堆肥成熟。

2. 土壤微生物修复原理

构建的微生物不仅能够分解靶标污染物,而且可以抗污染点的抑制剂。许多工业污染点,不仅含高浓度合成污染物,而且含有重金属或其他抑制微生物生长发育的物质。我们可以构建能降解多种污染物的菌株,开发低吸附的菌株,使菌株可以迁移较远的距离。土壤微生物主要以附着态存在。附着在含水层固体上的微生物比自由态微生物多 10~1000 倍。土壤微生物主要分布在 0.8~3 μm 的孔隙中,而污染物的吸附大多发生在小于 1 μm 的微孔内,所以微生物无法直接利用大多数被吸附的污染物。土壤微生物也可能无法直接利用 SOM 内的污染物以及 NAP 物质。尽管有些微生物(尤其是真菌)可以通过分泌胞外酶降解污染物,但是酶分子比污染物分子大许多倍,在土壤中扩散得相当慢或根本不扩散。因此,一般认为土壤微生物主要利用水相污染物,而不是吸附态和 NAP 物质。相分配作用也会降低有机物的可利用性。土壤中非水相液体(NAPL)和颗粒态残留有机碳物质的存在增强了污染物的多相分配程度。疏水性有机物分配进入 NAPL 后,生物降解速率降低,其原因可能在于污染物的水相浓度进一步降低,污染物从 NAPL 分配到水相的速率减慢,微生物优先利用 NAPL,NAPL 有毒性作用等。有机物可利用性降低的另一种途径是形成 NAPL,NAPL 与水基本上不能混溶,在地下环境中以分离态形式存在。如果 NAPL 密度比水小(如汽油和石油类污染物),则会分离进入土壤和地下水的漂浮相中;被截留的 NAPL 会逐渐溶解,相当于地下环境的长期污染源。如果密度比水大(如氯代脂肪烃),则会向土壤底层迁移。隔离是指污染物与其他物质结合或不可逆地转化为其他相(或状态)而使其环境活性降低的过程。隔离对污染物的归宿、迁移和生物可利用性有重要影响。疏水性有机物的隔离程度随污染物与土壤接触时间增加而明显增加,这个过程称为污染物老化或风化。污染物老化过程包括化学氧化,将污染物结合到 SOM 中,污染物在土壤微孔内和 SOM 内扩散,或者隔离在 NAPL 内等。微生物移动性大,或具有降解能力的细菌主动或被动地向吸附态污染物运移,则可提高污染物的可利用性和生物降解速率。微生物在土壤中的吸附/解吸、过滤和沉降等过程会显著地阻止或延迟微生物的运移。吸附过程涉及各种复杂的生物、物理和化学现象,其中包括静电吸附、疏水反应及微生物排泄物的吸附作用。

微生物降解是利用原有或接种微生物(即真菌、细菌及其他微生物)降解(代谢)土壤中污染物,并将污染物转化为无害的末端产品的过程。可通过添加营养物、氧气和其他添加物增强生物降解的效果。微生物金属修复的机理包括胞外络合、沉淀反应、氧化还原反应和胞内积累等。典型有机污染物的微生物转化与降解机理如下。

1) 氯代芳香族污染物的微生物转化及降解机理

土壤中存在大量能降解氯代芳香族污染物的微生物,它们对氯代芳香族污染物的降解途径主要有两种:好氧降解和厌氧降解。其中脱氯作用是氯代芳香族有机污染物生物降解的关键过程,好氧微生物可通过双加氧酶或单加氧酶作用使苯环羟基化,形成氯代儿茶酚,然后进行邻位、间位开环,脱氯;也可先在水解酶作用下脱氯后开环,最终矿化。氯代芳香族污染物的厌氧生物降解主要是依靠微生物的还原脱氯作用,逐步形成低氯代中间产物或被矿化生成 CO_2 和 CH_4 的过程。一般情况下,高氯代芳香族有机物还原脱氯较容易,而低氯代芳香族有机物厌氧降解较难。研究表明,氯代芳香族污染物的厌氧微生物降解具有很大的应用潜力,已成为有机污染土壤环境修复的研究热点,USEPA 也已提出将有机污染物厌氧生物降解作为生物修复行动计划的优先领域。

2) 多环芳烃(PAHs)的微生物转化与降解机理

微生物对 PAHs 的降解有两种方式。一种是微生物在生长过程中以 PAHs 为唯一的碳源和能源生长而将 PAHs 降解。一般情况下,微生物对 PAHs 的降解都需要 O_2 的参与,在加氧酶的作用下使苯环裂解。其中,真菌主要利用单加氧酶,先进行 PAHs 的羟基化,把一个氧原子加到 PAHs 上,形成环氧化合物,接着水解生成反式二醇和酚类;而细菌则一般通过双加氧酶,把两个氧原子加到苯环上形成双氧乙烷,进一步氧化成顺式双氢乙醇,接着脱氢产生酚类。不同的途径产生不同的中间产物,其中邻苯二酚是最普遍的,这些中间代谢产物可经过相似的途径进行降解:苯环断裂→丁二酸→反丁烯二酸→丙酮酸→乙酸或乙醛,且都能被微生物吸收利用，最终产生 CO_2 和 H_2O。另外一种是微生物通过共代谢作用降解 PAHs（即 PAHs 与其他有机物共氧化），在共代谢过程中，微生物分泌胞外酶降解共代谢底物维持自身生长，同时也降解一些非微生物生长必需的物质（如 PAHs）。琥珀酸钠可加强 BaP 的共代谢作用，促进 BaP 的降解，该途径在 PAHs 污染土壤修复中具有很大的应用价值。

3）矿化作用

矿化作用指有机物在微生物的作用下彻底分解为 H_2O、CO_2 和简单无机化合物的过程，是彻底的生物降解（终极降解），可从根本上清除有毒物质的环境污染。矿化作用的本质是酶促反应。

4）共代谢作用

当环境中存在其他可利用的碳源和能源时，难降解的化合物才能被利用（被修饰或转化但非彻底降解）。

5）原位生物修复的基本条件

原位生物修复的基本条件包括碳源及能源、能高效降解污染物的微生物种群、提供微生物代谢所需的无机营养物、环境介质中合适且可利用的水量、适宜的温度、适宜的 pH。微生物修复可能利用微生物细菌（真细菌、蓝细菌、古细菌）、真菌（酵母、霉菌、白腐真菌、大型真菌、菌根）、藻类。原位微生物修复过程：微生物接近污染物→吸附污染物→分泌胞外酶→吸收污染物→胞内代谢降解或转化。

6.1.7 植物修复技术

植物修复是以植物忍耐和超量积累某种或某些化学元素的理论为基础，利用植物及其根际圈微生物体系的吸收、挥发、降解、萃取、刺激、钝化和转化作用来清除环境中污染物质的一项新兴的污染治理技术。具体来说，植物修复就是利用植物本身特有的利用、分解和转化污染物的作用，利用植物根系特殊的生态条件加速根际圈的微生态环境中的微生物生长繁殖，以及利用某些植物特殊的积累与固定能力，提高对环境中某些无机污染物和有机污染物的脱毒和分解能力。

广义的植物修复包括利用植物修复重金属污染的土壤、利用植物净化空气和水体、利用植物清除放射性核素和利用植物及其根际微生物共存体系净化土壤中的有机污染物。目前植物修复主要指利用植物及其根际圈微生物体系清洁污染土壤，其中利用重金属超积累植物的提取作用去除污染土壤中的重金属又是植物修复的核心技术。因此狭义的植物修复技术是指利用植物清除污染土壤中的重金属。

植物修复作用原理主要是通过植物自身的光合、呼吸、蒸腾和分泌等代谢活动与环境中的污染物质和微生态环境发生交互反应，从而通过吸收、分解、挥发、固定等过程使污染物达到净化和脱毒的修复效果。植物吸收修复技术在国内外都得到了广泛研究，已经应用于镉、铜、锌、镍、铅等重金属以及与多环芳烃、多氯联苯和石油烃复合污染土壤的修复，并发展出包括络合诱导强化修复、不同植物套作联合修复、修复后植物处理处置的成套集成技术（图 6.7）。

1. 根的生理作用与根际生物圈

首先，植物根具有深纤维根效应，是土壤的心脏。根的形态可以影响土壤的物化性质以及污染物的生物可利用性和降解程度。

其次，根可以通过吸收和吸附作用在根部积累大量的污染物质，加强对污染物质的固定，

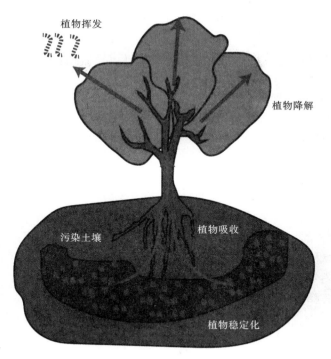

图 6.7　植物修复技术简图

其中根系对污染物的吸收在污染土壤修复中起重要作用。

再次,根还有生物合成的作用,可以合成多种氨基酸、植物碱、有机氮和有机磷等有机物,同时还能向周围土壤中分泌有机酸、糖类物质、氨基酸和维生素等有机物,降低根际周围污染物的可移动性和生物有效性,减少污染物对植物的毒害。

植物根际圈是指由植物根系和土壤微生物之间相互作用而形成的独特圈带,包括根系、与之发生相互作用的生物,以及受这些生物活动影响的土壤,是一个良好的适应微生物群落生长的生态环境,是以土壤为基质,以植物的根系为中心,聚集大量的细菌、真菌等微生物和蚯蚓、线虫等一些土壤动物的独特的"生态修复单元"。

植物的根系在从土壤中吸收水分、矿物质营养的同时,向根系周围土壤分泌大量的有机物,而且其本身也产生一些脱落物,这些物质促使某些土壤微生物和土壤动物在根系周围大量地繁殖和生长,使得根际圈内微生物和土壤动物数量远远大于根际圈外的数量,而微生物的生命活动如氮代谢、发酵和呼吸作用及土壤动物的活动等,对植物根也产生重要影响,它们之间形成了互生、共生、协同及寄生的关系。

2. 植物修复有机污染物机制

有机污染物的直接吸收和降解:植物根对中度憎水有机污染物有很高的去除效率,包括BTEX、氯代溶剂和短链脂肪族化合物等($0.5 \leqslant \lg K_{ow} \leqslant 3.0$)。根系对有机污染物的吸收程度还取决于有机污染物在土壤水溶液中的浓度、植物的吸收率和蒸腾速率。

(1)酶的作用:一般来说,植物根系对有机污染物吸收的强度不如对无机污染物(如金属)吸收的强度大,植物根系对有机污染物的修复主要是依靠根系分泌物对有机污染物产生的配合和降解等作用,以及根系释放到土壤中酶的直接降解作用得以实现。例如从沉积物中鉴定出的脱卤酶、硝酸还原酶、过氧化物酶、漆酶和脂肪水解酶均来自植物的分泌作用。

（2）根际的微生物降解：植物以多种方式帮助微生物转化，根际圈在生物降解中起着重要作用。

3. 植物修复重金属机制

（1）植物对重金属的移运：植物通过蒸腾拉力和扩散途径使重金属到达根表面；重金属的跨膜运输；重金属穿过根的中柱，进入导管，并向植株上部传输。利用陆生或水生植物超量吸收一种或几种重金属，并富集到可收割部分再进行集中处理。

（2）植物积累：将重金属富集和固定于植株上部的组织中，有的可实现超积累，该类植物往往被选为修复植物。

（3）植物挥发：将挥发性污染物吸收到植株体内，再转化为气态物质释放到大气中，主要集中在挥发性重金属修复方面。

（4）植物稳定：利用植物吸收和沉淀固定土壤中的大量有毒金属，以降低其生物有效性并防止其进入地下水和食物链，从而减少其对环境和人类健康的污染风险。

（5）植物降解修复：一是将污染物吸收到植株体内储存于组织中或矿化，二是分泌物直接降解根际圈内有机污染物。

（6）根际圈生物降解修复：利用植物根际圈菌根真菌、专性或非专性细菌等微生物的降解作用来转化有机污染物，降低或彻底消除其生物毒性。其中植物对根际圈降解微生物起活化的作用，此外根分泌的一些有机物也是细菌通过共代谢降解有机污染物的原料。这种修复方式实际上是微生物与植物的联合作用过程，其中微生物在降解过程中起主导作用。

（7）植物固化/稳定化修复：一是通过耐性植物根系分泌物来积累和沉淀根际圈附近的污染物质；二是利用耐性植物在污染土壤上的生长来减少污染土壤的风蚀和水蚀，防止污染物质迁移和扩散。

（8）根际过滤：利用植物庞大的根系和巨大的表面积过滤吸收、富集水体中的重金属元素。根际过滤应用范围广泛，可处理杀虫剂、除草剂、多环芳烃、多氯联苯、矿物油等有机污染物。

植物修复优点：资源丰富，开发和应用潜力巨大，在实践应用中已有良好的技术保障；能耗较低，可防止水土流失，创造生态效益和经济效益，符合可持续发展战略的理念；修复工艺操作简单，成本低，可以在大面积污染范围内实施。

（9）植物修复缺点：具有不确定性和多学科交叉性，受环境条件和病虫害影响较大；受植物栽培和生长的限制，周期较长。植物修复技术的中间代谢产物复杂，代谢产物的转化难以观测，有些污染物在降解的过程中会转化成有毒的代谢产物。修复植物对环境的选择性强，很难在特定的环境中利用特定的植物种；气候或季节条件会影响植物生长，减缓修复效果，延长修复期；修复技术的应用需要大的表面区域；一些有毒物质对植物生长有抑制作用，因此植物修复一般只用于低污染水平的区域。有毒或有害化合物可能会通过植物进入食物链，所以要控制修复后植物的利用。污染深度不能超过植物根之所及。但相比于其他修复技术，植物修复具有良好的美学效果和较低的操作成本，比较适合与其他技术结合使用。

4. 常见修复植物

植物修复治理成本低，表现出环境与美学的兼容性。植物固化作用对土壤环境扰动小，治理过程表现为原位性。植物修复治理后期处理简单，某些金属元素还可回收利用，几乎没有二次污染。常见修复植物见图6.8。

金丝垂柳对镉耐受浓度可高达25 mg/L，镉主要富集于金丝垂柳的根部，但地上组织对镉

（a）蜈蚣草

（b）东南景天

图 6.8　常见修复植物

的富集能力比较稳定。当金丝垂柳种植密度为 4 株/米^2 时,其地上部对镉去除量达到 4 kg/km^2,对土壤中镉的总去除率为 0.23%。EDTA 和乙酰乳酸的联合加入能显著增加金丝垂柳对土壤中镉的去除率。EDTA 的使用能有效促进溶液和土壤中镉浓度的降低,并增加金丝垂柳根、茎和叶对镉的富集量。乙酰乳酸可用来减少强化植物修复中使用的生物难降解螯合剂 EDTA 等的用量。

选择合适的环境友好的螯合剂对于诱导植物修复具有很大影响。常见的螯合剂有乙二胺四乙酸(EDTA)、二乙烯三胺五乙酸(DTPA)、柠檬酸、苹果酸、乙酸等。但使用这些合成螯合剂过程中也存在着一定的潜在风险,如将土壤中重金属解离后,在未被植物充分吸收的条件下,容易产生淋失和引起地下水的二次污染。

5. 影响植物修复的环境因子

土壤酸碱度:土壤中绝大多数重金属是以难溶态存在的,其溶解性受土壤 pH 限制,进而影响到植物的吸收与利用;根际圈微生物对有机污染物的降解活性同时也受到土壤 pH 的影响。

氧化还原电位:重金属多为过渡元素,在不同的氧化还原状态下,有不同的价态、溶解性和毒性。

共存物质:如螯合剂和表面活性剂就有对重金属的增溶和增加吸收作用。另外还有污染物间的复合效应、营养元素、植物激素以及生物因子等影响因素。

与换土和翻耕等工程量大、耗资多的物理方法相比,在受到污染的耕地中添加化学药剂,有效稳定重金属,并通过化学反应使其转变为不易被植物吸收的形态,可减少重金属积累。如通过种植水稻、玉米等一般植物,以及种植东南景天等超富集植物来修复重金属污染;将细菌体内的还原酶基因转入拟南芥后,植物的耐汞能力提高了 10 倍,并且可将无机汞挥发到大气中;利用种子的包衣技术可促进超富集植物种子早生快发,可在包衣剂中加入种子萌发所需的微肥。

6. 生物修复技术的优点与局限性

生物修复技术具有广阔的应用前景,有明显的优点,但也有其局限性,只有与物理和化学处理方法结合起来形成综合处理技术,才能更好、更有效地修复污染土壤。

(1)生物修复的优点:生物修复是目前国际上公认的最安全的方法,具有如下优点。

① 高效性。有机污染物在自然界各种因素(如光解、水解等)作用下会降解,但速度相对

缓慢，而生物修复可以加速其降解，因而具有高效性。

②安全性。多数情况下，生物修复是自然作用过程的强化，生成的最终产物是 CO_2、H_2O 和脂肪酸等，不会导致二次污染或污染物的转移，能将污染物彻底去除，使土壤的破坏和污染物的暴露降低到最低程度。

③成本低。生物修复是所有修复技术中费用最低的，其成本为焚烧处理的 $1/4\sim1/3$。

④应用范围广。生物修复能同时修复污染的土壤和地下水，特别是在其他技术难以应用的场地，如建筑物或公路下，利用生物修复技术也能顺利进行。

（2）生物修复的局限：有机污染物的生物修复起步较晚，目前还存在如下不足。

①受污染物种类和浓度的限制。某些生物只能降解特定的污染物，也就是说，一种生物不能降解所有种类的污染物，一旦污染物的种类、存在状态或浓度等发生变化，生物修复能力便不能正常发挥，有机污染物浓度过高会抑制生物的活性，使生物降解无法正常进行。

②受环境条件制约。温度、湿度、pH 及营养状况也影响生物的生存，从而影响生物降解。环境因子对生物降解的影响很大，这也正是当前生物修复在实验室研究较多而实际应用较少的原因之一。

③有副作用。生物修复过程中使用的微生物可能会使地下水污染，也可能会引起植物病害，繁殖过度时会堵塞土壤的毛细孔，影响植物对土壤水分的吸收等；被降解的污染物生成的代谢产物的可能毒性、迁移性及生物可利用性等可能会加强，从而造成新的污染。

6.1.8　氧化还原修复技术

化学氧化修复技术主要是向污染环境中加入氧化剂，依靠氧化剂的氧化能力，分解破坏污染环境中污染物的结构，使污染物降解或转化为低毒、低移动性物质的一种修复技术。一般来说，化学氧化技术中氧化剂的选择应遵循以下原则：反应必须足够强烈，使污染物通过降解、蒸发及沉淀等方式去除，并能消除或降低污染物毒性；氧化剂及反应产物应对人体无害；修复过程应是实用和经济的。化学氧化技术所用的氧化剂主要有二氧化氯、高锰酸钾、臭氧、双氧水及芬顿（Fenton）试剂等，其中双氧水及芬顿试剂得到了越来越多的应用。

化学还原修复主要是利用化学还原剂将污染环境中的污染物还原从而去除的方法，多用于地下水的污染治理，是目前在欧美等发达国家新兴起来的用于原位去除污染水中有害组分的方法。化学还原法主要修复地下水中对还原作用敏感的污染物，如铬酸盐、硝酸盐和一些氯代试剂，通常反应区设在污染土壤的下方或污染源附近的含水土层中。

化学氧化修复是降解水中污染物的有效方法。水中呈溶解状态的无机物和有机物，通过化学反应被氧化为微毒或无毒的物质，或转化为容易与水分离的形态，从而达到处理的目的。对污染土壤来说，化学氧化技术不需要将污染土壤全部挖掘出来，而只是在污染区的不同深度钻井，将氧化剂注入土壤中，通过氧化剂与污染物的混合、反应使污染物降解或导致形态的变化，达到修复污染环境的目的。化学氧化可以处理石油烃、BTEX（苯、甲苯、乙苯、二甲苯）、酚类、甲基叔丁基醚（MTBE）、含氯有机溶剂、多环芳烃、农药等大部分有机物；化学还原可以处理重金属类（如六价铬）和氯代有机物等。化学氧化修复技术能够有效地处理土壤及水环境中的铁、锰、硫化氢及三氯乙烯（TCE）、四氯乙烯（PCE）等含氯溶剂，以及苯、甲苯、乙苯和二甲苯等生物修复法难以处理的污染物。除了单独使用外，化学氧化修复技术还可与其他修复技术（如生物修复）联合使用，作为生物修复或自然生物降解之前的一个经济而有效的预处理方法。

根据采用的还原剂不同，化学还原修复法可以分为活泼金属还原法和催化还原法。前者以铁、铝、锌等金属单质为还原剂,后者以氢气以及甲酸、甲醇等为还原剂,一般必须在催化剂的存在下才能使反应进行。常用的还原剂有 SO_2、H_2S 气体和单质 Fe 等。其中单质 Fe 是很强的还原剂,能够将硝酸盐还原为亚硝酸盐,继而将其还原为氮气或氨。单质 Fe 能够使很多氯代试剂中的氯离子游离出,并将可迁移的含氧阴离子以及某些含氧阳离子转化成难迁移态。单质 Fe 既可以通过井注射,也可以放置在污染物流经的路线上,或直接向天然含水土层中注射微米甚至纳米单质 Fe。注射微米、纳米单质 Fe 后,由于反应的活性表面积增大,用小剂量的还原剂就可达到设计的处理效率。

1. 技术原理

氧化还原技术是通过氧化/还原反应将有害污染物转化为更稳定、活性较低或惰性的无害或毒性较低的化合物。氧化还原包括将电子从一种化合物转移到另一种化合物。原位化学氧化是常用技术之一。氧化还原技术的装置一般包括氧化还原剂加入井、监测井、控制系统、管路等部分。氧化剂的种类主要有表 6.5 所示的几种。

在较低 pH(2.5～4.5)条件下,会发生以下反应:

$$H_2O_2 + Fe^{2+} \longrightarrow Fe^{3+} + OH \cdot + OH^-$$

当 pH 低于 5 时,Fe^{3+} 会被还原成 Fe^{2+},因此需要在较低 pH 下进行。早期的芬顿反应中,H_2O_2 浓度约为 0.03%,现在改进后无须加入 Fe^{2+} 的芬顿反应中,H_2O_2 的浓度达到 20%～40%,并且反应条件为中性。芬顿反应释放的热量会导致土壤和地下水中气体蒸发与迁移,并可能产生易燃易爆气体。

表 6.5　氧化剂种类

氧化剂	芬顿试剂	臭氧过氧化物	过硫酸盐	臭氧	高锰酸盐
氧化势/V	2800	2800	2600	26000	1700
适用范围	(氯)乙烯(烷)、BTEX、轻馏分矿物油、轻 PAH、自由态氰化物、酚、MTBE、邻苯二甲酸盐	(氯)乙烯(烷)、BTEX、轻馏分矿物油、轻 PAH、自由态氰化物、酚、MTBE、邻苯二甲酸盐	(氯)乙烯(烷)、BTEX、轻馏分矿物油、轻 PAH、自由态氰化物、酚、MTBE、邻苯二甲酸盐	(氯)乙烯(烷)、BTEX、轻 PAH、自由态氰化物、MTBE、邻苯二甲酸盐	(氯)乙烯、BTEX
不适用	重馏分矿物油、醇、重 PAH、醇、重 PCB、络合氮化物	重馏分矿物油、醇、重 PAH、重 PCB、络合氮化物	重 PAH、重 PCB	(氯)烷醇、重馏分矿物油、重 PAH、重 PCB	苯、矿物油、重 PAH、重 PCB、氰化物
有效时间	少于 1 天	1～2 天	数周至数月	1～2 天	数周
有利因素	高渗透性土壤 $K>3\times10^{-7}$ m/s,pH=2～6	高渗透性土壤 $K>3\times10^{-7}$ m/s,本征渗透率 $K>3\times10^{-12}$ m/s	未饱和的高渗透性土壤,土壤含水量低,酸性	高渗透性土壤	—

2. 技术特点

该技术所需的工程周期一般为数天至数月不等,具体时间根据处理污染区域的面积、氧化还原剂的输送速率、修复目标值及地下含水层的特性等因素而定。可能限制本方法适用性和有效性的因素：可能出现不完全氧化，或中间体形式的污染物，取决于污染物和所使用的氧化剂。处理时，应减少介质中的油和油脂，以优化处理效率。注入点的氧化剂的有效半径大多为 4.6 m，但臭氧/过氧化物有效半径可达 10～20 m。

3. 适用范围

氧化还原修复技术对 PCBs、农药类、多环芳烃（PAHs）等有较好的处理效果。对于高浓度的污染物，本处理方法不够经济有效，因为需要大量氧化剂。本技术也可用于非卤代挥发性有机物、半挥发性有机物及燃油类碳氢化合物的处理，但其处理效率相对较低。在黏性土壤或较低渗透性地层中，氧化剂不易与污染物接触。地下水水位低于 1.5 m，反压不足而易增大事故风险，不适合用此方法。土壤中的天然有机物、二价铁、二价锰、二价硫均可消耗氧化剂。化学氧化剂均具有杀菌或抑制微生物活性的作用。

常用的土壤修复剂在土壤中的渗透速率和分散速率比较缓慢。如果采用微爆炸法修复土壤，就可大大提高化学品在土壤中的分散度和分散速率，使化学品能够快速、充分分散到污染土壤中。这种修复方法尤其适用于有条件的原位土壤修复工程。

监测包括修复过程监测和效果监测。修复过程监测通常在药剂注射前、注射中和注射后很短时间内进行，监测参数包括药剂浓度、温度和压力等。若修复过程中产生大量气体或场地正在使用，则可能还需要对挥发性有机污染物、爆炸下限（LEL）等参数进行监控。效果监测的主要目的是依据修复前的背景条件，确认污染物的去除、释放和迁移情况，监测参数为污染物浓度、副产物浓度、金属浓度、pH、氧化还原电位和溶解氧。若监测结果显示污染物浓度上升，则说明场地中存在未处理的污染物，需要进行补充注入。本技术清理污染源区的速率相对较快，通常需要 2～3 个月的时间。修复地下水污染羽流区域通常需要更长的时间。美国使用该技术修复地下水处理成本约为 123 美元/米³。

6.1.9 电动修复技术

电动修复技术是 20 世纪 80 年代末兴起的一门技术，该技术早期应用在土木工程中，用于水坝和地基的脱水和夯实。目前，电动修复技术作为一种对土壤污染治理颇具潜力的技术受到国内外研究者的广泛关注。电动力学修复技术的基本原理类似电池：将电极插入受污染的土壤溶液中，在电极上施加直流电后，两电极之间形成直流电场，由于土壤颗粒表面具有双电层，并且孔隙溶液中离子或颗粒物带有电荷，在电场条件下土壤孔隙中的水溶液产生电渗流同时带电离子发生迁移，多种迁移运动的叠加载着污染物离开处理区，到达电极区的污染物一般通过电沉积或者离子交换萃取被去除，从而达到修复的目的。污染物的去除过程主要涉及以下 3 种电动力学现象：电迁移、电泳和电渗析。

1. 电迁移

电迁移是指土壤中带电离子和离子型复合物在外加电场作用下的运动。阳离子型物质向阴极迁移，阴离子型物质向阳极迁移。

2. 电泳

电泳是指土壤中带电胶体颗粒（包括细小土壤颗粒、腐殖质和微生物细胞等）的迁移运动。在运动过程中，电极表面发生电解。阴极电解产生氢气和氢氧根离子，阳极电解产生氢离子和氧气。电解反应导致阳极附近呈酸性，pH 可能低至 2，带正电荷的氢离子向阴极迁移；而阴极附近呈碱性，pH 可高至 12，带负电荷的氢氧根离子向阳极迁移。氢离子的迁移与电渗析流同向，容易形成酸性带。酸性迁移带的好处是氢离子与土壤表面的金属离子发生置换反应，有助于沉淀的金属重新解离为离子,进行迁移。

3. 电渗析

电渗析是指由外加电场引起的土壤孔隙水运动。大多数土壤颗粒表面带负电荷,当土壤与孔隙水接触时,孔隙水中的可交换阳离子与土壤颗粒表面的负电荷形成扩散双电层。双电层中可移动阳离子比阴离子多,在外加电场作用下过量阳离子对孔隙水产生的拖动力比阴离子强,因而会拖着孔隙水向阴极运动(图 6.9)。电渗析流与外加电压梯度成正比。在电压梯度为 1 V/cm 时,电渗析流量可高达 10^{-4} cm^3/s,可用以下方程描述:

$$Q = k_c \times i_c \times A \tag{6.20}$$

式中:Q——体积流量;

k_c——电渗析电导率系数,一般为 $1 \times 10^{-9} \sim 10 \times 10^{-9}$ m^2/(V·s);

i_c——电压梯度;

A——截面积。

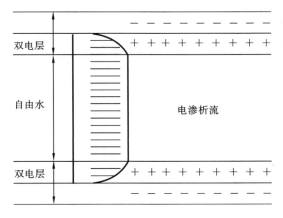

图 6.9　电渗析流动示意图

电动修复技术在应用过程中常出现活化极化、电阻极化和浓差极化等现象,使处理效率降低,因此可通过化学增强剂提高修复体的导电性。此种技术不对当地土壤结构和地下生态环境产生影响,投资少,效率高,操作简单,不受水文地质条件的限制。

目前电动力修复技术存在的"偏激效应"会造成重金属的过早沉淀及 Zeta 电位的改变。因此强化电动修复、联用电动修复技术也应运而生。

6.1.10　土地处理技术

土地耕作法:在被污染的土壤范围内,在地面通过生物降解作用降低土壤中污染物(石油烃)的浓度,或通过有规律地把污染土壤和肥料、木屑、锯末、牛粪、剁碎的稻草或向日葵壳等进行机械混合,从而使土壤中的污染物有效降解。由于该方法是在被污染地进行的就地处理,而无须将污染土壤挖出,这就大大降低了处理费用,即使在城区人口、建筑密集区也可使用该方法,并且可同时处理包气带和地下水的污染。所以土地耕作法是处理污染物的应用较广的一种生物恢复技术,但较难达到 95% 以上的去除率,当污染物浓度太高时,如总石油烃含量高于 5000×10^{-6} 时,此方法不适用。当土壤中重金属含量大于 2500×10^{-6} 时,会影响微生物的生长,不利于修复。

换土法是用新鲜、未受污染的土壤替换或部分替换受污染的土壤,以稀释原污染物浓度,增加土壤环境容量,从而达到修复土壤污染的一种方法。换土法又分为换土、翻土、去表土和客土4种方法。换土就是把污染土壤取走,换入干净的土壤。该方法对小面积严重污染且具有放射性或含易扩散难分解污染物的土壤较为适宜,但对换出的土壤应妥善处理,以防二次污染。翻土是将污染的表土翻至下层,使聚积在表层的污染物分散到更深的层次,以达到稀释的目的,该法适用于土层较厚的土壤。去表土是直接将污染的表土移出原地。客土是将未受污染的新土覆盖在污染的土壤上,使污染物浓度降低到临界危害浓度以下或减少污染物与植物根系的直接接触,从而达到减轻危害的目的。对于浅根系植物(如水稻等)和移动性较差的污染物(如Pb),一般采用覆盖方法较妥。日本学者研究表明,将受Cd污染的厚度为15 cm的表土去除并压实,种植水稻,连续淹水灌溉,稻米Cd含量小于0.4 mg/kg,或去表土后再覆盖客土20 cm,采用间歇灌溉,稻米Cd含量达到了食用标准。换土法虽能够有效地将污染土壤与生态系统隔离,从而减少其对环境的影响,但这类方法工程量大,费用高,只适用于小面积的、土壤污染严重的情况。同时,不能将污染物质去除,也会对环境产生一定风险。

6.1.11　机械力化学修复技术

机械力化学修复是指利用研磨、压缩、冲击、摩擦等物理作用方式,联合基本金属和供氢体来诱发化学反应的过程。20世纪90年代中期,澳大利亚学者通过高能球磨成功降解了DDT,从而开创了机械力化学修复。基本金属主要是铝、锌和铁等碱土金属,氢供体包括醇类、烃类、氢氧化物以及氢化物,球磨的介质(土壤、沉积物、液体废物)提供反应的机械能和混合作用。机械力化学过程为使土壤干燥后水分含量低于2%,筛分后送入旋风分离器和袋式除尘器里,再送入机械化学降解的反应器中与金属和氢供体混合,反应器与两个水平安装的包含研磨的圆柱体振动研磨。研磨介质的机械碰撞提供了反应需要的能量,土壤经过传送带进入带搅拌器的拌浆混合器中,在反应器中将原料润湿,以降低处理工程粉尘的产生。待处理土壤在反应器中停留15 min左右,最后对土壤进行分析检测,符合标准后进行回填处理。

机械力化学修复适用于土壤、沉积物和混合的固液相体系。采用机械力化学对PVC脱氯、PCB处理效果较好。采用CaH_2为脱氯剂,使液体和固体的六氯苯100%脱氯,比传统的CaO和MgO脱氯效果更好。机械力化学脱卤是非燃烧处理,不会产生二噁英等污染物。

6.1.12　生物通风技术

生物通风技术是通过向土壤中供给空气或氧气,依靠微生物的好氧活动,促进污染物降解;同时利用土壤中的压力梯度促使挥发性有机物及降解产物流向抽提井,气体被抽出后进行后续处理或直接排入大气中。过程中可通过注入热空气、营养液、外源高效降解菌剂的方法对污染物去除效果进行强化。一般在用通气法处理土壤前,首先应在受污染的土壤上打两口以上的井,当通入空气时,先加入一定量的氨气作为降解细菌生长的氮源,以改善处理效果。与土壤气相抽提相反,生物通风使用较低的气流速度,只提供足够的氧气以维持微生物的活动。通过直接注入空气供给土壤中的残留污染物。除了降解土壤中吸附的污染物以外,在气流缓慢地通过生物活动土壤时,挥发性化合物也得到了降解(图6.10)。

(1)系统构成和主要设备:由抽气系统、抽提井、输气系统、营养水分调配系统、注射井、尾气处理系统、在线监测系统及配套控制系统等组成。主要设备包括输气系统(鼓风机、输气管网等)、抽气系统(真空泵、抽气管网、气水分离罐、压力表、流量计、抽气风机)、营养水分调配系统(包括营养水分添加管网、添加泵、营养水分存储罐等)、在线监测系统及配套控制系统、尾气

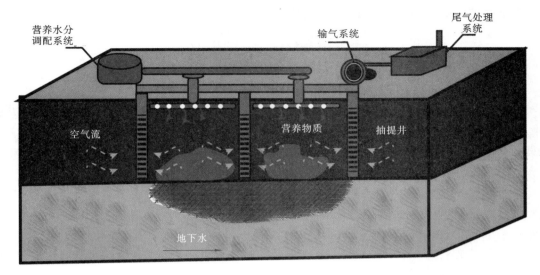

图 6.10 生物通风技术示意图

处理系统(除尘器、活性炭吸附塔)等。

(2) 关键技术参数或指标:土壤理化性质、污染物特性和土壤微生物三大类。理化性质包括土壤的气体渗透率、土壤含水量、土壤温度、土壤 pH、营养物的含量、土壤氧气/电子受体;污染物特性包括污染物的可生物降解性、污染物的浓度、污染物的挥发性;土壤中土著微生物的数量应不低于 10^5 数量级。

(3) 技术应用基础和前期准备:在利用生物通风技术进行修复前,应进行相应的可行性测试,目的在于评估生物通风技术是否适合于场地修复并为修复工程设计提供基础参数,测试参数包括土壤温度、土壤湿度、土壤 pH、营养物质含量、土壤氧含量、渗透系数、污染物浓度、污染物理化性质、污染物生物降解系数(或呼吸速率)、土著微生物数量等,可在实验室开展相应的小试或中试试验。

(4) 主要实施过程:在需要修复的污染土壤中设置注射井及抽提井,安装鼓风机/真空泵,将空气从注射井注入土壤中,从抽提井抽出。大部分低沸点、易挥发的有机物直接随空气一起抽出,而高沸点、不易挥发的有机物在微生物的作用下,可以被分解为 CO_2 和 H_2。在抽提过程中注入的空气及营养物质有助于提高微生物的活性,降解不易挥发的有机污染物(如原油中沸点高、分子量大的组分)。定期采集土壤样品对目标污染物的浓度进行分析,掌握污染物的去除速率。

(5) 运行维护和监测:运行过程中需对鼓风机、真空泵、管道阀门进行相应的运行维护。同时,为了解土壤中污染物的去除速率及微生物的生长环境,运行过程中需定期对土壤氧气含量、含水量、营养物质含量、土壤中污染物浓度、土壤中微生物数量等指标进行监测。同时,为了避免二次污染,应对尾气处理设施的效果进行定期监测,以便及时采取相应的应对措施。

(6) 修复周期:生物通风技术的处理周期与污染物的生物可降解性相关,一般处理周期为 6～24 个月。

(7) 参考成本:处理成本(包括通风系统、营养水分调配系统、在线监测系统)与工程规模等因素相关,根据国外相关场地的处理经验,处理成本为 13～27 美元/米^3。

(8) 应用情况:国外,生物通风技术可以修复的污染物范围广泛,修复成本相对较低,尤其对修复成品油污染土壤非常有效,包括汽油、喷气式燃料油、煤油和柴油等的修复。目前,该技术在国内实际修复或工程示范极少,尚处于中试阶段,缺乏工程应用经验和范例。

6.1.13　农业土壤修复

农田修复是一个综合生态系统工程,不只是简单的土壤修复。农田修复应该是多种土壤修复技术和农艺的有机结合。物种选择、种植模式改变、土壤改良和重金属修复要同时整体考量。相关标准的制定必须同时满足土壤环境质量标准和食品安全标准,修复后农民愿意接受是农田重金属修复的首要目标。耕地农田修复是我国的一大国情。耕地污染修复保护的是农作物,而污染场地针对的是人体健康和生态环境。

日本曾有一案例:因矿山未处理,废水流入导致耕地镉污染,受污染耕地约为 7000 hm²(合 105000 亩)。面对耕地污染问题,日本主要使用了客土法解决,即首先将厚度为 30 cm 的表层污染土用推土机剥离,用挖掘机在田内挖出梯形沟,再将地边的污染土填埋进来。然后将挖出来的非污染土填埋在上部 20 cm,作为耕盘土压实。最后从别处运来净土覆盖在表面,层高 20.5 cm,配合土壤改良剂有机肥等后就可以耕种了。日本正在研究的方法还有三种。一是植物修复,即种植吸收镉能力强的植物(如"长香谷"、龙葵等),收获的作物焚烧处理。尽管这种方法还存在抗倒伏性差、施肥多、修复周期长等问题,但它的成本仅为客土法的 1/15。二是洗净法,即将修复目标场地用防水板围住,向内部注水,搅拌后抽取上清液进行废水处理,污泥则焚烧处理,此法可作为没有客土来源地区的选择。三是改进田间管理,即在水稻出穗期内,将稻田水位维持在 2～3 cm,不让土壤暴露,以此调节水中微生物,降低镉溶出量,减少作物对镉的吸收。日本规定,糙米镉含量高于 1.0 mg/kg 时,稻田土壤必须进行客土修复,在 0.4～1.0 mg/kg 时则主要通过水分管理控制。

针对农用地重金属污染,我国台湾过去多采用翻耕稀释法,即将干净的泥土或深层土壤与表层污染充分混合,以达到稀释目的,但某些区域在修复完成后可能因新的污染源(工业废水持续排放)或污染物自土壤重新释出,再度成为污染土壤,因此管理单位建议农民改种园艺观赏植物。台湾也实行过小规模的植物修复,不过由于该方法见效较慢,目前主要适用于偏远且没有立即危害地下水的地方。国际上应对耕地污染的措施均以保障粮食安全为最终目标,实际措施以"换新"(客土法和翻耕法)为主,以"调控"(水分调节和调整种植结构)为辅,"修复"(植物修复和洗净法)则尚处于研究、试验或小规模应用中。但客土法非常昂贵,粗略估算每公顷污染土地花费折合人民币达数万元,洗净法与之基本相当。此外,我国陈同斌发表过砷污染土壤蜈蚣草修复技术,周静建立的重金属污染土壤调理改良—植物修复—农艺生态调控技术模式,吴龙华采用的锌镉超积累植物景天科新物种伴矿景天技术,都对特定污染土壤净化有一定作用。

化学改良技术是在土壤中加入改良剂(石灰、磷酸盐、堆肥、硫黄、高炉渣、铁盐、硅酸盐、沸石等),改良土壤的理化性质,通过吸附、沉淀等作用降低土壤中污染物迁移与生物有效性。如钙可取代土壤固相中的重金属离子、增加土壤的凝聚性、增强植物对重金属离子的拮抗作用;沸石能降低土壤重金属的毒性、减少植物对重金属的吸收;碱基磷酸钙能有效降低土壤中 Pb 的生物有效性;大多数磷化物对重金属有固定作用。化学改良技术可当年见效,改良修复土壤迅速。

6.1.14　其他修复技术

其他修复技术有超临界提取土壤中有机污染物、光催化修复技术、冰冻修复技术、阻隔技术、电化学修复技术、微波分解技术、放射性辐射分解修复技术以及有机污染土壤的动物修复技术等。

1. 冰冻修复技术

冰冻修复是通过温度降低到 0 ℃以下冻结土壤,形成地下冻土层以容纳土壤或者地下水中的有害和辐射性污染物,使土壤介质或地下水中的有害和辐射性污染物失去活性或得以固定的过程。污染土壤的冰冻修复,需要通过适当的管道布置,在地下以等间距的形式围绕已知的污染源垂直安放,然后将对环境无害的冷冻剂溶液送入管道从而冻结土壤中的水分,形成地下冻土屏障,从而防止土壤和地下水中污染物的扩散,该技术是一门新兴的污染土壤修复技术。冰冻修复技术可以用在隔离和控制饱和土层中的辐射性物质、金属和有机污染物的迁移。

2. 阻隔技术

利用水平阻隔系统、垂直阻隔系统、地面覆盖系统等控制措施以防止污染物迁移。一般情况下,为防止污染物向下迁移采取水平阻隔系统进行控制,为防止污染物向四周迁移采用垂直阻隔系统进行控制,为防止土壤中挥发性污染物向大气中挥发或蒸发扩散采取地面覆盖系统进行控制。

3. 有机污染土壤的动物修复技术

动物修复是指利用土壤动物的直接作用(如吸收、转化和分解)或间接作用(如改善土壤理化性质、提高土壤肥力、促进植物和微生物的生长)而修复污染土壤的过程。土壤中的一些大型土壤动物,如蚯蚓和某些鼠类,能吸收或富集土壤中的残留有机污染物,并通过其自身的代谢作用把部分有机污染物分解为低毒或无毒产物。动物对某种污染物的积累及代谢符合一级动力学过程,某种有机污染物经动物体内的代谢,有一定的半衰期,一般经过 5～6 个半衰期后,动物积累有机污染物达到极限值,意味着动物对土壤中有机污染物的去除作用已完成。此外,土壤中还存在大量的小型动物群,如线虫纲、弹尾类、蜱螨属、蜈蚣目、蜘蛛目、土蜂科等,它们均对土壤中的有机污染物存在一定的吸收和富集作用,能促进土壤中有机污染物的去除。

6.1.15 土壤原位修复技术汇总

土壤原位修复技术汇总如表 6.6 所示。

表 6.6 土壤原位修复技术汇总

技术方法	场地污染物	优点	限制	费用	商业性	辅助技术
气相抽提 SVE	VOCs	成功技术	混合污染、低 K 值土壤	<100 美元/吨	常用	压碎、加热、水平井
土壤冲洗	柴油、原油、重金属	降低残留污染物含量	冲洗液、低 K 值土壤	105～216 美元/米^3	很少	压碎、水平井
电动力学	重金属、有机物、放射性	混合污染、低 K 值土壤	金属物体	90～130 美元/吨	很少	压碎、加热、水平井
生物修复	有机物	转化为非危害物、成本低	长期、低 K 值土壤	27～310 美元/吨	常用	压碎、水平井
土壤加热	汽油和柴油	增加碳氢化合物回收	金属物体、低 K 值垂直土壤	50～100 美元/吨	很少	压碎、SVE、水平井

技术方法	场地污染物	优点	限制	费用	商业性	辅助技术
玻璃化	重金属、有机物、放射性	混合污染	转化为玻璃结构,金属物体	350～900 美元/吨	很少	压碎、水平井
固化/稳定化	重金属、有机物	成功技术	低 K 值土壤,长期保持	131～196 美元/米^3	常用	压碎、水平井
植物修复	重金属、有机物、放射性	少二次污染,可用于大多污染物	浅层低浓度土壤,时间长,可能存在食物链污染	<100 美元/吨	很少	生物修复

注:K 为渗透系数。

6.2　污染土地异位修复技术

6.2.1　土壤淋洗技术

土壤淋洗是使某种对污染物具有溶解能力的液体与土壤混合、摩擦,从而将污染物转移到液相和小部分土壤中的异位修复方法。此技术分为原位土壤淋洗和异位土壤淋洗。原位土壤淋洗一般是指将冲洗液由注射井注入或渗透至土壤污染区域,携带污染物到达地下水后用泵抽取污染的地下水,并于地面上去除污染物的过程。异位土壤淋洗需要将污染土壤挖掘出来,用水或淋洗剂溶液清洗土壤、去除污染物,再对含有污染物的清洗废水或废液进行处理,洁净土可以回填或运到其他地点利用。

淋洗剂主要有清水、无机冲洗剂、螯合剂、阳离子型表面活性剂、天然有机酸、生物表面活性剂、氧化剂和超临界 CO_2 流体等。化学淋洗可去除土壤中的重金属、芳烃和石油类等烃类化合物以及多氯联苯、氯代苯酚等卤化物。

① 清水:可避免二次污染问题,但去除效率有限,主要用于溶于水的重金属离子的去除。

② 无机溶剂:如酸、碱、盐,通过酸解、络合或离子交换作用来破坏土壤表面官能团与污染物的结合。它具有成本低、效果好、作用快的优点,但其易破坏土壤结构,产生大量废液,后处理成本高等。

③ 螯合剂:包括 EDTA 类人工螯合剂和柠檬酸、苹果酸等天然螯合剂,主要用于重金属的去除。人工螯合剂有二次污染问题,天然螯合剂应用前景广阔。

④ 表面活性剂:用于重金属和疏水性有机污染物的去除。表面活性剂可黏附于土壤中降低土壤孔隙度,淋洗剂与土壤的反应可降低污染物的移动性。化学表面活性剂有二次污染问题,生物表面活性剂应用前景广阔。低渗透性的土壤(黏土、粉土)处理困难。

化学淋洗是将污染土壤挖掘出来,用淋洗剂清洗土壤,去除污染物再对含有污染物的清洗废水或废液进行处理。洁净土可以回填或运到其他地点利用。化学淋洗一般可用于放射性物质、重金属或其他无机物污染土壤的处理或前处理。化学淋洗法可以去除土壤中大量的污染物,有广泛的应用前景,并能限制有害废弃物的扩散范围。与其他处理方法相比,化学淋洗法投资及消耗相对较少,操作人员可不直接接触污染物。化学淋洗法的局限性主要表现在以下几个方面。

① 对质地比较黏重、渗透性较差的土壤修复效果比较差，一般来说，当土壤中黏土含量达到 25％～30％时，不考虑采用该技术。

② 目前使用效果较好的淋洗剂价格比较昂贵，无法用于大面积实际修复中。

③ 淋洗出的含重金属废液的回收处理问题，及由于淋洗剂残留而可能造成的土壤和地下水二次污染问题。

EDTA 能与大部分金属离子结合成稳定的化合物，几乎对于任何类型非岩屑组成的土壤和重金属离子，当 EDTA 加入过量时，都有较高的洗脱效率，所以 EDTA 可广泛用于重金属污染土壤的清洗。但是，用 EDTA 处理存在非选择性，在去除重金属元素的同时会吸附一些有用的碱性阳离子（如 Ca 或 Mg），还存在不易生物降解易造成二次污染的问题。近来一种配合能力强、易生物降解的配体乙二胺二琥珀酸（EDDS）逐渐引起人们的关注，其可有效避免造成二次污染。但 EDDS 目前还比较昂贵，因而其大面积使用还不现实。

原位化学淋洗技术适用于水力传导系数大于 10^{-3} cm/s 的多孔隙、易渗透的土壤，如砂土、砂砾土壤、冲积土和滨海土，不适合红壤、黄壤等质地较细的土壤；异位化学淋洗技术适用于土壤黏粒含量低于 25％，被重金属、放射性核素、石油烃类、挥发性有机物、多氯联苯和多环芳烃等污染的土壤。使用表面活性剂或加热时，对残余金属和烃类的去除率可达 90％～98％。对于 VOCs 等具有较高蒸气压或溶解度的污染物，单纯使用水洗去除率能达 90％～99％，对于 SVOCs 也可达 40％～90％。加入表面活性剂可提高处理效率，对于金属和杀虫剂等溶解性较差的污染物一般需要加入酸或螯合剂。

1. 使用要求

进行清洗之前需将土壤中的大块岩石以及动植物残枝（肢）去除，然后进行清洗。清洗包括混合、洗涤、漂洗、粒径分级等步骤，有些装置混合和洗涤同时进行。通过土壤和淋洗剂混合，并通过高压水流或者振动等方法，使污染物溶解或者使含有污染物较多的细颗粒与粗颗粒分离。在经过适宜的接触时间之后，进行土-水分离。较粗的颗粒通过筛网或振动筛等设备移除，较细的颗粒则进入沉淀罐，有时为使细颗粒沉降，需要使用絮凝剂。较后较粗的颗粒进行浮选或者用清水漂洗除去其中夹杂的细颗粒，处理后的粗颗粒可进行回填。最后使用其他的方法处理细颗粒以及污水。

2. 淋洗方式

按照运行方式不同，淋洗方式分为单级清洗和多级清洗；按照淋洗剂的不同，淋洗方式可分为清水清洗、无机酸清洗、有机酸和螯合剂清洗、表面活性剂清洗、氧化剂清洗和超临界 CO_2 流体清洗等。

3. 淋洗要求

土壤原位淋洗修复技术对土壤的现场条件要求比较高，要求土壤为砂质或具有高导水率，并且污染带的下层土壤是非渗透性的，这样才能实现将淋洗液注入已污染的土壤，用泵将含有污染物的淋洗液抽吸到地面，除去污染物再将淋洗液回收使用。该方法相比于异位淋洗修复方法的缺点在于难以控制污染液的流动路径，这样有可能会扩大土壤被污染的范围和程度，影响土壤清洗的效率。

4. 适用范围

土壤淋洗技术可用来处理重金属和有机污染物，对于大粒径级别污染土壤的修复更为有效，砂砾、砂、细砂以及类似土壤中的污染物更容易被清洗出来，而黏土中的污染物则较难清洗。土壤淋洗技术适用于轻度污染土壤的修复,尤其对烃、硝酸盐及重金属的重度污染具有较好的效果。淋洗法成功的关键是淋洗剂的选择,羧甲基环糊精分子中的羧甲基可以螯合重金属离子,它可以用于污染土壤中重金属离子的洗脱,而且 CMCD 对土壤盐分和 pH 不敏感,无毒,可被生物降解且不易被土壤吸附。

5. 技术组合

通常经过淋洗的土壤还需要进一步修复,因此这种方法常与其他方式联合共同完成修复过程。通常在某类土壤对污染物的吸附能力大于其他类土壤,如黏土或者粉砂的吸附能力大于颗粒大一些的土壤(如粗砂和砾砂)。反过来黏土和粉砂易于黏附在粗砂和砾砂之上。土壤清洗帮助黏土、粉砂与颗粒较大的、干净的土壤分离,从而减小了污染物的体积。颗粒较大的部分毒性较低,可以回填;颗粒较小的可以结合其他修复方式处理(图 6.11)。

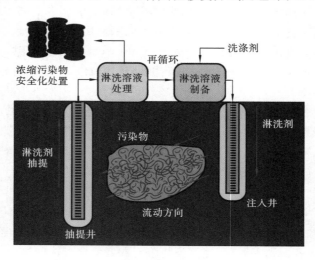

图 6.11　土壤淋洗法原位修复示意图

土壤淋洗操作系统主要由三个部分组成:向土壤施加淋洗液的设备、淋出液的收集系统和淋出液处理系统。在土壤淋洗操作中通常采用物理屏障或分割技术对淋洗操作区进行封闭处理。

6.2.2　泥浆相生物处理

泥浆相生物处理也可称为生物反应器技术。对于严重污染的土壤,生物反应器修复技术已成为最佳选择之一。泥浆相生物处理是在生物反应器中处理挖掘的土壤,通过污染土壤和水的混合,利用微生物在合适条件下对混合泥浆进行清洁的技术。挖掘的土壤先进行物理分离石头和碎石,然后将土壤与水在反应器中混合,混合比例根据污染物的浓度、生物降解的速度以及土壤的物理特性而定。有些处理方法需对土壤进行预冲洗,以浓缩污染物,将其中的清洁砂子排出,剩余的受污染颗粒和洗涤水进行生物处理。泥浆中的固体含量为 10%～30%。土壤颗粒在生物反应容器中处于悬浮状态,并与营养物和氧气混合。反应器的大小可根据试验的规模来确定。处理过程中通过加入酸或碱来控制 pH,必要时需要添加适当的微生物。生物降解完成后,将土壤泥浆脱水。土壤的筛分和处理后的脱水价格较为昂贵。泥浆相生物处理可为微生物提供较好的环境条件,从而大大提高降解反应速率。

泥浆相生物处理法可用来处理石油烃、石化产品、溶剂类和农药类的污染物,对均质土壤、低渗透土壤的处理效果较好。连续厌氧反应器可也用来处理 PCBs、挥发性卤代有机物、农药等。

6.2.3　化学萃取技术

化学萃取技术是一种利用溶剂将污染物从被污染的土壤中萃取后去除的技术，也称为溶剂萃取技术。化学萃取技术一般由预处理系统、萃取系统和溶剂循环系统等组成。该溶剂需要进行再生处理后利用。该技术采用"相似相溶"原理，常用三乙醇胺（TEA）、液化气和超临界流体作萃取剂。在洗涤/干燥设备中三乙醇胺在低于 18 ℃下能与水混溶，脱除水分，然后加热至 55～80 ℃移除污染物，此温度范围内 TEA 不溶于水，液体分为两层。该技术可处理 PCBs、除草剂、PAHs、焦油、石油等多种污染物。

在采用溶剂萃取之前，先将污染土壤挖掘出来，并将大块杂质（如石块和垃圾等）分离，然后将土壤放入一个具有良好密封性的萃取容器内，土壤中的污染物与化学溶剂充分接触，从而将有机污染物从土壤中萃取出来，浓缩后进行最终处置（焚烧或填埋）。该技术能取得成功的关键之一是要求浸提溶剂能够很好地溶解污染物，但其本身在土壤环境中的溶解较少。常用的化学溶剂有各种醇类或液态烷烃，以及超临界状态下的液体。化学溶剂易造成二次污染。如果土壤中黏粒的含量较高，循环提取次数要相应增加，同时也要采用合理的物理手段降低黏粒聚集度（图 6.12）。

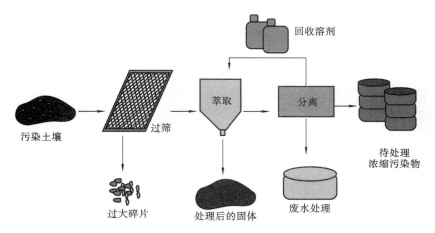

图 6.12　溶剂萃取过程

化学萃取技术能从土壤、沉积物、污泥中有效地去除有机污染物，萃取过程也易操作，溶剂可根据目标污染物来选择。土壤湿度及黏土含量高会影响处理效率，因此一般来说该技术要求土壤的黏土含量低于 15%、湿度低于 20%。

表面活性剂对微生物的影响：对于不能被生物利用的表面活性剂，其毒性可抑制微生物的生长，但对于可生物利用的表面活性剂，微生物可将其作为辅助碳源促进其生长；非离子型表面活性剂（Tween-80）修复 NAPL 污染含水层的冲洗浓度应大于 2.0 g/L。十二烷基苯磺酸钠（SDBS）的最佳冲洗浓度 10.0 g/L，最佳冲洗流速为 3.0 mL/min。

科研人员在利用表面活性剂冲洗前，首先向地下水中注入一定体积质量分数为 6% 的正丁醇溶液，然后注入 1.2% 的表面活性剂溶液，结果发现超过 90% 的氯苯和 85% 的三氯乙烯被去除，实验过程中没有发现有机物明显的垂向迁移行为。

表面活性剂对有机物在介质上的解吸行为影响因素主要有表面活性剂种类、浓度，土壤类型、有机物性质、温度和 pH 等。

表面活性剂可以促进传质作用,在疏水性有机物污染土壤的生物修复中,表面活性剂的最重要作用是促进疏水性有机污染物从土壤到水相的传质过程,对处于不同物理状态下的疏水性有机污染物,表面活性剂对改善其生物可利用性起重要的作用。表面活性剂的活性分子一般由非极性亲油基团和极性亲水基团组成,两个部分分别位于分子的两端,形成不对称结构,属于双亲媒性物质。表面活性剂的亲油基团主要是碳氢键,各种形式的碳氢键性能差别不大,但亲水基团部分的差别较大,因而,表面活性剂的类别一般以亲水基团的结构为依据分为 4 类:阳离子型表面活性剂、阴离子型表面活性剂、两性离子型表面活性剂和非离子型表面活性剂。浓度低时,表面活性剂分子在水溶液中以单体存在,浓度超过一定值(称为临界胶束浓度,CMC)时就聚集形成胶束。

在选择表面活性剂时,必须首先考虑表面活性剂的生物毒性和可生物降解性。表面活性剂的生物毒性表现在以下 2 个方面:表面活性剂与细菌细胞膜中脂类成分的相互作用可能破坏细胞膜的结构,表面活性剂分子与细胞必不可少的功能蛋白有可能发生反应。这 2 个方面都有可能降低微生物的活性,甚至导致其死亡。不同种类的表面活性剂所表现出的毒性有很大差别。当 pH 为 7 或稍高时,阳离子型表面活性剂毒性较大;阴离子型表面活性剂则在较低的 pH 时呈现较强毒性,非离子型表面活性剂总体上比离子型表面活性剂的生物毒性要小得多。

目前,在土壤生物修复中使用的表面活性剂大多为非离子型表面活性剂,如 Tween-80、Triton X-100 等,而部分研究者在生物修复中更倾向于采用生物表面活性剂,如糖脂、磷脂、脂肪酸、脂蛋白等,但其来源与价格限制了其大规模使用。

表面活性剂的可生物降解性对其在生物修复中的使用有两方面影响。正面作用主要是表面活性剂被从污染点去除,消除了二次污染;微生物对表面活性剂的利用也可能同时增强微生物对胶束核内污染物的摄取速率,从而增强生物修复效率。负面影响包括:① 增加了土壤中矿物质和氧气的消耗;② 表面活性剂中间代谢物的毒性可能会比其本体更大;③ 表面活性剂的优先降解,使其在水相中的浓度降低,进而降低了污染物的脱附速率和降解速率。

表面活性剂会影响细菌和土壤间的相互作用。引起这种现象的原因可能有以下几点:表面活性剂能够引起土壤和细菌表面电荷密度的改变,进而降低细菌的可逆吸附;表面活性剂会阻碍絮凝,促进菌体的迁移;细胞壁表面分泌物和土壤表面有机质的溶解将改变土壤与细菌的天然相互作用,进而改变微生物所处的环境和活性,这对污染土壤的修复特别是原位修复有很大影响。这 3 种机制都可以起到强化传质的作用,每种机制所起作用的大小在很大程度上取决于污染物的物理状态,由于传递作用的增强可以导致污染物向非污染区扩散,也会带来一些负面作用。研究表明,表面活性剂对污染物生物降解的影响与以下因素有关:①表面活性剂的浓度;②表面活性剂的生物可利用性。

使用表面活性剂修复土壤的缺点:可能会产生三大副产物;萃取物中含有浓缩的污染物需要进一步处理;处理后的土壤需要进行脱水后才能送回场地;处理过程涉及的水的量取决于液体-固体分离的脱水能力,还取决于泥浆给料需要的水量以及土壤的初始含水量。含水量高的土壤和降水量大的地方不可行。

6.2.4　焚烧

焚烧技术是使用 $870\sim1200$ ℃的高温,挥发和燃烧(有氧条件下)污染土壤中的卤代烃和其他难降解的有机成分。高温焚烧技术是一个热氧化过程,在这个过程中,有机污染物分子被裂解成气体(CO_2、H_2O)或不可燃的固体物质。焚烧方式主要是采用多室空气控制型焚烧炉和回转窑焚烧炉,与水泥窑联合进行污染土壤的修复是目前国内应用较为广泛的方式。焚烧过程的评分阶段包括废弃物预处理、废弃物给料、燃烧、废气处理以及残渣和灰分处理。需要对废弃物焚烧后的飞灰和烟道气进行检测,防止二噁英等毒性更大的物质产生,并需满足相关标准。焚烧技术通常需要辅助燃料来引发和维持燃烧,并需对尾气和燃烧后的残余物进行处理。在焚烧实践中应把握好"3T":焚烧区的时间(time)、焚烧温度和燃烧气体温度(temperature),以及确保更好更充分地与氧气混合接触的强大湍流(turbulence)。在焚烧处理 PCBs 和其他 POPs 时应充分鉴定土壤重金属元素,如 Pb 是 PCBs 污染物中常见的金属,会在大多数焚烧炉中挥发,必须在废气排入大气前将 Pb 去除。一般 850 ℃以及 2 s 停留时间可以破坏所有含氯有机物,包括 PCBs 和 PCDD/Fs,要求所有废弃物都要通过过热区,但这一般难以实现。为获得充分的安全限度,焚烧温度必须超过 1100 ℃以及 2 s 停留时间。而水泥窑可达 1400 ℃以及数秒停留时间。在冷却过程中将面临 PCDD/Fs 形成或全过程合成的难题,为此必须确保废气在 $250\sim500$ ℃进行快速冷却或用水骤冷。灰分需进行脱水或固化/稳定化处理。焚烧的烟气应先通过静电除尘器、洗涤器或过滤器等处理后排放。

焚烧炉主要有流化床、旋转窑和炉排炉。旋转炉是常用的焚烧炉,反应器温度可达 1200 ℃左右。美国超级基金修复场地中,1982—2004 年焚烧技术占 11%,2005—2008 年比例降为 3%。

焚烧技术可用来处理大量高浓度的 POPs 污染物以及半挥发性有机污染物等。焚烧技术对污染物处理彻底,清除率可达 99.99%。常用的焚烧技术与水泥回转窑协同处置效果较好,需要对污染土壤进行分选,并对其中的重金属等成分进行检测,以保证出产的水泥的质量符合相关标准。

本技术的缺点:有害废弃物的有机成分可能留在底灰中,需要实施进一步的处理或处置;不稳定运行条件较多,如电源、过大颗粒物(石块)、传感器的疲劳、操作失误、技术缺陷等;含水量较高加大了给料处理要求与能源需求,增加了 PCDD/Fs 排放,需设置二燃室,成本较高。

6.2.5　水泥窑共处置技术

水泥窑共处置技术指在传统的水泥生产过程中加入一定比例的污染土壤,在超过 1400 ℃的水泥窑内燃烧到部分熔融,生成具有水硬特性的硅酸盐水泥熟料。污染土壤除含有少量污染物外,其主要成分与水泥原料(石灰石与黏土:碳酸钙、二氧化硅及铁铝氧化物)相似,可替代水泥生产的部分原料。土壤中有机污染物的去除率可达 99.99%以上。水泥窑内的石灰石碱性成分可将污染土壤焚烧分解产生的酸性物质(HCl、SO_2)中和为稳定的盐类。共处置后的成品水泥在使用过程中的水硬特性可将残存的有害元素固化在混凝土中。

水泥回转窑可在物料粉磨、上升烟道、分解炉、窑门罩或窑尾室设置物料投放点。

本技术适合处置重金属、持久性有机污染物。水泥生产要求 CaO、SiO_2、Al_2O_3、Fe_2O_3 含量大于 40%的土壤才能在水泥窑内进行共处置。焚烧过程中释放的碱金属盐 $NaCl$、KCl 的凝结点分别为 809 ℃和 773 ℃,易在预热装置下部结晶,导致成层及堵塞。污染土壤的粒径大于水泥原料粒径常导致水泥熟料降低,产量下降。

土壤异位修复技术汇总见表 6.7。

表 6.7　土壤异位修复技术汇总

技术方法	场地污染物	优点	限制	费用	商业性
土壤冲洗	重金属、有机物、放射性	体积减小	细颗粒大于 20%	100～300 美元/吨	常用
溶剂提取	有机物	大多数污染物	黏土	100～500 美元/吨	少
化学脱氯	氯代污染物	降低毒性、与其他技术联合	无机污染物	300～500 美元/吨	少
电动力学	重金属、有机物、放射性	混合污染、低 K 值土壤	金属物体	90～130 美元/吨	很少
生物修复	有机物	转化为非危害物,低成本	环境条件要求高	27～310 美元/吨	常用
热解吸	VOCs	比焚烧成本低	黏土,聚块土壤	74～184 美元/吨	常用
玻璃化	重金属、有机物、放射性	混合污染	高成本、终产品有用	90～700 美元/吨	很少
固化/稳定化	重金属、有机物	技术成功、大多数污染物	有机土壤、体积增大、长期保持	50～250 美元/吨	常用
焚烧	有机物	多种混合污染	成本高	50～1500 美元/吨	常用

6.3　污染土壤联合修复技术

联合修复技术是将物理-化学修复技术、生物修复技术联合在一起的修复技术,可以实现单一技术难以达到的目标,降低修复成本。美国超级基金修复行动报道,在 1982—2002 年,土壤气相抽提技术占总修复技术的 42%,生物修复技术占 20%,其余的固化/稳定化、中和法、原位热处理分别占 14%、6%、14%。在已有应用的修复技术组合中,本节选取其中具有代表性的组合技术,分别介绍如下。

1. 电动力学修复＋植物修复

该联合修复技术可用来处理无机物污染的土壤,先采用电动力学修复技术对土壤中的污染物进行富集和提取,对富集的部分单独进行回收或者处理。然后利用植物对土壤中残留的无机物进行处理,可将高毒的无机污染物变为低毒的无机污染物,或者利用超累积植物对土壤中污染物进行累积后集中处置。

2. 气相抽提＋氧化还原

该联合修复技术可用来处理挥发性卤代化合物和非卤代化合物污染的土壤,先采用气相抽提的方法将土壤中易挥发的组分抽取至地面,对于富集的污染物,可利用氧化还原的方法进行处理或采用活性炭或液相炭进行吸附,对于吸收过污染物的活性炭和液相炭采用催化氧化等方法进行回收利用。

3. 气相抽提＋生物降解

该联合修复技术适用于半挥发卤代化合物的处理,可采用气相抽提的方法对污染物进行富集,富集后的污染物可集中处理。半挥发卤代化合物的特性使其可能在土壤中残留,从而影响气相抽提的处理效率。因此,在剩余的污染土壤中通入空气和营养物质,利用微生物对污染物的降解作用处理其中残留的污染物,从而达到修复的目的。

4. 土壤淋洗＋生物降解

该联合修复技术适用于燃料类污染土壤的处理,一般先采用原位土壤淋洗技术进行处理,待污染物降解到一定程度后,将淋洗液抽出处理后再排放。燃料类污染物遇水易形成 NAPL,易在土壤孔隙中残留,无法通过抽取的方法从土壤中去除,因此在形成 NAPL 的位置通入空气和营养物,采用生物降解的方法对其中残留的污染物进行处理,进而达到清除的目的。

5. 氧化还原＋固化/稳定化

该联合修复技术适用于无机物污染土壤的处理。无机污染物,特别是重金属类污染物的毒性与价态相关,在自然界的各种作用下其价态可发生变化。此联合方式是先采用氧化还原的方法将高毒的无机物氧化还原成低毒或者无毒的无机物,为避免逆反应的发生,需在处理后加入固化剂等物质降低污染物的迁移性,从而保证污染土壤的处理效果。

6. 空气注入＋土壤气相抽提

该联合修复技术适用于土壤和地下水中挥发性有机物的处理。在土壤和地下水污染处设置曝气装置,一方面通过增加氧气含量促进微生物降解,另一方面利用空气将其中的挥发性污染物汽化进入包气带。利用土壤气相抽提系统将汽化的污染物抽出到地面集中处理。这是一种较好的修复技术组合方法。

7. 有机污染土壤的生物联合修复技术——微生物/动物-植物联合修复技术

结合使用两种或两种以上修复方法,形成联合修复技术,不仅能提高单一土壤污染的修复速度和效果,还能克服单项技术的不足,实现对多种污染物形成的土壤复合/混合污染的修复,已成为研究土壤污染修复技术的重要内容。微生物(如细菌、真菌)-植物、动物(如蚯蚓)-植物、动物(如线虫)-微生物联合修复是土壤生物修复技术研究的新内容。种植紫花苜蓿可以大幅度降低土壤中多氯联苯浓度;根瘤菌和菌根真菌双接种能强化紫花苜蓿对多氯联苯的修复作用;接种食细菌线虫可以促进污染土壤扑草净的生物降解。利用能促进植物生长的根际细菌或真菌,发展植物-降解菌群协同修复、动物-微生物协同修复及其根际强化技术,促进有机污染物的吸收、代谢及降解是生物修复技术新的研究方向。

6.4　土壤污染修复案例

针对重金属污染场地可按污染源-暴露途径-受体将污染源处理技术分为生物修复、植物修复、化学修复、土壤淋洗、电动力学修复、挖掘等。对暴露途径进行阻断的方法有固化/稳定化、帽封、垂直/水平阻控系统等。降低受体风险的措施有增加室内通风强度、引入清洁空气、减少室内扬尘、减少人体与粉尘接触、对裸土进行覆盖、减少人体与土壤的接触、改变土地或建筑物的使用类型、设立物障、减少污染食品的摄入、工作人员与其他受体的转移等。表 6.8 列举了各类重金属污染场地修复技术的评估情况。

表 6.8　各类重金属污染场地修复技术的评估

技术方法	成熟度	适合土壤类型	成本	去除率/(%)	修复时间	修复效果	局限与风险
植物修复	应用	无关	低	<75	>2 年	筛选培育品种是关键。无二次污染,环境友好	费用低、耗时长,不适合低渗透性土壤。植物活性受环境影响,可用于其他方法难以应用的场地
化学修复	应用	不详	中	>50	1~12 个月	改变重金属存在形态,降低生物有效性,但金属仍在土壤中	环境改变可能再次释放,容易再度活化产生危害
土壤淋洗	应用	F~I	中	50~90	1~12 个月	污染物彻底移除,最为快捷有效	难以大规模处理,导致土壤结构破坏,生物活性下降,肥力降低,不适合黏性土壤。淋洗废液需处理
电动力学修复	中试	不详	高	>50	—	土壤组分、土壤 pH、缓冲性能、金属种类均影响修复效果	适合低渗透性土壤,可以控制污染物的流向,也可修复地下水
固化/稳定化	应用	A~I	中	>90	6~12 个月	—	需要较大场地,药剂配方属于专利,具有稳定期限
垂直水平阻隔	应用	A~I	中		>2 年	区域控制、治理修复,常用于填埋场渗滤液阻控	—
改变利用方式	应用	A~I	低	—	—	—	可能降低土壤的使用价值
移走受体	应用	A~I	低	—	—	—	损失土地的使用价值

注:A 为细黏土;B 为中粒黏土;C 为淤质黏土;D 为黏质肥土;E 为淤质肥土;F 为淤泥;G 为砂质黏土;H 为砂质肥;I 为砂土。

　　在环境突发事件中,同大气和水污染一样,土壤污染对人体健康和生态环境有严重危害。由于土壤的自净能力较弱,其危害期更长。与常规污染场地修复相比,重大事故污染场地应急治理缺乏必要的参考标准和储备技术,但其必须在短期内完成实施,而且社会关注度极高,具有紧迫性、敏感性和复杂性的特点,并应保证治理工程的安全高要求和环保高标准。2014 年的《国家突发环境事件应急预案》明确了需要对土壤污染采取紧急措施予以应对。事故后应立即成立应急治理技术支撑队伍,制定应急治理工作方案;开展场地污染类型、范围和程度调查,对污染物进行全面扫描,且一定要高效完成调查,尽快确定污染类型和深度。在此基础上编制应急治理技术方案,明确治理目标、优先次序和技术可靠性、先进性,并由生态环境部组织专家论证；在论证通过的技术方案基础上制定应急治理工程方案、环境监测方案和工程验收方案，尽快启动修复工作，确保治理工程不产生次生安全事故和二次污染。

6.5　土壤修复技术的发展趋势

目前我国土壤修复主要借鉴或引进国际上成熟的修复技术，通过引进—吸收—消化—再创新来发展土壤修复技术，但国内土壤类型、条件和场地污染的特殊性决定了需要发展具有自主知识产权并适合我国国情的实用修复技术与设备，以促进我国土壤修复市场化与产业化的发展。目前单一的修复方法很难完全去除污染物，有的修复时间很长，有的对土壤的扰动很大，成本太高。土壤修复朝着寻求有效的强化手段提高污染物移除效率、开发新的联合修复技术、构建土壤修复生态工程方向发展。土壤修复技术应该从生态学角度出发，在修复污染的同时，维持正常的生态系统结构和功能，实现绿色意义的污染土壤修复，实现人和环境的和谐统一。修复土壤污染的同时，必须尽量考虑工程实施给环境带来的负面影响，阻止次生污染的发生，防止次生有害效应的产生。

土壤修复需求巨大，然而市场尚需更加规范、资金缺乏、技术不成熟却制约着它的发展。国家应该在开展典型地区、典型修复的土壤污染治理试点基础上，通过探索各类型的土壤修复经验，制定较为完善的土壤修复技术体系，并参照发达国家经验，有计划、分步骤、科学地推进土壤污染治理修复。对于不同区域以及不同污染，应因地制宜采取不同的修复方法。

土壤修复技术已经历四个阶段的发展：20 世纪 70 年代，化学控制、客土改良阶段；20 世纪 80 年代，稳定与固定、微生物修复阶段；20 世纪 90 年代，植物修复阶段；21 世纪初，生物/物化联合修复，并逐渐将污染治理的重点集中到污染场地修复阶段。目前土壤修复技术正朝着 6 大方向发展，即向绿色可持续与环境友好的生物修复、联合杂交的综合修复、原位修复、基于环境功能材料的修复、基于设备化的快速场地修复以及土壤修复决策支持系统及修复后评估等技术方向发展。绿色可持续修复是一种考虑到修复行为造成的所有环境影响而能够使环境效益最大化的修复行为。对环境的影响可以降低到最低程度，将节能减碳及扩大回收植入修复技术的设计及执行，如植物修复技术、生物修复技术、修复土壤的再回收使用或物化生物联合修复技术等，都可以称为绿色可持续修复技术。

第7章 污染场地地下水修复技术

7.1 污染场地地下水修复技术

7.1.1 原位曝气技术

（1）技术名称：原位曝气技术。

（2）技术适用性。

① 可处理污染物的类型：VOCs、SVOCs 和总石油烃（TPH）。

② 应用限制条件：适用于高渗透性的场地，去除溶解度大、挥发性强的有机污染物。

（3）技术介绍。

① 原理：原位曝气技术是使空气通过污染含水层，注入地下水中。注入的空气水平和垂直地穿过土柱中的通道，形成一个地下的汽提塔，破坏原气液两相平衡而建立一种新的气液平衡，使地下水中的污染物由于分压降低而解吸出来，从而达到分离、去除污染物的目的（图 7.1）。

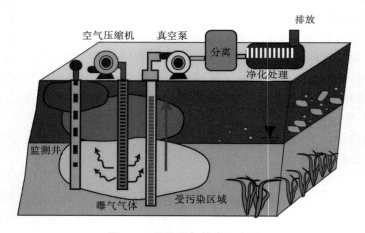

图 7.1 原位曝气技术示意图

② 系统构成和主要设备：空气压缩机、抽提系统、真空调节器、监控系统、水气分离器、废气处理系统等。

③ 关键技术参数或指标：场地的渗透系数、渗透率、导水系数、空气渗透系数、土壤的异质性和含水率。污染物性质方面包括污染物的吸附特性。

（4）技术应用基础和前期准备：在技术应用前，需开展可行性测试，以对其适用性和效果进行评价和提供设计参数。参数包括土壤性质（渗透性、孔隙率、有机质等），土壤气压，地下水水位，污染物在土、水、气相中的浓度，地下水水文地球化学参数（氧化还原电位、pH、电导率、溶解氧、无机离子浓度等），NAPL 厚度和污染面积，蒸汽流量，气压，饱和水平，气/液抽提流量,NAPL 回收量,污染物回收量等。

(5) 主要实施过程:利用钻孔技术形成通道到达污染含水层,建立曝气井和抽提井,将空气通过压缩后通入曝气井并注入地下水中,使地下水中的污染物分离析出;然后通过抽提井将分离的污染物抽出至地表,进入处理系统。经过处理后排放。

(6) 运行维护和监测:根据装置的工艺流程和设备的运行状况和特点,制定完善的设备维护和保养制度,并编制相应的维修和保养手册,确保装置的稳定和安全运行。设置监控井,监测地下水流量,空气饱和度,污染物浓度等数据,以调节曝气井的注气量和抽提井的抽气速率,保证水气充分接触,维持较高的去除水平。

(7) 修复周期:原位曝气技术需要较长时间的持续处理,一般来说,可能需要长达几年的时间。

(8) 应用情况:原位曝气技术凭借其原位、对周围环境干扰少、易操作、高效等特点,成为修复土壤、地下水有机污染的主要技术,在国外应用广泛并取得了一定的成果。在国内也已逐渐起步,进行了许多相关研究与应用。

(9) 二次污染防控:将污染物抽出至地表的过程中应减少与土壤的接触,减少二次污染。抽至地表的污染物必须经过进一步处理,达标后才可排放至环境中。

(10) 优缺点:原位曝气技术具有费用低、效率高、可原位实施的优点,但受场地的地质水文条件影响大,根据土壤的异质性可能会使某区域污染物不受影响。

7.1.2　可渗透反应墙技术

(1) 技术名称:可渗透反应墙技术。

(2) 技术适用性。

① 可处理污染物类型:脂肪族卤代烃、金属、非金属、放射性核素、农药、石油烃等。

② 应用限制条件:适合含水层埋藏浅且污染羽状体规模小的情况,若含水层厚度较厚或污染区域较大,则会使得工程量增加,费用增加。

(3) 技术介绍。

① 原理:在浅层土壤与地下水之间构筑一个具有渗透性、含有反应材料的墙体,污染水体经过墙体时其中的污染物与墙内反应材料发生物理、化学反应而被净化去除。

② 系统构成和主要设备:一个可渗透反应墙,其使用的材料包括永久性的、非永久性的或可替换的反应介质。另外还需要用于监控反应墙处理效果的监控井和相应设备。

③ 关键技术参数或指标:水力梯度;污染物的特性(深度、面积、类型和浓度);地下水的深度,包括预期的波动范围;地下水水质、流量、流向;土壤渗透性;缓冲容量等。

(4) 技术应用基础和前期准备:修复前应进行相应的可行性试验,目的在于评估该技术是否适合特定场地的修复以及为修复工程设计提供基础参数。确定污染物的类型及其浓度,了解土壤质地、地下水流量、流向等参数,同时还需要确定场地信息、含水层深度、污染范围等,以制定合适的建设方案,选用合适的反应材料。

(5) 主要实施过程:在污染羽状体的下游区域设置活性反应墙并尽可能垂直于羽状体迁移途径,以切断整个污染羽状体。地下水通过水力梯度流动经过反应墙,污染物在反应区进行吸附降解等物理化学反应,进而从地下水中被除去(图 7.2)。

(6) 运行维护和监测:不用将污染水体移出到地表,不需要地表设备进行储存、处理、运输、回送等程序。反应墙中的反应介质存在反应能力耗尽或者沉淀物和微生物阻塞的问题,需

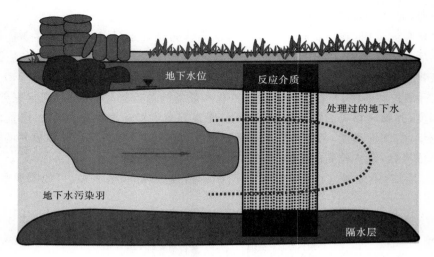

图 7.2   可渗透反应墙技术示意图

要定期替换或复装反应介质,因此需要设置监控井对水质进行监控,以确保反应墙的正常运作。

(7) 修复周期:利用可渗透反应墙修复是一个长期的过程,整个羽流带的修复需要持续十几年,其中还涉及反应墙的寿命问题。

(8) 二次污染防控:随着有毒金属、碳酸盐和生物活性物质在墙体中的不断沉积和积累,该被动处理系统将逐渐失活,所以必须定期更换填充介质。当然,这些填充介质必须作为有害废弃物加以处理,或者采用相应方法封存。

(9) 优缺点:不需要将地下水和污染物抽出地表,可防止转移过程的二次污染,另外水流靠水力梯度推动,运行过程不需要额外消耗能源,高效便捷。但在污染的含水层厚度较厚或污染区域较大的情况下,工程量增加,费用增加。修复机理的研究不充分,活性材料的筛选、改进还有待加强,其使用寿命与长期运行中的稳定性和有效性还需要进一步研究。

7.1.3   原位化学氧化技术

(1) 技术名称:原位化学氧化技术。

(2) 技术适用性。

① 可处理污染物类型:挥发性和半挥发性有机物、含不饱和碳键的化合物。

② 应用限制条件:土壤中存在腐殖酸、还原性金属等物质,会消耗大量氧化剂;在渗透性较差的区域,药剂传输速率可能较慢;化学氧化过程可能会出现产热、产气等现象;化学氧化反应受 pH 影响较大。

(3) 技术介绍。

① 原理:原位化学氧化技术是一种利用强氧化剂破坏或降解地下水、沉积物和土壤中的有机污染物的技术,通过向土壤或地下水污染区域注入氧化剂,使土壤或地下水中的污染物转化为无毒或相对毒性较小的物质。

② 系统构成和主要设备:注入井,抽提井,监测井,药剂制备储存系统,药剂注入系统,废水处理系统等。

③ 关键技术参数或指标:污染场地的水文地质条件包括土壤的均质性、渗透性、孔隙率、

地下水深度等。非均质土壤中易形成快速通道，使注入的药剂难以接触到全部处理区域，因此均质土壤更有利于药剂均匀分布。而高渗透性土壤有利于药剂的均匀分布，且由于药剂难以穿透低渗透性土壤，在处理完成后，土壤可能会将吸附的污染物释放，导致污染物反弹。

④ 地下水中污染物的特性：污染物的种类、浓度、溶解度、挥发性、吸附性等。不同污染物使用的药剂也不同，由于溶液中的氧化剂只能与水中溶解的污染物反应，如果地下水存在较厚的非水相液体（NAPL）层，则氧化剂会被阻隔在 NAPL 层界面，影响处理效果。

⑤ 氧化剂的使用：投加氧化剂的类型、投加量、注入速率、pH、注入井的布局。药剂的使用量由污染物的消耗量、土壤的消耗量、还原性物质的消耗量等因素决定。氧化反应可能会在地下产热，导致土壤和地下水中的污染物挥发到地表，因此要控制药剂注入的速率，避免过热。另外，适宜的 pH 条件可以促进化学反应的进行，保证投入的药剂发挥最大效果（图 7.3）。

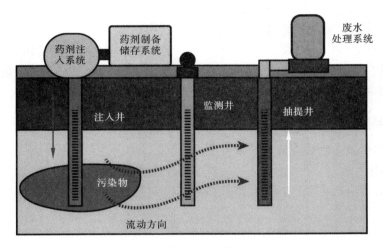

图 7.3　化学氧化还原技术示意图

（4）技术应用基础和前期准备：修复前应进行相应的可行性试验，评估该场地地下水是否适用该技术进行修复。首先，应当确定该场地土壤的基本理化性质和污染地下水的深度，确定该场地是否适合打孔设置注入井和抽水井。通过调查检测，确定污染地下水羽状带的范围，结合注入井的水力影响半径范围，设计注入井的设置位置，确保投入的药剂能覆盖完整的污染带。确定污染物种类和特性，选择合适的氧化剂进行投加，并根据污染地下水和污染物的性质调节适合的 pH、氧化还原电位等，控制药剂投加速率，确保氧化反应持续高效进行。

（5）主要实施过程：确定污染地下水的范围，在污染地下水区域建立药剂注入井，根据地下水的深度和水力影响半径，设置合适的井间距离，确保投入的药剂能覆盖完整的污染带，使污染物能完全反应。利用设置好的注入井，使用药剂投加注入系统将氧化剂注入地下水中。

注入地下水中的氧化剂与污染物发生氧化反应，将污染物分解或转化成其他无害物质。然后将反应过后的地下水抽出，经污水处理设备把反应的副产物及过量的氧化剂和催化剂等物质分离出去，检测达标后可排放或回灌到地下。

（6）运行维护和监测：设施建设时要制订其各个组件的运行维护方案，保证设备的正常运行，对各个管道、接口定期检查，防止泄露发生。在注入井周边及污染区外围设置监测井，进行修复过程监测和效果监测。修复过程监测包括监测注入药剂的浓度、温度和压力等，通过调节参数保证反应过程的稳定。效果监测的参数包括污染物的浓度、副产物的浓度、pH、氧化还原电位和溶解氧等,以此确认地下水污染物的去除、释放和迁移情况,从而作出针对性的调整。

(7) 修复周期:氧化反应速度快,与其他技术相比,修复所需时间较短,一般几个月就能达到显著降低污染物的效果。

(8) 二次污染防控:在注入井进行药剂注入的过程中注意管道和接口的密封性,做好药剂制备和储存系统的检查工作,防止药剂的泄漏造成二次污染。由于污染物在氧化反应后可能产生相应的副产物,需要将处理后的地下水抽出后做进一步处理,在处理副产物后,经检测达标后才能排放至外环境中或回灌至地下。

(9) 优缺点。

① 优点:能够对多种污染物进行修复,适用性较广;污染物可以在水相、吸附相和自由相之间进行转化,强化了污染物不同相间的转移,有利于污染物的去除;经过氧化处理后,也有利于后续微生物对剩余污染物的好氧降解。

② 缺点:药剂的传输受土壤环境影响大,非均质土壤会导致药剂传输和分布的不确定性;土壤中的还原性物质与氧化剂反应,消耗氧化剂的量,影响处理效果;另外,强氧化剂的使用也存在额外的健康和安全风险,大量使用可能会产生不良二次影响。

7.1.4　微生物强化修复技术

(1) 技术名称:微生物强化修复技术。

(2) 技术适用性。

① 可处理的污染物类型:苯系物、氯代烃、多环芳烃、羟基芳烃、甲基叔丁基醚(MTBE)、石油烃等。

② 场地环境条件适合降解微生物的生长,包括代谢所需的营养元素(N、P、微量及痕量元素)、温度(一般为 5~30 ℃)、pH(一般为 6~8)。

(3) 技术介绍。

① 原理:通过调控原生微生物(好氧型和厌氧型)的生长条件,将有毒污染物转化为无毒物质,从而达到修复目的。

② 技术构成和主要设备:主要由抽水-注入-监测系统、地下水处理系统、营养物质调配及储存系统、电子受体添加系统、控制和管理系统等构成。

a. 抽水-注入-监测系统:注入系统用于注入营养物质、微生物等,通过抽水系统一方面促进营养物质、微生物等传输、循环,加强微生物对地下水污染物的降解能力;同时形成地下水不断流向境内的水力梯度,避免因注入系统引起地下水污染物的进一步扩散。设计过程应认真考虑地下水注入-抽取速率和比例。监测系统是必不可少的组成部分,主要用于监测修复系统运行期间的状态,包括地下水水位监测、水质监测和微生物监测。污染物的外侧和内部每个方向都应有监测井,以监测地下水的水动力控制和污染修复效果。另外,还需进行微生物相关参数的监测,包括 pH、温度、微生物量、电子受体和营养物质的浓度等。监测设备主要包括温度计、地下水水位仪、地下水水质在线监测设备、水质微生物检测仪器等。

b. 电子受体和营养物质调配系统:如果地下水营养物质含量适中,也可以不需要营养物的注入系统。典型的营养物质添加系统包括营养药剂储存装置、溶液混合水箱、流量表、压力表等。对好氧生物修复来讲,氧通常是限制因子,可以通过强制手段将分子氧加入系统,或通过化学反应加入系统(如过氧化氢)。电子受体可以通过注入井直接注入含水层中。

c. 污染地下水处理系统：抽出的污染地下水需要进行必要的处理。处理方法和标准要求应根据污染地下水的特性和处理后的排放去向确定。

d. 电子受体和营养物质添加系统和抽出污染地下水处理系统难免会产生一定量的沉淀物。而且，抽水井的抽取会从地下水中带出一定量的颗粒物。因此，必须在注入井泵体前设置过滤系统，去除水中沉淀物和颗粒物，避免注入井的堵塞。

e. 系统控制和管理系统：主要包括注入井压力表、抽水井流量计、流量阀、取样口，以及电子受体、营养物质和接种微生物投加计量仪器等。

③ 关键技术参数或指标。

a. 污染物特性。

A. 化学结构。污染物自身的化学结构，直接决定了微生物的降解速率，结构越复杂，微生物的降解性越差，修复的周期越长。水溶性大、分子量小的脂肪族化合物和单环芳烃具有较好的生物降解性，反之，水溶性差、分子量大的脂肪族化合物和多环芳烃则难以被降解。

B. 溶解度。物质本身的溶解度高低，影响其被微生物降解的难易程度。较大溶解度的物质，土壤和沉积物对其吸附系数较低，较容易被微生物降解。类似的参数还有亨利常数、辛醇-水分配系数等。

C. 浓度和毒性。含水层中污染物浓度会影响微生物的生长和繁殖，高浓度会降低微生物的生长和繁殖，若是地下水中有机物浓度很低，亦会限制微生物的活动，影响修复效果。

b. 场地特征。

A. 渗透系数。渗透系数反映水通过含水层介质的能力，是评价该技术效果的重要参数之一，对电子受体和营养物质的传输速率和分布有重要影响。渗透系数大的含水层有利于污染物的扩散和微生物的降解。含水层渗透系数大于 10^{-4} cm/s 时，可能具有一定的修复效果，但需要做详细的评估、设计和控制。

B. 介质结构和分层。含水层介质结构和分层会影响抽水和注入时地下水的流速和流态。介质结构如微裂隙，可以使黏土的渗透性增强，水流会在裂隙中流动，但不能进入非裂隙区域。地质介质的分层（如不同渗透性的底层交互）可以使地下水更容易在高渗透性底层中运移，而难以进入低渗透性底层，使低渗透性底层的修复效果变差，修复时间延长。

C. 地下水理化性质。地下水的硬度、碱度、pH 可作为评价是否生成沉淀的重要指标，常见的钙、镁、铁离子也经常与一些阴离子反应生成沉淀，如碳酸根、磷酸根、硫酸根等。沉淀物的存在会降低含水层的渗透系数，也容易对修复使用的管道和设备产生影响，降低微生物对营养物质和电子受体的利用率。例如，当二价铁离子浓度超过 20 mg/L 时，不建议采用本技术。微生物活动的最佳 pH 范围为中性 6～8，小于 5 或大于 10 一般不利于微生物活动。如果由于受到污染导致地下水 pH 超出正常范围，一般采用人为调整，根据需要加入石灰、氢氧化钠、盐酸等，但需注意避免污染水体 pH 变化过于激烈，对土著微生物系统及活动产生抑制。地下水的温度与微生物的生长直接相关，当地下水温度低于 10 ℃ 或大于 45 ℃ 时，细菌的活动性严重下降；当地下水温度低于 5 ℃ 时，一般微生物活动基本停止。在 10～45 ℃ 范围内，温度每升高 10 ℃，微生物活动速率增大 1 倍。

D. 微生物。在污染场地一般都存在能降解污染物的土著微生物类群。在地下水系统中对污染物起主要降解修复作用的微生物以细菌为主。地下水受到污染后，自然微生物种群会经历一个选择过程，首先是适应驯化期，微生物要适应新的环境和"食物"，其次，那些能够快速适应的微生物趋向于快速生长，可以优先利用营养物。当外界环境发生变化时，能够经得住环境变化影响的微生物一般能够对污染物起到降解作用。当土著微生物菌群较少时,可以通过微生物扩增的方法来实现受污染地下水的生物修复。

E. 电子受体和营养物质。对好氧微生物而言,电子受体一般为氧气。充足的溶解氧供应有利于好氧微生物降解过程的顺利进行。厌氧微生物一般以硝酸盐、二氧化碳、硫酸盐和三价铁等作为电子受体分解有机物。

微生物的营养要求包括六大要素,即碳源、氮源、能源、生长因子、无机盐和水。如果污染物为有机化合物,则微生物可将污染物作为碳源加以利用,但对于多环芳烃、多氯联苯等污染物,应考虑其毒性、不溶性和化学稳定性。对异养菌来讲,不少碳源同时也是能源,具有双重营养的功能。在有机污染环境中,氮源经常是微生物种群生长限制因子,一般用碳氮比来判断氮源供应是否充足,为了使污染物能够迅速、完全降解,一般要求碳氮比范围为(10∶1)～(200∶1)。另外微生物还需要氮元素以外的一些矿物质,如磷、硫、钾、钙、镁、钠、铁等。在自然界中通常这些元素含量较高,所以不需要考虑这些物质会成为微生物生长的限制因子,但磷酸盐在环境中溶解度较低,一般要求碳磷比在(100∶1)～(1000∶1)范围内。

(4) 技术应用基础和前期准备:在利用微生物强化修复技术进行场地修复前,应进行相应的场地特征详细调查,以评估该技术是否适用,并为监测井网设计提供基础参数。场地特征详细调查主要确认信息包括污染物特性、水文地质条件及暴露途径和潜在受体。调查结果必须能够提供完整的场地特征描述,包括污染物分布情况与场地的水文地质条件,以及其他进行微生物强化修复技术可行性评估所需要的信息。

取得场地数据后,分析地下水中可培养微生物的情况,鉴定优势微生物并建立系统发育树,分析微生物结构群落的变化情况,研究可培养微生物丰度与环境因子的相关性。

在完成初步评估、优势微生物鉴定以及可培养微生物丰度与环境因子的相关性研究之后,需要进行可能受体暴露途径分析,界定出可能潜在的人体与生物受体或是其他自然资源,结合现有与未来的土地和地下水使用功能,分析其可能产生的危害风险。通过对场地的风险评估,明确健康风险。如果暴露途径的分析结果表明,对于人体健康及自然环境并不会有危害的风险,且能够在合理的时间内达到修复目的,则开始设计微生物强化修复具体方案,完成微生物强化修复技术可行性评估,开展微生物强化修复技术的具体实施。

(5) 主要实施过程。

① 初步评价微生物强化修复的可行性。

② 构建激活剂投加系统。

③ 选择激活剂。

④ 详细评价微生物强化修复技术的效果,提供进一步的标准来确认微生物修复技术是否有效。完成效果评估后,需要审查监控数据、污染物的化学和物理参数及现场条件,确定场地组成特征。

⑤ 制定应急方案。在修复过程中,若发现微生物强化修复技术无效或可能产生二次污染,则需要执行应急方案。

(6) 运行维护和监测:由于存在经微生物强化修复后产生二次污染的可能,需要对修复过程采取严密的监测和管制措施;密切观测污染物的迁移、转化过程,适时评估动态结果,及时调整激活剂投加计划和管制策略。

(7) 二次污染防控:分析研究激活剂投加量对污染物去除效果的影响,合理确定激活剂投加计划,避免过度投放造成二次污染。

（8）优缺点。

① 优点：a. 修复时间可能比其他修复技术短，修复费用相对较小，投资小，维护费用低；b. 应用所需设备简单易得，操作简便，对场地的扰动较小；c. 对周围环境影响小；d. 修复效率高，可最大限度地降低污染物浓度，并且污染物可在原地被降解清除；e. 适用于其他技术不能应用的地区。

② 缺点：a. 含水层的渗透性较差，易引起堵塞；b. 受介质渗透性的影响，可能会产生二次污染；c. 微生物对环境温度和 pH 的变化非常敏感，故对处理地下水的水质环境要求较高；d. 由于微生物降解缓慢，达到降解目标的时间受到限制；e. 很高的污染物浓度和较低的溶解度，可能对微生物具有毒性或可生化降解性较差。

7.1.5　抽出处理技术

（1）技术名称：抽出处理技术。

（2）技术适用性。

① 可处理污染物类型：多种污染物。

② 应用限制条件：渗透性较好的孔隙、裂隙和岩溶含水层，污染范围大、地下水埋深较大的污染场地。抽出处理技术也可用于采空区积水。

（3）技术介绍。

① 原理：根据地下水污染范围，在污染场地布设一定数量的抽水井，通过水泵和水井将地下水抽取上来，然后利用地面设备处理，处理后的地下水，排入地表径流回灌到地下或用于当地供水。

② 系统构成和主要设备：地下水控制系统、污染物处理系统和地下水监测系统，主要设备包括钻井设备、建井材料、抽水泵、压力表、流量计、地下水水位仪、地下水水质在线监测设备、污水处理设施等。

③ 关键技术参数或指标：渗透系数、含水层厚度、抽水井间距、抽水井数量、井群布局和抽提速率。

（4）技术应用基础和前期准备：在利用抽提处理技术进行修复前，应进行相应的可行性测试，目的在于评估抽提处理技术是否适合特定场地的修复并为修复工程设计提供基础参数，测试参数包括以下几种。

① 污染源情况：污染源的位置、污染物性质及其持续释放特性；土壤中污染物类型、浓度及分布特征。水文地质条件：含水层地层情况、地下水深度、水力坡度、渗透系数、储水系数、水位变化、地下水的补给与径流；地下水和地表水相互作用。

② 自净潜力：污染物总量、污染物浓度变化趋势、土壤吸附能力、污染物转化过程和速率、污染物迁移速率、非水相液体成分、影响污染物迁移的其他参数。

（5）主要实施过程：捕获区分析和优化系统设计，即通过数学模型来计算捕获区、分析地下水流场、计算地下水抽出时间。对于相对复杂的污染地下水含水层，通过数学模型可以模拟抽出处理方法、设计地下水监测系统和监测频率。

① 建立地下水控制系统：a. 将污染源和地下水污染羽去除相结合，分阶段建立抽出井群系统，通过前期井群建立获取监测数据分析含水层抽出效果，指导后续井群选址；b. 安装抽水泵；c. 脉冲式抽取地下水，通过抽取最少量的地下水达到最优的污染物去除效率。

② 处理抽出的污染地下水：选择适当的设备和方法处理受污染的地下水。具体方法包括

生物法、物理/化学法等。

③ 监测效果评估：建立地下水抽出处理监测系统，评价地下水抽出处理效果。

④ 修复成功后关闭抽出处理系统。

（6）运行维护和监测：该技术运行维护相对简单，运行过程中仅需对水泵、抽提井、管道阀门进行相应维护。污水处理系统的运行维护需根据不同的污染物进行相应调整。

抽出处理系统投入运行后，应开展实时监测，以判断系统运转是否满足既定治理目标，确保系统运行长期有效。借助水位监测和水质检测，对系统运行作出相应调整。

（7）修复周期及参考成本：该技术的处理周期与场地的水文地质条件、井群分布和井群数量密切相关。受水文地质条件限制，含水层介质与污染物之间相互作用，随着抽水工程的进行，抽出污染物浓度变低，出现拖尾现象；系统暂停后地下水中污染物浓度升高，存在回弹现象。因此，该技术可以用于短时期的应急控制，不宜作为场地污染治理的长期手段。

其处理成本与工程规模等因素相关，在美国，其处理成本为 15～215 美元/米³。

（8）应用情况：该技术在国外已经形成了较完善的技术体系，应用广泛。据美国环保署统计，1982—2008 年，在美国超级基金计划完成的地下水修复工程中，涉及抽出处理和其他技术组合的项目约 800 个。抽出处理技术适用范围广，是地下水污染治理主要技术之一。该技术在国内已有工程应用。

（9）优缺点：对于地下水污染物浓度较高、地下水埋深较大的污染场地具有优势；对污染地下水的早期处理见效快；设备简单，施工方便。该技术不适合用于渗透性较差的含水层，对修复区域干扰大，能耗大。

7.1.6　循环井修复技术

（1）技术名称：循环井修复技术。

（2）技术适用性。

① 可处理污染物类型：挥发性卤化物，半挥发性有机化合物。

② 应用限制条件：地下水自然流态较强、渗透系数小于 10^{-5} cm/s 的地区不适合用此技术；浅水层会限制该技术的运用效率；该系统对地下水污染须定义良好的边界，从而防止污染物的扩散。

（3）技术介绍：循环井技术是为地下水创造三维环流模式而进行的原位修复。该技术将吹脱、空气注入、气相抽提、强化生物修复和化学氧化等多种技术结合应用在井中，能够促进污染物的溶解和运移，通过在井内曝气，使地下水形成循环，携带溶解在地下水中的挥发性和半挥发性有机物进入内井，通过曝气吹脱去除。地下水循环井在设计上将含水层的地下水自双筛漏井的一个漏筛段抽取至井内，再由另一个漏筛段排出，从而在井周围的含水层产生了原地垂直地下水循环流，井内两段漏筛间的压力梯度差是这个循环流的驱动力。

（4）技术路线：场地受到有机物污染后，是否适用于循环井技术，主要取决于以下 2 个方面。

① 污染物性质。循环井修复技术在处理有机污染物时，主要依靠井中曝气吹脱和强化原位生物降解，因此污染物的挥发性及可生物降解性，是评估 GCW 修复技术是否适用的重要因素；同时要考虑有机物在地下水中的赋存形态，当存在游离的有机物时，需要提前去除。

② 场地水文地质条件。循环井在运行过程中，除了地下水的水平运动，最显著的特点是形成了地下水的垂向流动，因此水力传导系数、孔隙度是影响地下水流动的重要参数。

（5）技术成本：该技术全部在地下环境中进行，省去了地表处理设施，节约了修复成本。

（6）优缺点：地下水循环井技术较抽取处理技术具有以下优点。① 循环井结构简单，操作维修方便；② 对场地环境扰动小；③ 地下水不抽至地表，省去大量辅助设施，成本大幅降低；④ 影响区域内形成的地下水垂向冲刷，可能用于处理低渗透性地层污染；⑤ 特殊的井结构设计，可作为其他修复技术联合使用的平台。

7.1.7　多相抽提技术

（1）技术名称：多相抽提技术。

（2）技术适用性。

① 可处理污染物类型：适用于易挥发、易流动的 NAPL（非水相液体，如汽油、柴油、有机溶剂等）。

② 应用限制条件：不宜用于渗透性差的土壤修复场地或者地下水水位变动较大的场地。

（3）技术介绍。

① 原理：通过真空提取手段，抽取地下污染区域的土壤气体、地下水和浮油层到地面进行相分离及处理，以控制和修复土壤与地下水中的有机污染物。

② 系统构成和主要设备：MPE 系统通常由多相抽提、多相分离、污染物处理三个主要部分构成。系统主要设备包括真空泵（水泵）、输送管道、气液分离器、NAPL／水分离器、传动泵、控制设备、气／水处理设备等。

多相抽提设备是 MPE 系统的核心部分，其作用是同时抽取污染区域的气体和液体（包括土壤气体、地下水和 NAPL），把气态、水溶态以及非水相液体污染物从地下抽吸到地面上的处理系统中。多相抽提设备可以分为单泵系统和双泵系统。其中单泵系统仅由真空设备提供抽提动力，双泵系统则由真空设备和水泵共同提供抽提动力。

多相分离指对抽出物进行的气-液及液-液分离过程。分离后的气体进入气体处理单元，液体通过其他方法进行处理。油水分离可利用重力沉降原理除去浮油层，分离出含油量较低的水。

污染物处理是指经过多相分离后，含有污染物的流体被分为气相、液相和有机相等形态，结合常规的环境工程处理方法进行相应的处理处置。气相中污染物的处理方法目前主要有热氧化法、催化氧化法、吸附法、浓缩法、生物过滤及膜法过滤等。污水中的污染物处理目前主要采用膜法（反渗透和超滤）、生化法（活性污泥）和物化法等技术，并根据相应的排放标准选择配套的水处理设备。

③ 关键技术参数或指标：评估 MPE 技术适用性的关键技术参数主要分为水文地质条件和污染物条件两个方面。

（4）技术应用基础和前期准备：在技术应用前，需开展可行性测试，以对其适用性和效果进行评价和提供设计参数。参数包括土壤性质（渗透性、孔隙率、有机质等），土壤气压，地下水水位，污染物在土、水、气相中的浓度，生物降解参数（微生物种类、氮磷浓度、O_2、CO_2、CH_4等），地下水水文地球化学参数（氧化还原电位、pH、电导率、溶解氧、无机离子浓度等），NAPL厚度和污染面积，气-液抽提流量，井头真空度，NAPL 回收量，污染物回收量，真空影响半径等。

（5）主要实施过程。

① 建立地下水抽提井，井与井间距应在水力影响半径范围内。对于有高密度非水相液体（DNAPL）存在的场地，抽提井的深度应达到隔水层顶部。

② 整个抽提管路应保持良好的密闭性,包括井口、管路、接口等。抽提开始后,根据观测流量,调节真空度及抽提管位置,使系统稳定运行。对于尾气排放口的挥发性有机物,应进行监测,如浓度明显增大,则应停止抽提,更换活性炭罐中的活性炭。

③ 观察维护油水分离器,确保油水分离效果,并对水、油分别进行收集、处理、处置。

(6) 运行维护和监测:运行维护包括 NAPL 收集、抽提井真空度调节、活性炭更换、沉积物清理、仪表和电路及管路检修和校正等。同时,为有效评估 MPE 对地下环境的影响,需在运行过程中持续监测系统的物理及机械参数(抽提井和监测井内的真空度、抽提井内的地下水降深、抽提地下水体积、单井流量、风机进口流量、抽提井附近地下水位变化等)、化学指标(气相污染物浓度、气/水排放口污染物浓度、抽提地下水污染物浓度、NAPL 组成变化等),以及生物相关指标(溶解性气体、氮和磷浓度、pH、氧化还原电位、微生物数量等)。此外,为避免二次污染,应对废水/尾气处理设施的效果进行定期监测,以便及时采取应对措施。

(7) 修复周期及参考成本:MPE 技术的处理周期与场地水文地质条件和污染物性质密切相关,一般需通过场地中试确定。通常应用该技术清理污染源区的速度相对较快,一般需要1~24 个月。其处理成本与污染物浓度和工程规模等因素相关,具体成本包括建设施工投资、设备投资、运行管理费用等支出。根据国内中试工程案例,每处理 1 kg 低密度非水相液体(LNAPL)的成本约为 385 元。

(8) 优缺点:可处理易挥发、易流动的非水溶性液体,效果受场地水文地质条件和污染物分布影响较大,需要对抽提出的气体和液体进行后续处理。

7.1.8 电动修复技术

(1) 技术名称:电动修复技术。

(2) 技术适用性:适用于地下水污染比较严重的重金属。

(3) 技术介绍。

电动修复技术是利用地下水、土壤和污染物电动力学性质对环境进行修复的新兴技术,这种技术是通过植入土壤和地下水中的电极,向污染土壤和地下水中通入直流电,带电离子发生迁移,阳离子向阴极移动,阴离子向阳极移动,非离子型物质随着电渗析所引起的水流而被传输,污染物的移动方向和移动数量受污染物浓度、土壤类型和结构、污染物离子迁移率、界面化学、土壤孔隙水传导率等参数的影响。

(4) 主要实施过程:修复可分为两个过程,即不同形态的重金属污染物转换为可溶态进入液相系统,然后在电场作用下通过离子迁移和电渗定向迁移出土壤和地下水。地下含水层土壤介质处于饱和含水状态,更有利于污染离子在电场作用下的迁移。

(5) 优缺点:由于对地下水的处理发生在两个电极之间,对任何明确位置的目的性很强,可以原位去除地下水和土壤中的污染物,而不必将地下水抽出。该技术可去除污染物范围较广,成本低,效率高。但易出现活化极化、电阻极化和浓差极化等情况,修复效率降低。

7.1.9 监控自然衰减技术

(1) 技术名称:监控自然衰减(MNA)技术。

(2) 技术适用性。

① 可处理的污染物类型:苯系物、氯代烃、石油烃、多环芳烃、羟基芳烃、硝基芳烃、甲基叔丁基醚(MTBE)、重金属类、非金属类(砷、硒)、含氧阴离子(如硝酸盐、过氯酸)等。

② 应用的限制条件：在证明具备适当环境条件时才能使用，在风险较大的敏感场地不能单独使用，不适用于对修复时间要求较短的情况，对自然衰减过程中的长期监测、管理要求高。

（3）技术介绍。

① 原理：通过实施有计划的监控策略，依据场地自然发生的物理、化学及生物作用，包含生物降解、扩散、吸附、稀释、挥发、放射性衰减以及化学性或生物性稳定等，使得地下水污染物的数量、毒性、移动性降低到风险可接受水平。

② 技术构成和主要设备：由监测井网系统、监测计划、自然衰减性能评估系统和紧急备用方案四部分组成。

a. 监测井网系统：能够确定地下水中污染物在纵向和垂向的分布范围，确定污染羽是否呈现稳定、缩小或扩大状态，确定自然衰减速率是否为常数，对于敏感的受体所造成的影响有预警作用。监测井设置密度（位置与数量）需根据场地地质条件、水文条件、污染羽范围、污染羽在空间与时间上的分布而定，且能够满足统计分析上可信度要求所需要的数量。建立监测井网系统所需设备包括建井钻机、水井井管等。

b. 监测计划：主要监测分析项目需集中在污染物及其降解产物上。在监测初期，所有监测区域均需要分析污染物、污染物的降解产物及完整的地球化学参数，以充分了解整个场地的水文地质特性与污染分布。后续监测过程中，则可以依据不同的监测区域与目的，做适当的调整。地下水监测频率在开始的前两年至少每季度监测一次，以确认污染物随着季节性变化的情形，但有些场地的监测可能需要更长时间（大于 2 年）以建立起长期性的变化趋势；对于地下水文条件变化差异性大，或是易随着季节有明显变化的地区，则需要更密集的监测频率，以掌握长期性变化趋势；而在监测 2 年之后，监测的频率可以依据污染物移动时间以及场地其他特性做适当的调整。

c. 自然衰减性能评估系统：评估监测分析数据结果，判定 MNA 程序是否如预期方向进行，并评估 MNA 对污染改善的成效。MNA 性能评估依据主要来源于监测过程中所得到的监测分析结果，主要根据监测数据与前一次（或历史资料）的分析结果做比对。

d. 紧急备用方案：紧急备用方案是在 MNA 技术无法达到预期目标，或当场地内污染有恶化情形，污染羽有持续扩散的趋势时，采用其他土壤或地下水污染修复工程，而不是仅以原有的自然衰减机制来进行场地的修复工作。当地下水中出现下列情况时，需启动紧急备案。A. 地下水中污染物浓度大幅度增加或监测井中出现新的污染物；B. 污染源附近采样结果显示污染物浓度有大幅增加情形，表示可能有新的污染源释放出来；C. 在原来污染羽边界以外的监测井发现污染物；D. 影响下游地区潜在的受体；E. 污染物浓度下降速率不足以达到修复目标；F. 地球化学参数的浓度改变，导致生物降解能力下降；G. 因土地或地下水使用改变，造成污染暴露途径。

③ 关键技术参数或指标。

a. 场地特征污染物：MNA 机制分为生物性作用和非生物性作用，需要根据污染物的特性评估自然衰减是否存在；不同污染物的自然衰减机制和评估所需参数，包括地质与含水层特性、污染物化学性质、原生污染物浓度、总有机碳、氧化还原反应条件、pH 与有效性铁氢氧化物浓度、场地特征参数（如微生物特征、缓冲容量等）。

b. 污染源及受体的暴露位置：开展 MNA 技术时，需确认场地内的污染源、高污染核心区域、污染羽范围及邻近可能的受体所在位置，包含平行及垂直地下水流向上任何可能的受体暴露点，并确认这些潜在受体与污染羽之间的距离。

c. 地下水水流及溶质运移参数：在确认场地有足够的条件发生自然衰减后，须利用水力坡度、渗透系数、土壤质地和孔隙率等参数，模拟地下水的水流及溶质运移模型，估计污染羽的变化与移动趋势。

d. 污染物衰减速率：多数常见的污染物的生物衰减是依据一阶反应进行的，在此条件下最佳的方式是沿着污染羽中心线（沿着平行地下水流方向），在距离污染源不同的点位进行采样分析，以获取不同时间及不同距离的污染物浓度来计算一阶反应常数。重金属类污染物可以通过同位素分析方法获取自然衰减速率，对同一点位的不同时间进行多次采样分析，并由此判断自然衰减是否足以有效控制污染带扩散。通过重金属的存在形态，判定自然衰减的发生和主要过程。若无法获取当前数据，也可以参考文献报告数据获取污染物衰减速率。

（4）技术应用基础和前期准备：在利用 MNA 技术进行场地修复前，应进行相应的场地特征详细调查，以评估该技术是否适用，并为监测井网设计提供基础参数。场地特征详细调查主要确认信息包括污染物特性、水文地质条件及暴露途径和潜在受体。调查结果必须能够提供完整的场地特征描述，包括污染物分布情况与场地的水文地质条件，以及其他进行 MNA 可行性评估所需要的信息。取得相关的地质、生物、地球化学、水文学、气候学与污染分析数据后，可以利用二维或三维可视化模型展示场地内污染物分布情形、高污染源区附近地下环境、下游未受污染地区的状态、地下水流场以及污染传输系统等，即建立场地特征概念模型。

取得场地数据后，利用污染传输模式或自然衰减模式进行模拟，并与实际场地特征调查结果进行验证，修正先前所建立的场地概念模型；如果场地差异性较大，可以适当修正模型所有的相关参数，并重新进行模拟。在后续执行 MNA 过程中，如取得最新的监测数据资料，也应随时修正场地概念模型，以便精确评估及预测 MNA 修复效果。

在完成初步评估、污染迁移与归趋模拟之后，需要进行可能受体暴露途径分析，界定出可能潜在的人体与生物受体或其他自然资源，结合现有与未来的土地和地下水使用功能，分析其可能产生的危害风险。通过对场地的风险评估，明确健康风险。如果暴露途径的分析结果表明，对于人体健康及自然环境并不会有危害的风险，且能够在合理的时间内达到修复目的，则开始设计长期性的监测方案，完成 MNA 可行性评估，开展监控自然衰减修复技术的具体实施。

（5）主要实施过程。

① 初步评价 MNA 的可行性。

② 构建地下水监测系统。

③ 制定监测计划。

④ 详细评价 MNA 的效果。

⑤ 提供进一步的标准来确认 MNA 是否有效。完成效果评估后，需要审查监控数据、污染物的化学和物理参数及现场条件，确定场地组成特征。

⑥ 制定应急方案。在监控过程中，在合理时间框架下，若发现 MNA 无效，则需要执行应急方案。

（6）运行维护和监测：场地特征调查所需的时间较长。由于存在经自然衰减后产生毒性或移动性更大的物质的可能，需要对修复过程采取严密的监测和管制措施；密切观测污染物的迁移、转化过程，适时评估动态结果，及时调整监测和管制策略。

（7）修复周期：相较于其他修复技术，MNA 技术所需时间较长，需要数年或更长时间。

（8）优缺点。

① 优点：一般不会产生次生污染物，对生态环境的干扰程度较小；工程设施简单，对污染场地周围环境破坏小；运行和维护费用低，修复费用远低于其他修复技术；可以与其他修复技

术结合使用,工艺组合多样。

　　② 缺点:适用范围窄,仅用于污染程度低的区域环境,而且需长期监测。

7.2　主要污染场地地下水修复技术的比较

主要污染场地地下水修复技术的比较见表 7.1。

表 7.1　主要污染地下水修复技术的比较

序号	技术名称	适用性	原理	技术优缺点	二次污染防控重点
1	微生物强化修复技术	可处理的污染物类型:苯系物、氯代烃、多环芳烃、羟基芳烃、甲基叔丁基醚(MTBE)、石油烃等	主要原理是通过调控原生微生物(好氧型和厌氧型)的生长条件,将有毒污染物转化为无毒物质,从而达到修复目的	优点:① 投资小,维护费用低;② 操作简便;③ 对周围环境影响小;④ 修复效率高,可最大限度地降低污染物的浓度,并且污染物可在原地被降解清除;⑤ 适用于其他技术不能应用的地区 缺点:① 含水层的渗透性较差,易引起堵塞;② 受介质渗透性的影响,可能会产生二次污染;③ 微生物对环境温度和 pH 的变化非常敏感,故对处理地下水的水质环境要求较高;④ 由于微生物降解缓慢,达到降解目标的时间受到限制	分析研究激活剂投加量对污染物去除效果的影响,合理确定激活剂投加计划,避免过度投放造成二次污染
2	监控自然衰减技术	可处理的污染物类型:苯系物、氯代烃、石油烃、多环芳烃、羟基芳烃、硝基芳烃、甲基叔丁基醚(MTBE)、重金属类、非金属类(砷、硒)、含氧阴离子(如硝酸盐、过氯酸)等 应用的限制条件:在证明具备适当环境条件时才能使用,在风险较大的敏感场地不能单独使用,不适用于对修复时间要求较短的情况,对自然衰减过程中的长期监测、管理要求高	通过实施有计划的监控策略,依据场地自然发生的物理、化学及生物作用,包含生物降解、扩散、吸附、稀释、挥发、放射性衰减以及化学性或生物性稳定等,使得地下水污染物的数量、毒性、移动性降低到风险可接受水平	优点:一般不会产生次生污染物,对生态环境的干扰程度较小;工程设施简单,对污染场地周围环境破坏小;运行和维护费用低,修复费用远低于其他修复技术;可以与其他修复技术结合使用,工艺组合多样 缺点:适用范围窄,仅用于污染程度低的区域环境,而且需长期监测	—

序号	技术名称	适用性	原理	技术优缺点	二次污染防控重点
3	原位曝气技术	可处理污染物类型：挥发性及半挥发性有机污染物和石油烃 应用限制条件：适用于高渗透性的场地，去除溶解度大、挥发性强的有机污染物	原位曝气技术是使空气通过污染含水层，注入地下水中。注入的空气水平和垂直地穿过土柱中的通道，形成一个地下的汽提塔，破坏原气液两相平衡而建立一种新的气液平衡，使地下水中的污染物由于分压降低而解吸出来，从而达到分离、去除污染物的目的	原位曝气技术具有费用低、效率高、可原位实施的优点，但受场地地质水文条件影响大，根据土壤的异质性可能会使某区域污染物不受影响	将污染物抽出至地表的过程中应减少与土壤的接触，减少二次污染。抽至地表的污染物必须经过进一步处理，达标后才可排放至环境中
4	可渗透反应墙技术	可处理污染物类型：脂肪族卤代烃、金属、非金属、放射性核素、农药、石油烃等 应用限制条件：适合含水层埋藏浅且污染羽状体规模小的情况，若含水层厚度较厚或污染区域较大，则会使得工程量增加，费用增加	在浅层土壤与地下水之间构筑一个具有渗透性、含有反应材料的墙体，污染水体经过墙体时其中的污染物与墙内反应材料发生物理、化学反应而被净化去除	不需要将地下水和污染物抽出地表，可防止转移过程的二次污染，另外水流靠水力梯度推动，运行过程不需要额外消耗能源，高效便捷。但在污染的含水层厚度较厚或污染区域较大的情况下，工程量增加，费用增加。修复机理的研究不充分，活性材料的筛选、改进还有待加强，其使用寿命与长期运行中的稳定性和有效性还需要进一步研究	随着有毒金属、碳酸盐和生物活性物质在墙体中的不断沉积和积累，该被动处理系统将逐渐失活，所以必须定期更换填充介质。当然，这些填充介质必须作为有害废弃物加以处理，或者采用相应方法封存

续表

序号	技术名称	适用性	原理	技术优缺点	二次污染防控重点
5	原位化学氧化技术	可处理污染物类型:挥发性和半挥发性有机物,含不饱和碳键的化合物 应用限制条件:土壤中存在腐殖酸、还原性金属等物质,会消耗大量氧化剂;在渗透性较差的区域,药剂传输速率可能较慢;化学氧化过程可能会出现产热、产气等现象;化学氧化反应受pH影响较大	利用强氧化剂破坏或降解地下水、沉积物和土壤中的有机污染物的技术,通过向土壤或地下水污染区域注入氧化剂,使土壤或地下水中的污染物转化为无毒或相对毒性较小的物质	能够对多种污染物进行修复,适用范围较广;污染物可以在水相,吸附相和自由相之间进行转化,强化了污染物不同相间的转移,有利于污染物的去除;经过氧化处理后,也有利于后续微生物对剩余污染物的好氧降解。药剂的传输受土壤环境影响大,非均质土壤会导致药剂传输和分布的不确定性;土壤中的还原性物质与氧化剂反应,消耗氧化剂的量,影响处理效果;另外,强氧化剂的使用也存在额外的健康和安全风险,大量使用可能会产生不良二次影响	在注入井进行药剂注入的过程中注意管道和接口的密封性,做好药剂制备和储存系统的检查工作,防止药剂的泄漏造成二次污染。由于污染物在氧化反应后可能产生相应的副产物,需要将处理后的地下水抽出后做进一步处理,在处理副产物后,经检测达标后才能排放至外环境中或回灌至地下

7.3　污染场地地下水联合修复技术

7.3.1　土壤气相抽提-原位曝气/生物曝气联合修复技术

土壤气相抽提(SVE)与原位曝气/生物曝气(AS/BS)、双相抽提等原位技术相结合,互补形成的SVE增强技术日益成熟。AS/BS主要用于处理饱和区土壤和地下水污染,主要去除潜水位以下的地下水中溶解的有机物,BS是AS的衍生技术,利用本土微生物降解饱和区中生物降解的有机成分,增强有机物的生物降解。将空气或氧气和营养物质注入饱和区以增加本土微生物的生物活性。

空气在高渗透率土壤中是以鼓泡方式流动的,而在低渗透率土壤中是以通道方式流动的,SVE对土壤孔隙越大的地质越合适,对黏土效果较差,但AS曝入的空气不能通过低渗透率土壤(如黏土层),而对于高渗透率土壤(如砾石层),则由于其渗透率太高从而使曝气影响区域太小,也不适合。AS曝气过程中,当曝入的空气遇到渗透率和孔隙率不相同的两层土壤时,空气可能会沿阻力小的路径通过饱和土壤到达地下水位,如果两者的渗透率之比大于10,除非空气的入口压力足够大,空气一般不经过渗透率低的土壤;如果两者的渗透率之比小于10,空气从渗透率低的土层进入渗透率较高的土层时,其形成的影响区域变大,但空气的饱和度降低,影响污染物的去除效率。因此,SVE-AS不宜用于渗透率太高或太低的土壤,而适用于土壤粒径均匀且渗透性适中的土壤。SVE不适用于低挥发性或亨利常数较低的污染物,适用于三氯乙烯、挥发性石油烃和半挥发性的有机物以及汞、砷等。AS不适用于自由相(浮油)存在的场地。在修复初期,蒸汽抽除主要移除强挥发性有机物,而修复后期主要是生物降解去除弱挥发性污染物。

SVE修复效果的影响因素主要有土壤的渗透性、土壤湿度及地下水深度、土壤结构和分层及土壤层结构的各向异性、气相抽提流量、蒸气压与环境温度等。AS去除主要依赖于曝气所形成的影响区域的大小、土壤类型和粒径大小、土壤的非均匀性和各向异性、曝气的压力和流量及地下水的流动,影响BS效果的主要是微生物生长的土壤和地下水环境,包括土壤的气体渗透率、土壤的结构和分层,地下水的温度、pH、营养物质类型与电子受体的类型等,还有污染物的浓度及可降解性和微生物的种群。

典型的SVE-AS系统包括空气注入井、抽提井、地面不透水保护盖、空气压缩机、真空泵、气/水分离器、空气及水排放处理设备等(图7.4)。

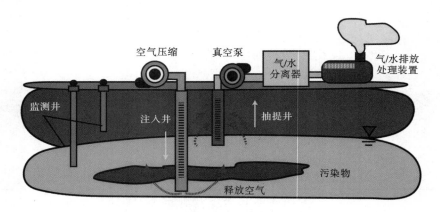

图7.4　气相抽提-原位曝气联合示意图

空气注入井垂直井直径多为50 mm以上,井筛长度为0.3～1.5 m,井筛顶端的安装深度应在修复区域低静水位以下1.5 m处,在粗粒土壤中影响区为1.5～9 m,成层土壤影响区为18 m以上,采用中空螺旋钻法技术安装。在地下水位高低经常变动的场地,可设计多重深度开口的方式,让空气注入不同的深度。空气压缩机或真空泵在细粒土壤为最小入口压力的2倍或以上,最大压力是在井筛顶端的土壤管柱质量所得压力的60%～80%。压力太大会使污染扩散至未污染区域。还应设置当SVE失效时,空气注入系统能自动关闭的监测装置,防止污染区的污染物进入邻近建筑或公用管线中发生爆炸。通常SVE-AS系统应有以下监测项目:空气压力及真空压力,地下水水位,微生物种群及活性,空气流量及抽提率,真空抽提井和注入井的影响区,地下水中溶解氧及污染物浓度,抽除气体或土壤蒸气中的O_2、CO_2及污染物浓度,地表下气体通路分布的追踪气体图及SVE系统的捕捉效率,以保证系统调节至最优。

7.3.2　生物通风-原位曝气/生物曝气联合修复技术

生物通风(BV)实际上是一种增强式的SVE技术,广泛用于地下水位线以上的非饱和渗流区土壤的修复。SVE的目的是在修复污染物时使空气抽提速率达到最大,利用污染物的挥发性将其去除,而 BV 使用相对较低的空气速率,以增加气体在土壤中的停留时间,促进微生物降解有机物。BTEX、PAHs、五氯酚以及有机燃料油的轻组分是生物通风常用的修复对象。BV-AS/BS 技术主要用于土壤非饱和区和饱和区中挥发性、半挥发性和不挥发性但可生物降解的有机污染物的联合修复,根据需要加入的营养物质,但初始污染物浓度太高会对微生物产生毒害作用,并且难以达到很低的污染物标准。BV-AS/BS 技术与 SVE-AS 技术一样不适用于处理低渗透率、高含水率、高黏度的土壤。

BV-AS/BS 关键技术:典型 BV-AS/BS 包括抽提井或注入井、空气预处理、空气处理单元、真空泵、仪器仪表控制、监测点、可能的营养输送单元。真空抽提井的井口真空压力一般为 0.07～2.5 m。当污染物分布深度小于 7.5 m 时,采用水平井比垂直井更有效。当污染物在 1.5～45 m 之间分布,地下水深度大于 3 m 时,大多采用垂直井。空气注入井的井口压力与抽提井设计相似,但可设计一个更长的筛板间隔以保证气体的均匀分布。修复过程中监测的参数主要有压力、气体流速、抽提气体中 CO_2 和 O_2 的浓度、污染物抽提率、温度等。营养物质大多采用手工喷洒或灌溉(如喷头)的方法通过向横向沟渠或井中注入,在小于 0.3 m 的土壤浅层或砾石铺设的沟渠里设置开槽或穿孔的 PVC 管。修复土壤的 pH 为 6～8,土壤温度与湿度适中,要求添加电子受体与营养物质。

7.3.3 电动修复-渗透反应墙联合修复技术

电动修复-渗透反应墙联合修复技术结合了 EKR 技术与 PRB 技术两者的优点,其基本原理是用电动力将毒性较高的重金属及有机物向电极两端移动,使污染物与渗透性反应墙内的填料基质等充分反应,通过吸附去除或降解达到去除或降低毒性的目的。EKR 技术通过在污染土壤两侧施加直流电压,通过电迁移、电渗流和电泳的方式使土壤中的污染物迁移到电极两侧从而修复土壤污染。该技术可有效地从土壤中去除铬、铜、汞、锌、镉、铅等重金属,以及苯酚、氯代烃、石油烃、乙酸等有机物。PRB 技术主要利用污染物通过填充活性反应材料时,产生沉淀、吸附、氧化还原和生物降解反应而使污染物去除,在修复地下水污染工程中使用较频繁。

采用 EKR 技术修复污染土壤时,处理效果受溶解度的影响很大,对溶解性差和脱附能力差的污染物以及非极性有机物的去除效果较差。如 PRB 中的填充材料与污染物的作用以及无机矿物沉淀去除污染物的方式容易导致 PRB 堵塞,限制了其在土壤修复中的应用。我国台湾守义大学的 Weng 等首次报道了利用 EKR-PRB 联合修复技术去除土壤中的 Cr(Ⅵ),其中 PRB 反应墙采用零价铁和石英砂以 1:2 的比例进行填充,并以 1～2 V/cm 的电位梯度进行通电。土壤 Cr(Ⅵ)和总 Cr 的去除率分别达 100% 和 71%。

7.4 地下水污染的预警

随着经济社会的发展,人类生产和生活对地下水的污染越来越明显。鉴于地下水污染的隐蔽性、不易察觉,且一旦污染,治理和修复工程施工难度大、耗资多等,建立地下水污染的预警对地下水可持续利用、保护和管理具有重要意义。

地下水的污染预警过程是监测、预测、预警。通过长期监测,对数据进行评价、分析、预测和预警。根据地下水水质的动态变化,进行地下水预警。开展地下水预警,预先对地下水进行判别,识别地下水受污染的风险程度,确定是否需要开展地下水预警工作。

目前,地下水污染预警可分为大尺度场地和小尺度场地两种类型,建立不同尺寸的污染预警模型。大尺度场地研究范围比较大,以大型石油化工、金属冶炼等建设项目为主,面积从几平方千米到几十平方千米不等。小尺度场地如电镀、制革、印染等建设项目,占地面积相对较小。

7.5　污染场地修复过程管理

1. 修复过程二次污染防控

针对场地土壤修复施工过程中可能产生的扬尘和废气、废水、固体废物、噪声等环境影响,提出二次污染防范措施建议。

为了确保施工过程中场地内工作人员的健康和防止施工过程产生的扬尘对周边空气环境造成二次污染,需要采取必要的防护措施,具体措施如下。

(1) 合理安排施工进度,建筑施工、场地平整等应集中进行,以避免长期的扬尘污染。开挖的泥土和建筑垃圾要及时运走,以防长期堆放表面干燥而起尘或被雨水冲刷。

(2) 运输车辆必须选用证件齐全的车辆,不应装载过满,并尽量采取遮盖、密闭措施,减少沿途抛洒,并及时清扫散落在地面上的泥土和建筑材料,冲洗轮胎,定时洒水,以减少运输过程中的扬尘。

(3) 运输车辆行驶路线应尽量避开居民点和环境敏感点,运输时需采取措施防止遗洒、飞扬。

(4) 在场地内或场地外暂存的土壤,用雨布及时覆盖,抑制粉尘的产生和扩散;土壤开挖过程中定期洒水,以控制扬尘的大量产生。

(5) 风速过大时,应停止施工作业,并对堆存的建筑材料采取遮盖措施。

2. 废水控制

1) 基坑水处理

污染土壤开挖过程中产生的基坑降水和排水是修复过程中重点关注的对象,需要在基坑内设置集水井,将基坑水抽至移动式污水处理设备进行处理,确定达标后排入市政管网。

2) 生产废水处理措施

作业机械清洗废水排入沉淀池后根据水质检测结果,进行处理合格后排放。修复过程产生的生产废水应尽量不外排。

3) 其他防护措施

加强对现场存放化学品的管理,对存放化学品的场地进行防渗漏处理;在化学品的储存和使用中,防止跑、冒、滴、漏污染水体。

3. 固体废物控制

施工期施工人员会产生生活垃圾,应在现场设置封闭式垃圾池,所有生活垃圾均临时存放于垃圾池中,不得随处堆放,垃圾池定期派人进行清理。

另外,在施工期间,应通过加强施工管理及施工结束后的及时清运、处置来减少和防止项目固体废物对周围环境的影响。污染土壤在装载至运输车辆时,严禁超载;在运输过程中限速行驶;运输车辆须进行覆盖处理,以防遗撒,发现遗撒现象及时清理干净。

4. 噪声控制

场地开挖施工时,挖掘机、运输车运行的噪声较大。因此施工时,合理安排机械设备施工时间,采取降噪措施,削减噪声源强度,保证白天与夜间场界噪声达标。

1) 人为噪声的控制

施工现场提倡文明施工,建立健全控制人为噪声的管理制度。尽量减少现场人员的大声喧哗,增强全体施工人员防噪声扰民的自觉意识。

施工人员之间配发对讲机,严禁用在机械上敲打金属的形式联系操作人员。

施工过程中各类材料搬运,要求做到轻拿轻放,严禁抛掷或从汽车上一次性下料,减少噪声的产生。

2) 噪声机械的降噪措施

机械设备噪声防治应先从声源上进行控制,优先选用符合国家噪声标准的设备。操作人员需经过环保教育。

满足施工要求的前提下,尽量选用低噪声或备有消声降噪声设备的施工机械,将噪声控制在标准规定值之内。

动力、机械设备的使用过程中,应加强日常管理及维修保养工作,避免异常噪声的产生。

3) 运输车辆限速行驶

运输车辆行驶速度不得超过 15 km/h;行驶的机动车辆,必须保持技术性能良好,部件紧固,无刹车尖叫声;必须安装完整有效的排气消声器。行车噪声要符合国家规定的机动车允许噪声标准。

4) 强噪声作业时间的控制

夜间需要作业的,应尽量采取降噪措施,事先做好周围群众的解释工作,并报有关主管部门备案后方可施工。

5. 做好安全防护工作

做好工作人员的安全防护工作。如遇因大型机械使用不当或在拆除、搬运等过程中发生意外,导致操作人员发生外伤事件时应保持镇静,迅速脱离危险区,并检查伤处。伤口严重者先用备用急救设施控制伤势后,立即送至附近大型医院救治。

第8章　修复工程环境监理工作

建设用地土壤修复工程项目环境监理是指修复工程实施过程中,为规范二次污染防治,保障修复质量,由第三方咨询单位依据法律法规、规范性技术文件等实施的专业化环境保护咨询和技术服务。

目前,我国在国家层面对建设项目的环境监理工作的相关法律法规不明晰,特别是原环境保护部办公厅在 2016 年发布《关于废止〈关于进一步推进建设项目环境监理试点工作的通知〉的通知》(环办环评〔2016〕32 号),建设项目开展环境监理的依据基本都参照各省份生态环境主管部门或相关行业协会提出的相关要求及管理办法或指南等开展。土壤修复过程项目归类为建设项目类,与建设项目环境监理有类似之处,目前在实际开展工作中,通常会在土壤修复工程项目中由土壤修复工作责任人委托第三方咨询单位同步开展环境监理相关工作。

8.1　相关术语和定义

1. 环境监理单位

环境监理单位是指从事环境监理工作的独立法人单位,应具有建设用地土壤污染修复工程环境监理相应工作能力和工作经验的技术队伍和业绩。

2. 环境监理方案

环境监理方案是指用于指导环境监理单位全面开展修复工程环境监理工作的技术性、指导性文件。

3. 环境监理总工程师

环境监理总工程师是指由环境监理单位法定代表人书面任命,负责履行修复工程环境监理合同、主持修复工程环境监理单位现场工作的工程师。

4. 环境监理员

环境监理员是指由环境监理总工程师授权,负责实施建设用地土壤污染修复工程环境监理现场具体工作的人员。

8.2　工作目的与原则

8.2.1　工作目的

环境监理单位依据有关环境保护法律法规、土壤污染状况调查报告、风险评估报告、土壤污染修复方案、环境监理合同等,对建设用地土壤污染修复工程实施专业化的环境保护咨询和技术服务,监督土壤污染修复施工单位全面落实各项生态环境保护要求,防范修复工程中造成新的二次污染,有效控制修复工程项目环境风险,为项目顺利完成提供保障。

8.2.2　工作原则

1. 公正性原则

环境监理单位依据土壤污染修复项目相关文件,以保护生态环境为目标,客观、公正地开展建设用地土壤污染修复工程环境监理相关工作。

2. 针对性原则

根据土壤污染修复工程特点和修复工艺,重点针对土壤污染修复期间的二次污染防治要求,开展监督和管理。

3. 适时性原则

鉴于建设用地土壤污染修复工程实施过程中受各种因素影响,可能导致土壤污染修复方案的变更,因此环境监理单位可根据工作需要,适时调整环境监理方案与工作内容。

8.3　工作程序、方法

8.3.1　工作程序

各地针对建设用地土壤污染修复工程环境监理工作程序的规定略有不同,但总体上通常包括项目启动阶段、准备阶段、参加修复工程技术交底会、编制环境监理方案、实施环境监测、编制环境监理总结报告、参加土壤污染修复效果评估工作等,以《广东省建设用地土壤污染修复工程环境监理技术指南(试行)》中规定的程序为例,其规定的工作程序如图 8.1 所示。

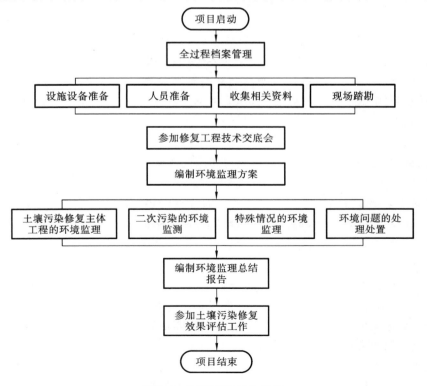

图 8.1　环境监理工作程序

8.3.2　工作方法

环境监理的工作方法主要包括核查、巡视、旁站、跟踪检查、环境监测、环境监理会议、信息反馈、记录和报告等。

1. 核查

核查在修复工程实施之前,修复方案中的修复技术、修复地点、相关环保措施等内容可能会出现调整变化。环境监理应根据相关法规仔细审核修复方案与相关文件的符合性,对调整的内容及其可能产生的环境影响进行初步判断,并及时反馈业主,建议业主完善相关环保手续或要求修复单位对修复方案进行补充完善。

修复方案实施过程中,环境监理应审查承包商报送的分项施工组织设计、施工工艺等涉及环境保护的内容,做好对施工方案的审核,在环境监理审核通过后方可进行相关施工工序。若因其他原因调整修复方案,环境监理应通过资料核对和现场调查的方式,全程持续调查修复项目实际的工程内容、污染防治措施等是否按照设计文件施工。

重点核查以下内容:核查修复工程与修复技术方案的变化情况,如发生重大变化,应尽快督促业主履行相关手续。重点关注修复工程与相关敏感区位置关系的变化、施工方案的变化可能带来的对环境敏感区影响的变化。重点关注针对环境敏感区采取的环保措施等是否落实到修复方案及实施过程中。

2. 巡视

修复环境监理单位在及时与修复工程实施单位沟通的前提下,定期对项目现场开展巡视检查,掌握修复工程实际情况和进度,对修复工程方案符合性、污染防治措施落实等方面现场查找问题、提出建议,并做好现场巡视记录。

3. 旁站

在关键工程开始前到场旁站,重点检查要求的污染防治措施和生态保护措施是否落实到位、环保设备是否按照设计要求进行施工及安装等,在关键工序和环保设备安装结束后方可离开,离开前应检查、评估施工可能造成的污染是否控制在既定目标内。在旁站过程中,环境监理单位应做好定时记录,并将评估结果整理上报场地责任单位。

4. 跟踪检查

在巡视和旁站过程中发现的问题,环境监理单位应建议修复工程实施单位进行整改,在相关环保问题的整改完成后,环境监理单位应对相应问题的整改情况进行跟踪检查。

5. 环境监测

为掌握修复工程实施情况及日常施工造成的环境污染情况,环境监理单位通过便携式环境监测仪器进行简单的现场环境监测,辅助环境监理工作;复杂的环境监测内容建议修复工程实施单位另行委托有资质的单位开展。

6. 环境监理会议

环境监理单位定期或不定期召开的环境监理会议,包括环境监理技术交底会、环境监理例会、专题会议和现场协调会等。会议由环境监理项目负责人或其授权的环境监理人员主持,土壤污染修复工程相关单位派员参加。会议重点记录参会单位和人员、讨论和研究的问题、协商一致的意见及其他相关要求等。

7. 信息反馈

环境监理人员现场巡视检查发现施工引起的环境污染问题时,应立即通知施工单位的现场负责人员纠正和整改。一般性或操作性的问题,采取口头通知形式。口头通知无效或有污染隐患时,监理人员应将情况报告环境监理总技术负责人,环境监理总技术负责人签发"环境监理整改通知单",要求施工单位限期整改,并同时抄送建设单位。整改完成后,由环境监理单位会同建设单位、工程监理单位对整改结果是否满足要求进行检查。对于一般性问题,环境监理单位下发"环境监理业务联系单"。

8. 记录和报告

记录包括现场记录和事后总结记录。现场记录包括环境监理人员日常填写的环境监理日志、现场巡视和旁站记录等,事后总结记录包括环境监理会议记录、主体工程施工大事记录、环境污染事故记录等。

报告包括定期报告、专题报告、阶段报告、总结报告。

(1) 定期报告:根据工程进度,编制工作月报定期报告提交至建设单位,对当前阶段环保工作的重点和取得的成果、现存的主要环境保护问题、建议的解决方案、下阶段工作计划等进行及时总结。定期报告应包括以下内容:工程概况、环境保护执行情况、主体工程环保工程进展、施工营地和工程环保措施落实情况、环保事故隐患或环保事故、环境监理现存问题及建议。

(2) 专题报告:在项目出现方案不符、环保措施落实不到位或其他重大环保问题时,需形成环境监理专题报告报建设单位。工程施工涉及环境敏感目标时,编制专题报告,反映环保重点关注对象,提出环保要求。

(3) 阶段报告:项目完成施工后、运行之前,应就修复工程设计、施工过程中的环境监理工作进行总结。

(4) 总结报告:就修复过程中环保设计、实施、运行情况进行总结,反映存在的问题并提出建议,是修复效果评估阶段的必备材料。

8.4　工　作　内　容

环境监理工作内容是监督修复工程是否满足环境保护的要求等,协调好工程与环境保护以及业主与各方的关系。

8.4.1　环境监理准备

接受土壤污染修复责任主体委托后,环境监理单位开展环境监理设施设备和人员准备,收集相关资料,进行现场踏勘、文件审核等。

1. 设施设备准备

环境监理单位根据土壤污染修复工程类型、规模和二次污染防治要求配置监理设施设备,包括开展工作需要的办公、交通、通讯和生活设施,以及满足项目需求的常规设备和工具。

2. 人员准备

环境监理单位根据土壤污染修复工程需求配置环境监理人员,包括环境监理项目负责人和其他环境监理人员,并明确各环境监理人员的工作内容。

3. 收集相关资料

环境监理单位收集的资料包括土壤污染修复工程相关的技术报告、相关的法律法规和技术规范等,包括但不限于以下内容。

① 土壤污染状况调查报告、风险评估报告、修复方案施工组织设计方案及备案材料等技

术文件。

② 场地及周边环境资料：建设用地土壤污染、环境保护、环境监理等相关法律法规和技术规范。

③ 相关招标文件、合同等。

4. 现场踏勘

环境监理单位对场地及周边区域进行现场踏勘，重点关注场地内及场地周边可能受土壤污染修复工程影响的环境敏感区域，如居民点、学校、医院、饮用水源保护区、重要农产品基地及其他公共场所等；场地内实施条件是否与土壤污染状况调查报告和修复方案中所述情况一致，若发现存在污染土壤被扰动且影响场地水文地质条件或导致污染物发生迁移等情形，按照涉及土壤污染修复主体工程的重大变更进行处理。

5. 文件审核

应重点审核以下信息，提出反馈意见及合理建议。

① 资料的完整性及与国家相关法律法规、标准、规范的相符性。

② 结合施工现场条件，审核设计文件与环境管理文件要求的符合性、现场施工的可操作性和二次污染防控措施的有效性，及污染土壤运输、处置和地下水处理、排放的合规性。

③ 配套环境保护设施是否与主体修复设施同时设计，主要技术指标是否满足环评及其批复要求。

④ 污染场地与环境敏感区的位置关系，涉及环境敏感区的施工组织设计方案、环境保护措施是否合理。

8.4.2　参加修复工程技术交底会

环境监理单位参加由土壤污染修复责任主体组织的关于修复方案、施工组织设计等内容的技术交底会。环境监理单位审核修复方案是否满足二次污染防治相关技术规范要求，如不满足要求，提出修改意见，必要时建议修复方案重新备案。同时，介绍环境监理单位及人员职责分工、监理工作的目标、范围、内容、工作程序和方法等。会议结果形成交底记录，并由参会各单位签字确认。

8.4.3　编制环境监理方案

环境监理单位依据环境保护相关法律法规、土壤污染修复工程相关技术规范和资料，结合工程实际情况，编制环境监理方案。环境监理方案中包括项目背景情况、工程概况、工作依据、目标、程序、方法、内容（包括监理要点）、制度、组织机构及职责等内容。

① 环境监理单位应依据环境保护相关法律法规、修复方案、施工组织设计方案和环评报告等技术资料，结合修复工程实际情况，基于可行性、可操作性和规范性，编制环境监理方案。

② 环境监理方案应明确环境监理单位的工作目标，确定具体的环境监理工作范围、工作程序、工作内容、工作方法、工作制度和成果提交方式等内容。环境监理方案编制大纲参见本章附件7。

③ 环境监理方案应由总环境监理工程师主持、环境监理员参与编制，经环境监理单位质量审核并加盖公章，在召开第一次工地会议前报送业主单位，并抄送修复施工单位、工程监理单位。

④ 编制环境监理细则：在环境监理方案的基础上，应根据修复工程特点，基于可操作性原

则，编制重点工艺或分项工程环境监理实施细则，进一步明确环境监理具体工作内容和工作方法、明确环境监理对问题的处理方式、建立环境监理工作制度及操作细则。实施细则经总环境监理工程师批准后方可实施。环境监理实施细则应根据修复工程实施过程中的实际情况进行补充、修改和完善。环境监理细则编制大纲参见本章附件 8。

8.4.4　土壤污染修复主体工程环境监理

主体工程环境监理的工作要点根据工程采用的具体土壤污染修复模式、技术进行确定，明确环境监理工作要点。

1. 确认工程开工

施工单位根据现场情况判断是否具备开工或复工条件，填报"工程开工/复工报审表"（附件 4），环境监理单位协助土壤污染修复责任主体进行审核，开工条件如下：

①修复方案已经达到相关法律法规、技术规范要求，并完成生态环境主管部门备案等相关前期工作；

②工程现场二次污染防治准备工作已完成。

2. 检查土壤污染修复工程区域的现场放样范围

环境监理单位根据施工单位和工程监理机构提供的资料，按照土壤污染修复方案，检查施工单位的现场放样范围是否符合方案中确定的修复范围要求。

3. 检查主体工程实施平面布置

环境监理单位根据修复方案检查土壤污染修复工程实施场地的平面布置。

4. 核查环境敏感区域与主体工程位置关系

环境监理单位采用巡视等方法，核查项目修复区域与环境敏感区域位置关系是否发生重大变化，并初步判断变化带来的环境影响是否可以接受。

5. 核查分类暂存情况

环境监理单位采用巡视等方法，重点核查污染土壤和地下水、受污染水体、废水等分类暂存情况（如有）是否符合相关技术规范与修复方案要求。

6. 监督修复工程中污染介质的运输过程

环境监理单位采用巡视等方法，监督土壤污染修复工程中污染介质（污染土壤、污染地下水、危险废物、固体废物等）的转移与运输（包括场内短驳、运输和外运等）过程，包括运输车辆的二次污染防治措施落实情况、转移与运输路线，运输车次和运输量等，重点检查每一车次（或其他运输机械）的装运介质、类型以及装卸点位置，并采集、留存影像资料。污染土壤外运过程采用联单方式进行管理，联单内容包括污染土壤运输量、出场时间、接收时间、运输车辆信息等，并由施工单位、环境监理单位、运输单位和接收单位等签字确认。

7. 异地集中式修复场所的环境监理工作

若污染土壤或地下水转移至异地集中式修复场所进行修复，环境监理单位主要负责原污染场地内作业和运输过程中二次污染防治的环境监理，并重点关注污染土壤和地下水的清挖、暂存、运输和预处理等过程。

8. 监督污染地下水修复后去向

环境监理单位跟踪监督修复后地下水（或受污染水体、废水等）去向是否符合相关技术规范与修复方案的要求，涉及外排时，重点检查排放口位置、排放方式和排放量，对排放的达标情况进行取样监测等。

9. 二次污染的环境监测

环境监理单位对土壤污染修复工程实施过程中排放的废水、废气、噪声,可能产生的二次污染及环境影响进行定期监测,评价工程实施过程中污染物的排放和周边环境质量是否符合相关标准和规范的要求。环境监测内容一般包括以下几点。

① 污染物排放达标情况监督监测;

② 修复工程重点施工环节环境质量监测;

③ 修复后土壤或地下水跟踪监测等。

8.4.5　编制环境监理总结报告

环境监理总结报告的编制,参见环境监理总结报告编制大纲(附件 9)。

8.5　各方工作职责

8.5.1　环境监理单位

环境监理单位应依据建设用地土壤污染修复工程环境监理合同约定的服务内容、服务期限以及修复工程特点、规模,技术复杂程度,环境保护要求等因素确定环境监理项目的人员及其组织形式;应具备满足土壤污染修复工程环境监理所需的便携式检测设备和工具,如便携式重金属检测仪(XRF)、便携式挥发性气体检测仪(PID)、便携式火焰离子化检测仪(FID)等。依据有关环境保护法律法规、技术规范和合同等,监督、协助、指导业主单位、施工单位全面落实修复工程施工过程中的环境保护措施、风险防范措施以及受工程影响的外部环境保护等相关事项。

在修复工程环境监理合同签订后十个工作日内,环境监理单位应根据投标文件及时将环境监理单位的组织形式、人员构成及对环境监理总工程师的任命书面通知业主单位,抄送修复施工单位和工程监理单位。

环境监理单位调换环境监理总工程师时,应征得业主单位书面同意,并书面通知业主单位,抄送修复施工单位和工程监理单位。

8.5.2　环境监理总工程师职责

环境监理总工程师的职责包括但不限于以下内容:

① 确定环境监理单位人员及其岗位职责;

② 主持编制环境监理方案,审批环境监理实施细则;

③ 审核修复施工单位在环境保护方面的措施和设施投入,并提出审核意见;

④ 根据修复工程进展及环境监理工作情况调配环境监理人员,检查环境监理人员工作;

⑤ 组织召开环境监理例会,签发环境监理单位的文件和指令;

⑥ 组织审核修复施工单位提交的开工报告、修复方案、施工组织设计方案;

⑦ 组织检查修复施工单位环境保护管理体系的建立及运行情况;

⑧ 组织审核和处理修复工程变更;

⑨ 审核修复施工单位的效果评估申请,参与修复工程效果评估;

⑩ 参与或配合修复工程质量、环境保护的调查和处理；

⑪ 组织编写环境监理月报、环境监理季报、环境监理工作阶段汇报和环境监理工作总结报告；

⑫ 组织整理环境监理资料（文件、指令、图像、报告等与建设用地土壤污染修复工程环境监理相关的所有资料）。

8.5.3　环境监理员职责

环境监理员职责包括但不限于如下内容：

① 参与编制环境监理方案，负责编制环境监理实施细则；

② 开展环境监理现场监督、检查、旁站、巡视等工作，定期向环境监理总工程师报告环境监理工作情况；

③ 处置施工中出现的环境问题等，发现重大环境问题应及时向环境监理总工程师报告和请示；

④ 审核修复施工单位提交的修复工程相关计划、方案、申请、变更等，并向环境监理总工程师报告；

⑤ 组织编写环境监理日志和有关环境监理记录，参与编写环境监理月报、环境监理季报，定期向环境监理总工程师报告环境监理工作实施情况；

⑥ 收集、汇总、参与整理环境监理文件资料；

⑦ 参与修复工程效果评估。

8.6　环境监理质量保障相关工作制度

监理单位应建立一系列工作制度，以保证环境监理工作规范有序地进行。常用的工作制度包括以下九项。

1. 工作记录制度

环境监理记录是信息汇总的重要来源，是环境监理人员作出行为判断的重要基础资料。环境监理人员应根据场地修复、环境监理工作情况作出工作记录，重点描述对项目现场环境保护工作的检查监督情况，描述当时发现的主要环境问题，问题发生的责任单位，分析产生问题的主要原因，提出对问题的处理意见。工作记录主要包括监理日志、监理周边现场巡视和旁站记录、环境监理取样记录、会议记录、气象及灾害记录、工程建设大事记录、监测记录等。

2. 文件审核制度

文件审核制度是指对项目实施单位编制的，与场地修复工程相关的环境保护措施和设施的施工组织设计和计划，进行审核的规定。环境监理单位对上述文件的审核意见，是场地修复工程监管单位批准上述文件的重要参考之一。

3. 报告制度

环境监理报告是项目建设中环境保护工作的一项重要内容，监理报告制度是环境监理单位对现场环境情况进行定期报告，包括环境监理月报、环境监理专题报告、环境监理阶段报告、环境监理总结报告。

4. 函件来往制度

环境监理人员在现场检查过程中发现的环境问题，应通过下发"环境监理通知单"形式，通知修复工程实施单位需要采取的纠正或处理措施;对修复工程实施单位某些方面的规定或要求,必须通过书面形式通知。情况紧急需要口头通知时,随后必须以书面函件形式予以确认。同样,修复工程实施单位对环境问题处理结果的答复以及其他方面的问题,也应致函环境监理人员。

5. 会议制度

会议制度是指环境监理单位确定的必须参加或组织的各种会议的规定。环境监理机构应建立环境保护会议制度,主要包括污染场地治理与修复启动会、工程例会、专题会议、现场协调会。在会议期间,实施单位对近一段时间的环境保护工作进行回顾性总结,环境监理人员对该阶段环境保护工作进行全面评议,肯定工作中的成绩,提出存在的问题及整改要求。每次会议都要形成会议纪要,如有重大事故发生,可随时召开会议。

(1)污染场地治理与修复启动会:监理机构组织业主单位和工程实施单位召开污染场地治理与修复启动会议,会议参加人员包括业主单位和工程实施单位负责人及相关人员,治理与修复效果评估单位相关技术人员,环境监理机构的主要成员应全部参加。监理机构就会议结果形成交底记录,并由参会各单位签字确认;环境监理总工程师介绍修复工程环境监理工作计划,就环境监理组织机构、人员、工作职责和环境监理程序进行说明。

(2)工程例会:在工程实施过程中,环境监理总工程师应定期主持召开治理与修复工程例会,并由监理机构负责起草会议纪要,经与会各方代表会签。工程例会应包括以下工作内容:检查上次例会决定事项的落实情况,分析未完成事项原因;检查、分析工程进度计划完成情况,提出下一阶段工程实施的进度目标、落实措施;检查、分析主体工程质量和二次污染防治情况,针对存在的问题提出改进措施;解决需要协调的有关事项;其他有关事宜。

(3)专题会议:环境监理总工程师或环境监理工程师应根据需要及时组织专题会议,如环境污染事故专题会议、月工作计划总结会、二次污染防治专项会议等。

(4)现场协调会:环境监理总工程师或环境监理工程师可根据治理与修复工程情况不定期召开不同层次的工程现场协调会。会议对具体工程活动进行协调和落实,对发现的问题及时予以纠正。

6. 应急体系及污染事件处理制度

应急报告与处理制度是环境监理单位在现场发生环境紧急事件应采取的报告和处理的规定。环境监理单位针对环境监理范围内可能出现的环境风险,制定环境紧急事件报告和处理措施应急预案。应急预案中应明确需要及时报告项目场地责任单位以及环境保护、公安、卫生等行政主管部门的事项,并应明确需要采取的应急措施。

对于突发性环境污染事故,应协助业主单位,指导和监督工程实施单位按照应急预案进行事故处理。实施单位应向环境监理机构和业主单位递交"环境污染事故报告单"(附件6),就污染事故原因、造成的破坏情况、补救措施和初步处理意见进行汇报,由环境监理单位和业主单位审查签字确认。

7. 人员培训和宣传教育制度

对相关现场人员进行污染场地治理与修复培训和宣传教育,统一环保认识、提高环保意识。

8. 档案管理制度

环境监理应结合工程实际建立环保信息管理体系,制定文件管理制度,对文件分类、归档等方面予以规定,对环保信息进行及时梳理和分析,指导和规范现场工作。

　　环境监理工作归档资料范围包括以下内容：环境监理合同及其他相关合同文件；环境监理实施方案；环境监理会议纪要；环境监测资料；相关单位往来函件；环境监理报告；环境监理工作记录文件；环境监理工作表单；环境监理工作影像资料，电子文档等。

　　9. 质量保证制度

　　为保证和控制环境监理的工作质量，环境监理应严格按照国家与地方有关规定开展工作，环境监理应严格按照监理方案和实施细则进行。现场环境监理从业人员按照规定持证上岗，环境监理机构应严格按照环境监理实施方案进行，并对工程期间发生的各种情况进行详细记录。环境监理相关报告应执行内部多级审核制度。

　　环境监理相关记录表单见附件 1-6，环境监理方案编制大纲、细则编制大纲和报告编制大纲分见附件 7、附件 8 和附件 9。

附件 1　环境监理通知单

编号：×××××××

工程名称	

致　（施工单位）＿＿＿＿＿＿＿＿＿＿＿：

抄送　（土壤污染修复责任主体）＿＿＿＿＿

事由：

内容：

环境监理单位(盖章)：

环境监理项目负责人(签字)：

日期：＿＿＿年 ＿＿＿月＿＿＿日

施工单位签署意见：

施工单位(盖章)：

项目经理(签字)：

日期：＿＿＿年 ＿＿＿月＿＿＿日

附件 2　整改通知单

编号:××××××

工程名称	

致　(施工单位)＿＿＿＿＿＿＿＿＿＿＿＿:

抄送　(土壤污染修复责任主体)＿＿＿＿＿＿＿＿＿

事由:

内容:

环境监理单位(盖章):

环境监理项目负责人(签字):

日期:＿＿＿年＿＿＿月＿＿＿日

施工单位签署意见:

施工单位(盖章):

项目经理(签字):

日期:＿＿＿年＿＿＿月＿＿＿日

附件3　停工通知单

编号:××××××

工程名称	

致　(施工单位)＿＿＿＿＿＿＿＿＿＿＿　:

抄送　(土壤污染修复责任主体)＿＿＿＿＿

事由:

　　鉴于以上情况,现通知你方必须于＿＿年＿＿月＿＿日＿＿时起,对本工程的＿＿＿＿＿＿＿＿＿＿＿＿＿部位(工序)实施暂停施工,并按下述要求做好各项工作:

环境监理单位(盖章):

环境监理项目负责人(签字):

日期:＿＿年＿＿月＿＿日

施工单位签署意见:

施工单位(盖章):

项目经理(签字):

日期:＿＿年＿＿月＿＿日

附件 4　工程开工/复工报审表

编号：×××××××

工程名称	

致　（施工单位）＿＿＿＿＿＿＿＿＿＿＿：

经对＿＿＿＿＿＿＿＿＿＿＿＿＿＿＿＿＿＿＿＿＿＿＿＿＿＿＿＿＿进行的审查，认为＿＿＿＿＿＿工程＿＿＿＿＿＿＿（区段、部位）可以开始施工，贵部在接到本复工指令单后，迅速组织施工。

本工程＿＿＿＿＿＿＿＿＿＿＿＿＿＿＿＿＿＿＿＿＿＿＿＿＿＿＿＿＿（区段、部位）的复工日期定为＿＿年＿＿月＿＿日。

　　　　　　　　　　　　　　　　　　　　　　环境监理单位（盖章）：

　　　　　　　　　　　　　　　　　　环境监理项目负责人（签字）：

　　　　　　　　　　　　　　　　　　　　　日期：＿＿年＿＿月＿＿日

　　　　　　　　　　　　　　　　　土壤污染修复责任主体（盖章）：

　　　　　　　　　　　　　　　　　　　　　　　负责人（签字）：

　　　　　　　　　　　　　　　　　　　　　日期：＿＿年＿＿月＿＿日

复工说明：

施工单位签署意见：

　　　　　　　　　　　　　　　　　　　　　　施工单位（盖章）：

　　　　　　　　　　　　　　　　　　　　　　项目经理（签字）：

　　　　　　　　　　　　　　　　　　　　　日期：＿＿年＿＿月＿＿日

附件 5 环境监理日志

工程名称：   编号：××××××

施工单位：				
监理方式		日期	到达时间	离开时间
□巡视　□旁站　□其他____				
天气情况		气温	风向	风速
监理内容				
环保问题及处理结果				

环境监理人员（签字）：　　　　　　　审核（签字）：

日期：　　　　　　　　　　　　　　　日期：

附件 6　环境污染事故报告单

工程名称：　　　　　　　　　　　　　　　　　　　　　　　　编号：××××××

致：（环境监理单位）　　　　　　　　　

　　　年　　月　　日　　时，在　　　　部位（详见设计图纸），发生环境污染/生态破坏事件，报告如下：

问题（事件）经过及原因初步分析：

　　环境污染/生态破坏情况：

　　补救措施及初步处理意见：

　　待进一步调查后，再另作详细报告，并提出处理方案上报。

施工单位（盖章）：

项目经理（签字）：

日期：　　年　　月　　日

环境监理单位意见：

环境监理单位（盖章）：

环境监理项目负责人（签字）：

日期：　　年　　月　　日

土壤污染修复责任主体意见：

土壤污染修复责任主体（盖章）：

负责人或代表（签字）：

日期：　　年　　月　　日

附件7　环境监理方案编制大纲

1. 总则
    1.1 项目背景
    1.2 环境监理依据
2. 修复工程概况
    2.1 修复工程基本情况
    2.2 修复工程主要环境影响
    2.3 修复工程实施单位和周期
3. 环境监理的工作目标与范围
    3.1 环境监理的目标
    3.2 环境监理的范围
4. 环境监理工作程序
5. 环境监理工作内容
    5.1 准备阶段
    5.2 施工阶段
    5.3 效果评估阶段
6. 环境监理工作方法
7. 环境监理工作制度
8. 组织结构及人员职责
9. 成果提交方式
10. 附录

附件8　环境监理细则编制大纲

环境监理细则编制大纲一般包含总则、修复工程概况、修复工程重点工艺或分项工程概况、环境监理工作目标和范围等章节。

1. 总则
介绍项目背景和环境监理依据。

2. 修复工程概况
介绍修复工程整体情况、涉及工艺或分项工程。

3. 修复工程重点工艺或分项工程概况
介绍修复工程重点工艺或分项工程的工艺流程特点、主要环境影响、实施单位和周期。

4. 环境监理工作目标和范围
介绍修复工程重点工艺或分项工程环境监理工作预计达到的目标,结合工程特点,明确环境监理要点和工作范围。

5. 环境监理工作方法

6. 环境问题处理方式
对环境监理过程中可能遇到的问题进行总结分类,详细介绍环境监理对于各类问题的具体处理程序。

7. 环境监理工作制度及操作细则
介绍修复工程重点工艺或分项工程环境监理实际采用的工作制度,详细介绍环境监理制度的操作细则。

8. 组织结构及职责

明确项目环境监理工作参与人员,并说明环境监理单位的组织架构、工作人员应履行的工作职责分工、环境监理人员的守则。

9. 成果提交方式

10. 附录

附件 9　环境监理总结报告编制大纲

环境监理总结报告编制大纲一般包括总则、修复工程概况、环境监理的工作目标与范围等章节。

1. 总则

　　1.1 项目背景

　　1.2 环境监理依据

2. 修复工程概况

　　2.1 基本情况

　　2.2 主要环境影响

　　2.3 实施单位

　　2.4 工程周期

3. 环境监理的工作目标与范围

　　3.1 环境监理的目标

　　3.2 环境监理的范围

4. 环境监理的工作程序

5. 准备阶段环境监理

6. 施工阶段环境监理

　　6.1 修复主体工程

　　6.2 环保措施落实情况

　　6.3 环保设施运行情况

　　6.4 污染物排放及环境影响监测结果

　　6.5 风险控制措施

　　6.6 问题及处理

　　6.7 环境保护宣传

　　6.8 其他

7. 效果评估阶段环境监理

8. 结论与建议

　　8.1 结论

　　8.2 建议

第9章　污染场地土壤风险管控修复效果评估

一般来说,污染场地风险管控与土壤修复效果评估是指在污染场地实施风险管控、修复活动结束后,对实施风险管控或修复活动效果如何,是否达到预期目的等内容进行评估。需要注意的是,在实践中,鉴于风险管控、修复活动的技术选择不同,有的效果评估工作可能需与风险管控、修复活动同步进行,比如,在开展风险阻隔实施隐蔽工程中,阻隔墙的厚度是效果评估的重要参数之一,因工程实施结束后再进行评估存在较大的难度或不便(如通过钻穿阻隔墙等方式进行验证评估,但该方式会破坏已有的阻隔墙),因此需在工程实施过程中对其厚度这一参数进行效果评估。效果评估主要通过资料回顾与现场踏勘、现场采样和实验室检测,综合评估场地风险管控和修复是否达到预期效果或修复后场地风险是否达到可接受水平,经第三方机构完成效果评估并通过由省级(或市级)生态环境主管部门会同自然资源等主管部门组织的评审后,可移出建设用地土壤污染风险管控和修复名录。目前主要的技术文件包括《污染地块风险管控与土壤修复效果评估技术导则(试行)》(HJ 25.5—2018)(以下简称《土壤效果评估导则》)、《污染地块地下水修复和风险管控技术导则》(HJ 25.6—2019)、《工业企业场地环境调查评估与修复工作指南(试行)》(环境保护部公告 2014 年第 78 号)及部分地区编制的相关技术规范和指南。

9.1　工 作 依 据

污染场地风险管控与土壤修复效果评估工作是落实《中华人民共和国土壤污染防治法》《土壤污染防治行动计划》《污染地块土壤环境管理办法(试行)》等法律法规要求的具体体现之一,《中华人民共和国土壤污染防治法》规定:风险管控、修复活动完成后,应当另行委托有关单位对风险管控效果、修复效果进行评估。省级生态环境主管部门应当会同自然资源等主管部门对风险管控效果评估报告、修复效果评估报告组织评审,及时将达到土壤污染风险评估报告确定的风险管控、修复目标且可以安全利用的地块移出建设用地土壤污染风险管控和修复名录。《土壤污染防治行动计划》要求:强化治理与修复工程监管。工程完工后,责任单位要委托第三方机构对治理与修复效果进行评估。《污染地块土壤环境管理办法(试行)》规定:治理与修复工程完工后,应当委托第三方机构按照国家有关环境标准和技术规范,开展治理与修复效果评估,编制治理与修复效果评估报告。治理与修复效果评估报告应当包括治理与修复工程概况、环境保护措施落实情况、治理与修复效果监测结果、评估结论及后续监测建议等内容。

9.2　相关术语和定义

1. 目标污染物

目标污染物是指在场地环境中数量或浓度已达到对人体健康和环境具有实际或潜在不利

影响的,需要进行风险管控与修复的污染物。

2. 修复目标

修复目标是指由场地环境调查和风险评估确定的目标污染物对人体健康和环境不产生直接或潜在危害或不具有环境风险的污染修复终点。

3. 评估标准

评估标准是指评估场地是否达到环境和健康安全的标准或准则,包括目标污染物浓度达到修复目标值、二次污染物不产生风险、工程性能指标达到规定要求等准则。

4. 风险管控与土壤修复效果评估

风险管控与土壤修复效果评估是指通过资料回顾与现场踏勘、布点采样与实验室检测,综合评估场地风险管控与土壤修复是否达到规定要求或地块风险是否达到可接受水平。

5. 修复效果评估监测

修复效果评估监测是指在场地治理修复工程完成后,考核和评价场地是否达到已确定的修复目标及工程设计所提出的相关要求。

6. 场地回顾性评估监测

场地回顾性评估监测是指在场地修复效果评估后,特定时间范围内,为评价治理修复后场地对土壤、地下水、地表水及环境空气的环境影响所进行的监测,同时包括针对场地长期原位治理修复工程措施效果开展的验证性监测。

9.3　基　本　原　则

污染场地风险管控与土壤修复效果评估应对土壤是否达到修复目标、风险管控是否达到规定要求、场地风险是否达到可接受水平等情况进行科学、系统的评估,提出后期环境监管建议,为污染场地管理提供科学依据。在实际工作中,还应按照"早期介入、过程互动"的原则开展,因为不同的风险管控或修复技术手段,效果评估的方式及方法有所差异,因此有必要提前了解项目基本情况、风险管控和修复技术选用情况、工期安排等,针对影响后续效果评估实施的问题及时进行"过程互动",为后续顺利实施效果评估奠定基础。

9.4　工作程序及内容

效果评估的工作内容及程序主要包括更新场地概念模型、布点采样与实验室检测、风险管控与土壤修复效果评估、提出后期环境监管建议、编制效果评估报告五个部分。后面几节分别说明各个环节的具体工作内容、要求、开展的方式方法以及相关注意事项。污染场地风险管控与土壤修复效果评估工作程序如图 9.1 所示。

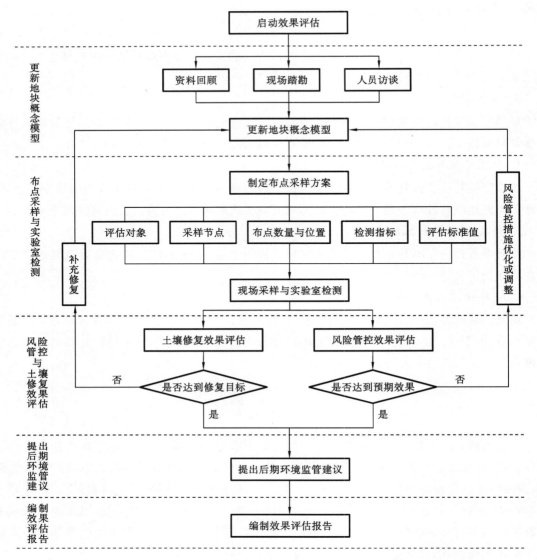

图 9.1　污染场地风险管控与土壤修复效果评估工作程序

9.5　更新场地概念模型

场地概念模型一般指用文字、图、表等方式来综合描述污染源、污染物迁移途径、人体或生态受体接触污染介质的过程和接触方式等。在土壤污染状况调查阶段,将综合描述场地污染源释放的污染物通过土壤、水、空气等环境介质,进入人体并对场地周边及场地未来居住、工作人群的健康产生影响的关系模型称为场地概念模型。在污染场地风险管控、修复阶段,由于各场地水文地质条件的差异、修复模式的不同、目标污染物性质的不同等因素,使得风险管控、修复过程具有各种类型的不确定性,从而对风险管控、修复效果产生影响,因此在效果评估工作中,应根据资料回顾与现场勘查等工作,建立场地修复概念模型,并实时更新,作为确定效果评估范围、采样节点、布点位置等的依据。经过概念模型的更新,能够明确效果评估的对象、评价指标和标准、范围、评价方法等。

概念模型一般应当包括污染物情况(污染物浓度、毒性和迁移性、二次污染物和中间产物的产生情况等)、水文地质情况(地层结构、地下水埋深、地下水流向等)、地球化学参数(含氧量、硫酸盐含量、铁含量等)、场地修复概况(修复起始时间、修复设施技术参数及其运行优化情况、运行过程监测数据、修复过程中废水和废气排放数据、药剂添加量等)、风险受体与周边环境情况。

通过建立更新场地概念模型,能够明晰效果评估的对象、评价指标和标准、范围、评价方法等。

9.5.1 总体要求

效果评估工作中应通过收集场地风险管控与修复相关资料,开展现场踏勘工作,并通过与场地责任人、施工负责人、监理人员等进行沟通和访谈,了解场地调查评估结论、风险管控与修复工程实施情况、环境保护措施落实情况等,掌握场地地质与水文地质条件、污染物空间分布、污染土壤去向、风险管控与修复设施设置、风险管控与修复过程监测数据等关键信息,更新概念模型。

9.5.2 资料回顾

资料回顾的主要目的是充分了解项目背景及前期工作的成果,并着重对后期开展效果评估有关的资料进行深入详细的分析,以期为场地概念模型更新提供支撑。

1. 资料回顾清单

在效果评估工作开展之前,应收集污染场地风险管控与修复相关资料。资料回顾清单主要包括场地土壤污染状况调查报告、风险评估报告、风险管控与修复方案、工程实施方案、工程设计资料、施工组织设计资料、施工与运行过程中监测数据、监理报告和相关资料、工程竣工报告、实施方案变更协议、运输与接收的协议和记录、施工管理文件、各方签订的合同协议、涉及危险废物或固体废物转移的相关委托协议、规划变更等。此外,需要特别说明的是,《土壤效果评估导则》中提及的资料还包括工程环境影响评价及其批复资料,因《建设项目环境影响评价分类管理名录(2021 年版)》中将土壤风险管控与修复工程类项目移出,因此此类工程项目不需开展环境影响评价工作。

2. 资料回顾要点

资料回顾要点主要包括风险管控与修复工程概况和环保措施落实情况两个部分,风险管控与修复工程概况回顾主要通过风险管控与修复方案、实施方案、以及风险管控与修复过程中的其他文件,了解修复范围、修复目标、修复工程设计、修复工程施工、修复起始时间、运输记录、运行监测数据等,了解风险管控与修复工程实施的具体情况。

环保措施落实情况回顾主要通过回顾相关环境保护设施的建设落实情况及其在施工期间的运行情况相关资料,再结合对风险管控与修复过程中二次污染防治相关数据、资料和报告的梳理,分析风险管控与修复工程可能造成的土壤和地下水二次污染情况,包括二次污染可能涉及的区域和污染物类别。

9.5.3 现场踏勘

作为资料回顾的补充,现场踏勘可以让效果评估单位对工程的相关情况有更加直观的认识,包括现场察看污染场地风险管控与修复工程情况、环境保护设施建设及运行情况、施工期间的环保措施落实情况、修复设施建设及运行情况、修复工程施工进度、基坑清理情况、污染土暂存和外运情况、场地内临时道路使用情况、修复施工管理情况以及修复工程涉及的部分隐蔽工程现场实施情况等,还可对周边的环境进行踏勘,主要关注环境敏感点是否发生变化。

　　一般来说,调查人员可通过照片、视频、录音、文字等方式,记录现场踏勘情况,如条件允许,可通过航拍等方式全面记录场地内的现状,可以让后期效果评估工作的展示更充分,实践中,踏勘的时间节点一般可以结合施工工期,选择在关键工序或整个场地内平面布置有较大变化的时间节点进行,如对于原地异位重金属修复项目,可以在其基坑开挖前、后各开展一次现场踏勘,同时结合资料回顾对其基坑开挖是否到位做初步的现场评估。

9.5.4　人员访谈

　　因效果评估工作开展并非在整个风险管控、修复的全过程参与,因此有必要通过人员访谈的形式,对前期资料回顾和现场踏勘过程存在的疑问等进行进一步的补充了解,同时也作为对前期资料真实性的一种核查手段,包括对场地风险管控与修复工程情况、环境保护措施落实情况等进行访谈。访谈对象包括业主单位、场地调查单位、场地修复方案编制单位、监理单位、修复施工单位等单位的参与人员、周边居民等。

9.5.5　风险管控与修复实施期场地概念模型

　　风险管控、修复过程中场地概念模型建立的主要目的是为后续效果评估的工作做好支撑,包括为确定合理的采样深度、点位数量、评估指标、评估标准、评估时段等内容提供依据。在资料回顾、现场踏勘、人员访谈的基础上,掌握场地风险管控与修复工程情况,结合场地地质与水文地质条件、污染物空间分布、修复技术特点、修复设施布局及其变化情况等,对场地概念模型进行动态更新,因此风险管控、修复过程中的概念模型是动态变化的,所以一般仅通过文本形式表达出来,一般包含以下信息。

　　(1) 场地风险管控与修复概况:修复起始时间、修复范围、修复目标、修复设施设计参数、修复过程运行监测数据、技术调整和运行优化、修复过程中废水和废气排放数据、药剂添加量等情况。

　　(2) 关注污染物情况:目标污染物原始浓度、运行过程中的浓度变化、潜在二次污染物和中间产物产生情况、土壤异位修复场地污染源清挖和运输情况、修复技术去除率、污染物空间分布特征的变化以及潜在二次污染区域等情况。

　　(3) 地质与水文地质情况:关注场地地质与水文地质条件,以及修复设施运行前后地质和水文地质条件的变化、土壤理化性质变化等,运行过程是否存在优先流路径等。

　　(4) 潜在受体与周边环境情况:结合场地规划用途和建筑结构设计资料,分析修复工程结束后污染介质与受体的相对位置关系、受体的关键暴露途径等。

　　场地概念模型涉及信息及其在效果评估过程中的作用详见表 9.1。

表 9.1　场地概念模型涉及信息在修复效果评估中的作用

场地概念模型涉及信息	在修复效果评估中的作用
地理位置	了解背景情况
场地历史	了解背景情况

续表

场地概念模型涉及信息	在修复效果评估中的作用
场地调查评估活动	了解背景情况
场地土层分布	确定采样深度
水位变化情况	采样点设置
场地地质与水文地质情况	采样点设置
污染物分布情况	了解场地污染情况
目标污染物、修复目标	明确评估指标和标准
土壤修复范围	确定评估对象和范围
地下水污染羽	确定评估对象和范围
修复方式及工艺	制订效果评估方案
修复实施方案有无变更及变更情况	制订效果评估方案
施工周期与进度	确定效果评估采样节点
异位修复基坑清理范围与深度	采样点设置
异位修复基坑放坡方式、基坑护壁方式	采样点设置
修复后土壤土方量及最终去向	采样点设置、采样节点
修复设施平面布置	采样点设置
修复系统运行监测计划及已有数据	采样点设置、采样节点
目标污染物浓度变化情况	采样点设置、采样节点
场地内监测井位置及建井结构	判断是否可供效果评估采样使用
二次污染排放记录及监测报告	辅助资料
场地修复实施涉及的单位和机构	辅助资料

9.5.6　风险管控与修复实施后更新场地概念模型

　　场地风险管控与修复实施后,场地内污染源、暴露途径、受体情况基本稳定,结合修复效果评估监测的结果及评价结论,更新实施后场地概念模型,分析场地内污染源的分布、途径以及受体情况,并对场地开展健康风险分析,评估场地后续是否能安全利用,可结合图、文对概念模型进行描述。

9.6　布点采样与实验室检测

　　一般来说,效果评估布点由于选用风险管控、修复的技术方法的不同,不同项目之间存在较大差异,按风险管控和修复两大类进行描述,实践中,通常会涉及风险管控与修复在同一场地使用的场景,因此需根据实际的场景进行布点。

9.6.1 土壤修复效果评估布点及采样

对土壤修复来说,土壤修复效果评估布点需基于前期已建立的概念模型,明确评估对象和区域,确定采样节点等内容。

9.6.2 基坑清挖效果评估布点及采样

一般来说,采用异位修复技术都涉及基坑清挖效果评估。对基坑清挖效果评估布点工作而言,首先需要明确评估对象、采样节点、布点数量与位置、采样及监测项目等内容。

1. 评估对象

评估对象是场地修复方案中确定的基坑,包括基坑侧壁、基坑底。

2. 采样节点

通常来说,采样应在基坑清理之后、回填之前进行。在实践中往往具有各种不同的情形,需分别根据实际情况选择恰当的时间节点,确保在基坑清挖完毕且未对基坑或侧壁造成影响以及尽可能不影响后期采样实施前开展,下面罗列了常见的几种例外情形。

① 如果基坑深度超过 5 m,通常会涉及基坑支护工程,此时宜在基坑清理期间同时进行基坑侧壁采样,因此,在前期更新概念模型时需要充分了解工程内容及工期,充分体现"早期介入、过程互动"的原则,但若在基坑支护建设未完成期间采样,则应该在基坑支护设施外边缘采样。可根据工程进度对基坑进行分批次采样。

② 如果场地修复面积较大,涉及基坑范围大或个数较多,可根据工程进度对基坑进行分批次采样。

③ 如果基坑涉及污染物分层情况,如按第一层 0~2 m 为超标土层,2~4 m 为清洁土层,4~6 m 为超标土层,通常来说应该在 0~2 m 基坑底采样完成并确定无污染后再继续清挖,但工程项目工期一般较为紧迫,也可同时进行清挖,但需要对 2~4 m 的土壤进行分类堆存并检测,具体将在布点采样及后续案例中详细叙述。

3. 布点数量与位置

布点数量一般与基坑面积、深度有关,基坑底部和侧壁推荐最少采样点数量见表9.2。对于基坑底部,通常采用系统布点法,布点示意图如图 9.2 所示。对于基坑侧壁,当基坑深度大于 1 m(此处指的是污染层的厚度,如某基坑表层 0~<2.2 m 无污染,在 2.2~3.0 m 层有污染,其基坑深度为 3 m,不属于该类情况)时,侧壁应进行垂向分层采样,应考虑场地土层性质与污染垂向分布特征,在污染物易富集位置设置采样点,各层采样点之间垂直距离不大于

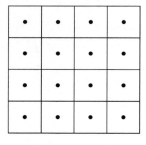
（1）基坑底部——系统布点法

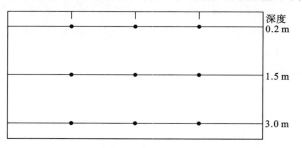
（2）基坑侧壁——等距离布点法

图 9.2 基坑底部布点图

3 m,具体根据实际情况确定(表 9.2)。

实践中,会遇到分层开挖,基坑底部各层范围不一致。

表 9.2　基坑底部和侧壁推荐最少采样点数量

基坑面积(x)/m²	基坑底部采样点数量/个	侧壁采样点数量/个
$x<100$	2	4
$100 \leqslant x<1000$	3	5
$1000 \leqslant x<1500$	4	6
$1500 \leqslant x<2500$	5	7
$2500 \leqslant x<5000$	6	8
$5000 \leqslant x<7500$	7	9
$7500 \leqslant x<12500$	8	10
$x \geqslant 12500$	网格大小不超过 40 m×40 m	采样点间隔不超过 40 m

4. 采样及监测项目

基坑底部和侧壁的样品以去除杂质后的土壤表层样为主(0～20 cm),不排除深层采样。对于重金属和半挥发性有机物,在一个采样网格和间隔内可采集混合样,采样方法参照《建设用地土壤污染风险管控和修复监测技术导则》(HJ 25.2—2019)执行。

9.6.3　异位修复土壤效果评估布点及采样

1. 评估对象

评估对象为异位修复后的土壤堆体、筛上物。

2. 采样节点

采样节点选择的总体要求是在土壤修复完成且达到稳定状态后,并且在其再利用之前,基于不同的异位修复方法,略有不同。如重金属固化/稳定化处理后的土壤应该在处理完成后进行阻隔回填或外运之前开展;采用土壤堆体模式修复的,如采用生物堆技术进行修复的,应在生物堆体稳定后、堆体拆除之前进行采样,主要考虑两个方面的因素,一是可以根据堆体修复技术特点,选取该方法下土壤堆体中效果最为薄弱的点进行采样,二是一旦修复存在不达标的情况,可以在相关修复设施未拆除之前再次开展修复。此外,在实践中可能存在处置场所限制、工程工期等因素影响,可以根据修复进度进行分批次采样。

3. 布点数量与位置

布点数量、位置与修复技术的选择有关系,通常来说主要有 2 种确定布点数量的方式或原则,但无论是哪种方式,其根本目标是确定合理的采样数量同时能代表修复后土壤中污染物的状况,评估修复效果是否达标。

第一种是根据修复后的土方量来确定,即按每个采样单元(每个样品代表的土方量)不超过 500 m³,该方法适用于大多数异位修复方法,如固化/稳定化、热脱附等。

第二种是根据修复后土壤中污染物浓度分布特征参数计算修复差变系数(反映数据离散程度的相对指标),根据不同的差变系数查询计算对应的推荐采样数量,根据不同差变系数查询计算对应的推荐采样数量,详见表 9.3。简单来说,就是通过评价修复后土壤中污染物的浓度分布离散程度,来确定采样单元所能代表的土方量的大小,如污染物分布较集中,则采样单元可以代表相对较大的方量土壤中污染物的水平,相反,如污染物分布较为离散,采样单元则只能代表相对较小的方量土壤中污染物的水平。

表 9.3　差变系数对应修复后土壤采样量

差变系数	采样单元大小/m³
0.05~<0.20	100
0.20~<0.40	300
0.40~<0.60	500
0.60~<0.80	800
0.80~<1.00	1000

一般来说,差变系数是一组数据的标准差与其均值的百分比,是测算数据离散程度的相对指标,是一种相对差异系数,在此处,差变系数指的是"修复后场地污染物平均浓度与修复目标值的差异"与"估计标准差"的比值,用 τ 表示。差异越大、估计标准差越小,则差变系数越大,所需样本量越小。差变系数的计算方法如下:

$$\tau = \frac{(C_S - \mu_1)}{\sigma} \tag{9.1}$$

式中:C_S——修复目标值;

μ_1——估计的总体均值,通常用已有样品的均值来估算;

σ——估计标准差,根据前期资料和先验知识估计或计算,具体如下:① 从修复中试试验或其他先验数据中选择简单随机样本,样本量不少于 20 个,确定 20 个样本的浓度;若不是简单随机样本,则样本点应覆盖整个区域、能够代表采样区;若样本量少于 20 个,应补充样本量或采用其他的统计分析方法进行计算;② 计算 20 个样本的标准差,作为估计标准差。

此外,针对一些特定的修复技术,除了需要满足前面两种方法中任意一种布点数量要求外,还应满足对于特定修复技术的布点数量要求,如对于按批次处理的修复技术,考虑到修复效果与设施运行情况直接相关,每批次的效果之间可能存在较大差异,因此还需保证每批次至少采集 1 个样品;对于按照堆体模式处理的修复技术,考虑到不同堆体间修复效果的差异,应在堆体拆除前采样,采样数量还应结合堆体大小设置采样点,推荐数量参见表 9.4。

表 9.4　堆体模式修复后土壤采样量

堆体体积/m³	采样点数量/个
<100	1
100~<300	2
300~<500	3
500~1000	4
每增加 500	增加 1

4. 采样

修复后土壤一般采用系统布点法设置采样点,同时应考虑修复效果空间差异,在修复效果薄弱区增设采样点。重金属和半挥发性有机物可在采样单元内采集混合样,采样方法参照 HJ

25.2—2019 执行,在前期工作中,应向修复实施单位提出明确要求,即修复后土壤堆体的高度应便于修复效果评估采样工作的开展。

9.6.4　原位土壤修复效果评估布点

1. 评估对象

评估对象为原位修复后的土壤。

2. 采样节点

原位修复后的土壤应在修复完成后进行采样,对于某些特定修复技术,还需要在修复后的土壤稳定后进行修复效果评估采样,此外,实践中,还可按照修复进度、修复设施设置、不同原位修复技术等情况分区域采样。

3. 布点数量与位置

原位修复点位布设需考虑水平方向点位布设及垂直深度点位布设两个维度,对于水平方向一般采用系统布点法进行,布点数量与基坑底部推荐的布点数量一致;垂直方向上要求采样深度应不小于调查评估确定的污染源深度以及修复可能造成污染物迁移(向上或者向下迁移)的深度,原则上垂直方向采样点之间距离不大于 3 m。对于布点位置,则应结合土层性质、修复技术特点、修复过程中污染物迁移和去除路径加以分析,尽量选择在采样单元内修复最为薄弱的区域布设监测点位。

4. 采样

原位修复的采样一般采用钻探方式采样,垂直方向采样位置的确定可根据土层污染情况、修复技术可能的最不利深度、原土壤污染状况调查污染物浓度较大深度等综合判断,如条件允许可结合现场快速检测仪等辅助手段确定。

9.6.5　土壤修复二次污染区域布点

1. 评估对象

评估对象为修复过程中的潜在二次污染区域,一般包括污染土壤暂存区、修复设施所在区、固体废物或危险废物堆存区、运输车辆临时道路、土壤或地下水待检区、废水暂存处理区、修复过程中污染物迁移涉及的区域、其他可能的二次污染区域。

2. 采样节点

潜在二次污染区域土壤应在此区域开发使用之前进行采样,实践中,一般在土壤修复工程完工后,即可开展对二次污染区域的采样,同时可根据工程进度对潜在二次污染区域进行分批次采样。

3. 布点数量与位置

潜在二次污染区域土壤原则上根据修复设施设置、潜在二次污染来源等资料判断布点,也可采用系统布点法设置采样点,采样布点数量同基坑底部推荐布点数量。

4. 采样

潜在二次污染区域样品以去除杂质后的土壤表层样为主(0~20 cm),不排除深层采样。

9.6.6　风险管控效果评估布点采样

风险管控一般包括固化/稳定化、封顶、阻隔填埋、地下水阻隔墙、可渗透反应墙等管控措施。常规治理与修复技术致力于对污染源的消减,而风险管控技术是对污染物迁移途径的限制或切断,对于采取对污染物迁移或暴露途径进行风险管控的措施,由于其修复方式并非降低或去除污染源,因此其修复效果评估的对象与思路与前述不尽相同,主要通过评价其阻隔性能相关指标进行评估。

1. 评估对象

评估对象为实施风险管控区域的相关管控措施。

2. 采样周期与频次

风险管控效果评估的目的是评估工程措施是否有效,一般在工程设施完工 1 年内开展。工程性能指标应按照工程实施评估周期和频次进行评估。污染物指标应采集 4 个批次的数据,建议每个季度采样一次。

3. 布点数量与位置

风险阻隔效果评估的布点主要是针对阻隔区域地下水的情况进行布设监测点位,需结合风险管控措施的布置,在风险管控范围上游、内部、下游,以及可能涉及的潜在二次污染区域、风险管控的边界区域、设置地下水监测井,可充分利用场地调查评估与修复实施等阶段设置的监测井,但需保证现有监测井符合修复效果评估采样条件。

4. 采样

风险管控效果评估主要采集地下水样品,应根据管控区域的厚度及土层信息建设地下水监测井,确保在纵向深度上采集到管控区范围内的地下水样品。

9.7　风险管控与土壤修复效果评估

风险管控与土壤修复效果评估的具体做法有所差异,但主体的评估思路大体一致,包括评估指标、评估标准值、评估方法等。

9.7.1　风险管控效果评估指标和标准

风险管控技术是对污染物迁移途径的限制或切断,对于采取对污染物迁移或暴露途径进行风险管控的措施,由于其修复方式并非降低或去除污染源,因此对风险管控效果评估的方法及思路与修复效果评估略有不同。

1. 评估指标及标准值

基于风险管控的特点,风险管控效果评估指标包括工程性能指标和污染物指标。其中工程性能指标是为了评价工程实施按照设计要求进行或达到了预期效果,可对比工程设计相关参数指标及标准值进行评估。工程性能指标一般包括抗压强度、渗透性能、阻隔性能、工程设施连续性与完整性等,具体与选择的风险管控方式有关。污染物指标则是一个基于结果导向的评估思路,通过评估风险管控区域下游地下水中特征污染物浓度是否持续下降,固化/稳定化后土壤中污染物的浸出浓度是否达到接收地下水用途对应标准值或不会对地下水造成危害等来评价管控措施实际效果,评估指标通常为场地调查评估、风险管控方案或实施方案中确定的指标,标准值一般为地下水用途对应的标准值。此外,由于多数风险管控措施会影响管控区域附近地下水水位、地球化学参数等指标,因此也可以在评估时借助此类指标进行辅助评估。

2. 评估方法

同时评估工程性能指标和污染物指标,若工程性能指标和污染物相关指标均达到评估标准,则判断风险管控达到预期效果,可对风险管控措施继续开展运行与维护。若工程性能指标或污染物相关指标未达到评估标准,则判定风险管控未达到预期效果,须对风险管控措施进行优化或修理。

9.7.2　土壤修复效果评估指标和标准

1. 评估指标及标准值

评估指标通常为场地修复方案中确定的目标污染物,此外还包括土壤修复过程中可能产生的二次污染物(必要时可增加土壤与地下水常规指标)、修复后土壤外运至目标地可能涉及增加的指标等,单个对象具体评估指标应结合实际情况进行确定。对于基坑,通常只考虑修复方案中确定的目标污染物指标,但对于周边位置存在其他特征污染的基坑,应考虑周边基坑土壤中的目标污染物的迁移情况,判断是否增加考虑周边基坑污染物指标。

土壤修复效果评估标准值通常为场地调查评估、修复方案或实施方案中确定的修复目标值。但可能存在需通过其他方式确定评估值的情形,如异位修复后土壤的评估标准值应根据其最终去向确定,若修复后土壤回填到原基坑,评估标准值为调查评估、修复方案或实施方案中确定的目标污染物的修复目标值;若修复后土壤外运到其他场地,应根据接收地土壤暴露情景进行风险评估确定评估标准值,或采用接收地土壤背景浓度与 GB 36600—2018 中接收地用地性质对应筛选值的较高者作为评估标准值,并确保接收地的地下水和环境安全。风险评估可参照 HJ 25.3—2019 进行计算获取。如化学氧化还原修复、微生物修复、原位热解析等潜在二次污染物的评估标准值可参照 GB 36600—2018 中一类用地筛选值执行,或根据暴露情景进行风险评估确定其评估标准值,风险评估可参照 HJ 25.3—2019 进行计算获取。

2. 评估方法

在以往已经开展的修复效果评估工作中,常采用逐一对比方法,即将污染物检测结果与修复目标值逐个对比,若检测结果均小于修复目标值,则认为场地达到修复目标;若检测结果有任意一个大于修复目标值,则认为场地未达到修复目标,需进行进一步修复。在实际工作中发现,个别检测结果较高,有可能是采样区域确实仍然存在污染,也有可能是采样和实验室分析误差,而逐一对比方法忽略了后者的影响,扩大了未达标点的影响。因此将检测值与修复目标值进行比较时,如何区分与判断样本间差异是采样与分析误差造成的,还是是否真实存在污染引起的,是修复效果评估迫切需要关注的问题。因此,目前主要的评估方法除了使用逐一对比方法外,还可以使用统计分析的方法进行评估,具体可以根据实际情况选择使用。

1) 逐一对比方法

逐一对比方法通常在样品数量较小时选用,当样品数量小于 8 个时,将样品检测值与修复效果评估标准值逐个对比,若样品检测值低于或等于修复效果评估标准值,则认为达到修复效果;若样品检测值高于修复效果评估标准值,则认为未达到修复效果。实践当中,由于土壤的不均质性、采样或实验室分析误差或的确存在遗留污染等种种情况,具体表现为可能存在单个点位超标的情况,此时一般要求修复实施单位进行二次修复,再进行评估。

2) 统计分析方法

统计分析法主要适用于样品数量较大的情况,当样品数量大于等于 8 个时,可采用统计分析方法进行修复效果评估。一般采用样品均值的 95% 置信限与修复效果评估标准值进行比较,当样品均值的 95% 置信限小于等于修复效果评估标准值且样品浓度最大值不超过修复效果评估标准值的 2 倍时方可认为场地达到修复效果。值得注意的是,统计分析方法原则上应在评估单个基坑或者单个修复范围内时使用,因为只有单个基坑或单个修复范围的污染情况具有可比性,从评估角度才具有统计学上的意义。

由于近年来的项目实践证明,采用逐一对比方法进行效果评估时,通常每个场地都会出现二次清挖或二次修复的现场,因此,针对采用逐一对比方法进行评估出现单个点位超标的情形,目前可以结合统计分析方法,对单个超标点位再次采集平行样品,当平行样数量大于或等于 4 个时,可以结合 t 检验来分析采样和检测过程中的误差,确定检测值与修复效果评估标准值的差异,若各样品的检测值显著低于修复效果评估标准值或与修复效果评估标准值差异不显著,则认为该场地达到修复效果;若某样品的检测结果显著高于修复效果评估标准值,则认为场地未达到修复效果。

3. t 检验方法及案例分析

1) t 检验方法

t 检验是判定给定的常数是否与变量均值之间存在显著差异的最常用的方法。假设一组样本,样本数为 n,样本均值为 $\bar{x}$,样本标准差为 S,利用 t 检验判定某一给定值 μ_0 是否与样本均值 $\bar{x}$ 存在显著差异,步骤如下:

① 确定显著水平,常用 $\alpha=0.05,\alpha=0.01$;

② 计算检验统计量 $t=\dfrac{\bar{x}-\mu_0}{S/\sqrt{n}}$;

③ 根据自由度 $df=n-1$ 和 α 查 t 分布临界值表,确定临界值 $C=t_{\alpha/2,n-1}$,例如 $n=8,\alpha=0.05$,则 $t=2.365$;

④ 统计推断:若 $|t|>C$,即 $\mu_0>\bar{x}+C \cdot S/\sqrt{n}$ 或 $\mu_0<\bar{x}-C \cdot S/\sqrt{n}$,则与均值存在显著差异,且前者为显著大于均值,后者为显著小于均值;若 $|t|\geqslant C$,即 $\bar{x}-C \cdot S/\sqrt{n}\leqslant\mu_0\leqslant\bar{x}+C \cdot S/\sqrt{n}$,则与均值不存在显著差异。

2) 案例分析

为了描述的便捷,将 $C \cdot S/\sqrt{n}$ 记为 u。假设一组样本数据且平行样本数量满足要求,样本中平行样检测数据见表 9.5。

表 9.5　样本检测值

样本	浓度		
	砷	铜	铅
A_1	71	215	183
A_2	72	206	182
均值	71.5	210.5	182.5
B_1	52	180	181
B_2	59	174	204
均值	55.50	177.00	192.50
C_1	17	43	70.1
C_2	20	49	73.6
均值	18.50	46.00	71.85

续表

样本	浓度		
	砷	铜	铅
D_1	42	127	84.2
D_2	48	137	96.1
均值	45.00	132.00	90.15

通过计算各平行样本值占均值的百分比来反映测量分析的精度,具体见表 9.6。

表 9.6　样本精度数据

样本	占均值的比例/(%)		
	砷	铜	铅
A_1	99.30	102.14	100.27
A_2	100.70	97.86	99.73
B_1	93.69	101.69	94.03
B_2	106.31	98.31	105.97
C_1	91.89	93.48	97.56
C_2	108.11	106.52	102.44
D_1	93.33	96.21	93.40
D_2	106.67	103.79	106.60
均值/(%)	100	100	100
S/(%)	6.6	4.3	4.9
$C(\alpha=0.05)$	2.365	2.365	2.365
U/(%)	5.5	3.6	4.1
修复目标值/(mg/kg)	30	370	300
显著小于修复目标值/(mg/kg)	<28.35	<356.7	<287
与修复目标值不存在显著差异/(mg/kg)	28.4～31.65	356.7～383.8	287～312
显著大于修复目标值/(mg/kg)	>31.65	>383.8	312

注:$28.35=30\times(100\%-5.0\%)$;$31.65=30\times(100\%+5.0\%)$。

以砷为例进行说明,其他指标与其类似:

① 若某点检测值小于 28.35,则认为该点检测值显著低于修复目标值,达到修复标准;

② 若某点检测值位于 28.35 和 31.65 之间,则认为该点检测值与修复目标无显著差异,达到修复标准;

③ 若某点检测值大于 31.65,则认为该点检测值显著大于修复目标值,未达到修复标准。

9.8　提出后期环境监管建议

后期环境监管通常是针对在未来不同场景下利用可能还会存在环境风险的场地提出的一

种管理制度,主要用于应用风险管控措施的场地或修复后土壤中污染物浓度未达到 GB 36600—2018 第一类用地筛选值的场地。后期环境监管的一般包括长期环境监测与制度控制,实践中,两种方式可结合使用。

9.8.1 长期环境监测

长期环境监测是指在场地开展部分治理行动(如阻隔和阻断等风险管控、修复至二类用地标准要求等)后用于评估治理措施是否达到长期预期目标的一系列监测行动,对于采用风险管控措施治理的污染场地,即污染物未被完全清除或者清除水平不能达到无限制使用条件的,则需要开展长期监测,通常对实施了风险管控的场地开展长期环境监测,长期环境监测包括监测周期及年限、点位设置、监测指标等。

1. 监测周期及年限

原则上,一般 1~2 年开展一次长期监测,实践中,可以结合前期采用的修复或风险管控技术特点、污染源浓度情况及已开展的长期监测结果,预测后期的治理措施效果,调整监测周期。

2. 点位设置

一般通过设置地下水监测井进行周期性采样和检测,也可设置土壤气监测井进行土壤气体(主要针对挥发性有机污染物污染地块)样品采集和检测,监测井位置应优先考虑污染物浓度高的区域、污染羽下游、邻近周边敏感点所处位置、风险管控薄弱位置、结合地下水流向考虑上游背景点、下游污染扩散区域等,同时不同年限布设点位位置可以再考虑污染物的迁移情况做适当调整。最终的监测井设计应考虑污染物埋藏深度及地下水位深度,对应点位布设数量,目前未有强制性技术要求,可在以上区域至少布设 1 个点位,具体可根据项目实际适当增减,此外,实践中应充分利用场地内符合采样条件的监测井。

3. 监测指标

监测指标一般除考虑未消除或达到无限制使用条件的特征污染物外,还应结合具体的风险管控手段,考虑一些影响工程性能的指标参数,如地下水水位、pH,同时也可考虑直接对风险管控的工程措施本身进行检测,以确定其完整性及有效性。

9.8.2 制度控制

制度控制是指采用非工程的措施,例如行政管理或者法律法规的控制来削减人类暴露于污染物中的风险以及确保污染场地治理的完整性。制度控制的措施通常与各类风险管控措施搭配进行。例如,采用污染场地工程控制中的阻隔填埋措施,场地治理完成后则需要搭配场地未来挖掘许可制度以保证阻隔填埋区域的长期有效性。此外,制度控制措施能够为污染严重、修复困难、风险级别高等需要长期治理或管控的场地提供跟踪管理的保障。

制度控制一般需要在效果评估报告最终的建议中提出相关制度控制的要求,主要针对上述提及的风险管控或未修复至无限制使用条件的程度情形,通常的控制制度包括限制场地使用方式、限制地下水利用方式、通知和公告场地潜在风险、制定限制进入或使用条例等方式,且通常会考虑多种制度控制同时使用。进一步对制度控制进行分类后,大致可以分为以下几个组成部分:

① 土地所有权人控制制度,即赋予土地所有权人开展落实控制制度的义务,要求其在使用及流转土地时严格执行效果评估报告中提出的各种控制制度,如有必要可与第三方签订委托协议,提出更为细致的控制制度实施方案;

　　② 政策控制,即可在土地移交使用权人或流转环节,增加土壤是否存在风险管控或是否为无限制使用,严格管控其后续利用方式;

　　③ 执法检查制度,基于我国已有的污染场地管理清单,对实施风险管控、未修复至无限制使用条件的场地可开展相关制度落实情况的执法检查;

　　④ 信息公开,即将场地修复、风险管控等相关信息以不同形式公开告知公众,发挥社会监督制度的作用。

第 10 章　案　例

10.1　土壤污染状况调查和风险评估类

10.1.1　优秀案例 1

项目案例:南京燕子矶片区某场地开展原位高精度场地调查项目。

高精度场地调查是指采用一套系统或技术原位实时刻画场地污染分布,实现污染场地精细化快速诊断和决策的一种场地调查方法。高精度场地调查依托有机污染物(VOCs)快速检测系统,将污染物质检测工具或传感器与钻探设备结合,采用半透膜进样的方式,对土壤中的挥发性有机污染物进行原位、实时、连续、定性与定量检测,以获取 VOCs 总量与各组分浓度。该技术避免了传统土壤 VOCs 检测时繁杂的样品前处理过程,具有高效便携性、数据准确性和时效性。

南京贻润环境科技有限公司、江苏省环境科学研究院、徐工集团、上海盘诺仪器有限公司联合研发的 EP3080 污染场地精准调查与决策处置工作站(以下简称"EP3080 工作站"),是国内首台用于土壤环境监测的移动监测平台,至今已进行了五代研发升级,实物图与功能系统图见图 10.1、图 10.2。EP3080 工作站配备了低扰动直推式土壤采样系统(EP2000s 钻机)、有机污染物(VOCs)快速检测系统、重金属快速检测系统、药剂原位精准注射修复系统、取样器具清洁防污系统、喷射式异味阻隔系统、数据处理与处置决策系统、大容量样品冷藏/冷冻系统

图 10.1　工作站实物图

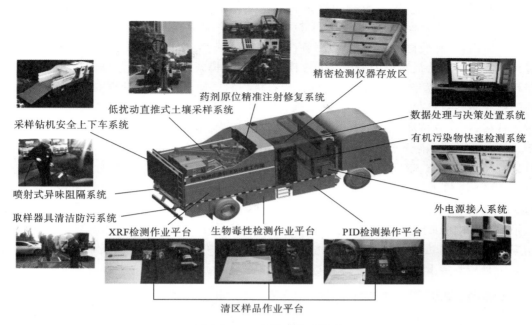

图 10.2 工作站功能系统图

等,是一款集污染场地精细化调查、现场实时判断决策和原位精准注射修复处置等功能于一体的工作站,适用于污染场地土壤调查、检测和修复等工作,解决了传统设备安装转场困难、检测不及时、药剂添加不准等难题,对推动治理修复装备国产化具有重要意义。该技术于 2019 年入选联合国环境规划署、联合国工业发展组织、绿色技术银行评选的"全国十佳绿色技术应用案例",处于国内领先水平。

依据《土壤污染防治行动计划》《中华人民共和国土壤污染防治法》《"十四五"土壤、地下水和农村生态环境保护规划》的"防风险"与"环境应急"相关要求,工作站有如下应用场景。

(1)重点行业企业用地调查:适用于在产企业场地,遗留地块场地。

(2)土壤地下水及大气环境质量监测:适用于重金属污染场地,有机污染场地,有机和重金属复合污染场地。

(3)污染事故应急监测与处置:适用于重金属污染事件,有机污染物事件,可以进行应急事件快速控制(阻隔与覆盖)、污染快速检测、场地快速修复处置。

EP3080 工作站已在全国各地有多个项目应用案例,包括泰州原化肥厂遗留地块的中丹合作调查示范、连云港原力达宁化工有限公司详查以及山东德州的环境应急等项目,涵盖污染精准调查、突发环境事件应急处置、现场快速检测、快速决策等工作,并获得了业主的一致好评。

EP3080 工作站集成的有机污染物快速检测系统又称为车载土壤有机物快速检测系统,相较于美国 Geoprobe 公司发明的膜界面检测系统(MIP),车载土壤有机物快速检测系统配置了火焰离子化检测器(flame ionization detector,FID)、电子捕获检测器(electron capture detector,ECD)和质谱检测器(mass spectrometer detector,MSD),增加了在线质谱系统,可以定量地检测污染物分布情况,弥补了膜界面检测技术只能进行半定量检测的不足。

车载土壤有机物快速检测系统结构包括探头、总线、检测系统、数据采集单元、数据处理分析软件 5 个部分,车载土壤有机物快速检测系统主要配置图见图 10.3。① 检测系统:包括 FID、ECD、MSD 三个检测器,FID 用于检测碳氢或者含氯 VOCs,ECD 用于检测多卤素 VOCs,MSD 是一种质谱检测器,可检测各 VOCs 组分浓度。EP3080 工作站的车载检测系统具有污染物筛查和特征污染因子检测两个模式,在筛查模式下,采用定量环进样的方式,通过 FID 和 ECD 检测挥发性有机物的总量和卤代有机物的总量,样品分析周期约 1 min;在特征因子检测模式下,将待测样品气通过冷阱浓缩,热解析后进入色谱柱分离,再至 MSD 进行定性和定量分析,样品分析周期约 60 min。② 数据采集单元:根据采集得到的数据可以快速判断地下土壤的地层、污染分布情况,如根据探头温度变化可以预测初见水位,根据 EC 电导率数据可以判断地层分布、辨别初见水位,根据 FID、ECD 数据可以判断污染物分布,根据 MSD 数据可以确定污染物各组分浓度。③ 数据处理分析软件:包括色(质)谱控制软件、PannaSCADA 软件以及有机物环境监测系统软件,用于处理、分析数据采集单元采集的数据,最终形成一系列曲线(包括 EC 曲线等)或污染分布范围图,可以更加直观地显示污染物的分布情况。基于上述功能,EP3080 工作站集成的车载土壤有机物快速检测系统可以原位实时、定性和定量检测挥发性有机污染物浓度。

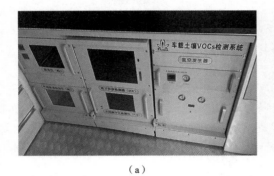
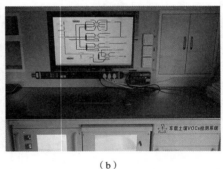

(a) (b)

图 10.3 车载土壤有机物快速检测系统主要配置图

因此相比而言,单一的低扰动直推式土壤采样设备仅适用于开展较传统的场地调查,而集成了低扰动直推式土壤采样系统和有机污染物快速检测系统的 EP3080 工作站可以实现有机污染场地的高精度调查。

案例分析:

南京贻润环境科技有限公司联合江苏省环境科学研究院于 2021 年 10 月在南京燕子矶片区某场地开展了原位高精度场地调查项目。该场地位于南京市栖霞区燕子矶片区,前身是一家化工企业,占地面积约 34000 m²,主要生产精细化工中间体,该场地目前已停产拆除,场地现状为空地,周边设有围墙围挡,场地特征污染物未知,地下水水位约为 3 m。针对该场地情况,EP3080 工作站于 2021 年 10 月 12 日进入该场地开展原位高精度场地调查(现场作业照片如图 10.4 所示)。利用低扰动直推式土壤采样系统(EP2000s 钻机)进行钻探,共布设 14 个土壤点位,最大钻探深度为 9 m,采集场地内土壤样品后,在工作站旁侧试验台对样品进行剖管采样、PID、XRF 现场快速筛查,并将土壤样品送实验室进行检测;同时,利用车载土壤有机物快速检测系统进行原位探测,定性和定量检测有机物的分布范围以及各组分浓度,得到 FID、ECD 和 MSD 各检测器的数据,并将现场检测数据通过车载数据处理工作室中的数据处理与决策处置系统进行处理分析,得到土壤样品现场检测数据的实时数据曲线。

（a）　　　　　　　　　　　　　　　　　　　　　（b）

图 10.4　南京燕子矶片区某地块原位高精度场地调查项目现场照片

由于本次调查项目涉及数据保密,故本案例中不针对调查结果进行明确的数据展示。最终得到的结果显示:① 土壤样品实验室检测结果表明有 1 个点位存在土壤污染情况,且污染物主要分布于地下 3～4 m 深度范围;② 根据 ECD 得到的数据形成的电导率横断面图反映的地层分布,与该场地水文地质资料中描述的地层状况基本一致;③ 在筛查模式下,FID 与 ECD 检测信号显示的污染物分布范围与实验室检测结果具有较好的一致性;④ 在特征因子检测模式下,MSD 得到的各 VOCs 组分浓度与实验室检测结果具有较好的一致性。

从现场结果来看,南京燕子矶片区某地块的原位高精度场地调查项目的整体应用情况良好,实现了 EP3080 工作站对土壤中挥发性有机污染物的原位实时、定性和定量检测,同时依据工作站中的数据处理与决策处置系统的处理结果可进行快速决策,实现污染场地精细化诊断。

上述案例素材由南京贻润环境科技有限公司提供,感谢该单位对本书编写工作提供的帮助!

10.1.2　优秀案例 2

项目案例:广东省台山市某场地土壤污染状况初步调查。广东禹航环境工程有限公司作为生态修复领域的全国综合服务商,提供建设用地土壤污染状况调查、建设用地土壤污染风险评估工业场地修复技术咨询与矿山修复技术咨询等专业服务。近年来积累了许多复杂、典型的建设用地土壤污染状况调查项目经验,以广东省台山市某铝业厂场地为案例进行分析。

该场地位于广东省台山市,占地面积为 51160.70 m²,前身为铝业厂,从事汽车铝合金轮毂生产加工活动,现为空地(图 10.5)。通过对目标场地所在生产工艺、生产历史、污染物的排放和处理方式等相关资料分析及现场踏勘和人员访谈(图 10.6),初步确认该场地部分区域土壤存在疑似污染可能性,主要污染途径为厂区内生产企业生产过程中污染物的跑冒和滴漏,原、辅材料的遗撒及三废排放与处理过程。目标场地可能存在污染区域主要包括场地内各个车间、生产辅助设施等。潜在的污染物主要包括铜、银、锡、六价铬、氟化物、多氯联苯、石油烃、甲苯、二甲苯、丙酮等。

采用系统布点法,在调查场地内重点区域按不大于 1600 m² 布设 1 个采样单元,共布设 16 个土壤监测点位;场地内其他区域按不大于 10000 m² 布设 1 个采样单元,共布设 4 个土壤监测点位;调查场地外设置土壤对照监测点位 2 个,分别位于场地东南侧 573 m 和东南

（a）　　　　　　　　　　　　　　　（b）

（c）　　　　　　　　　　　　　　　（d）

图 10.5　现场照片

侧 976 m 的山林地（图 10.7）。监测点位 S01、S14 钻孔深度为 8 m，其余监测点位钻孔深度为 6 m，共计采集 91 个土壤样品（其中包括 9 个平行样），检测项目包括理化性质（2 项）、重金属（7 项）、VOCs（27 项）、SVOCs（11 项）、石油烃（$C_{10} \sim C_{40}$）、多氯联苯、锡、银、丙酮、氟化物；场地内共布设地下水监测井 3 口，地下水监测点位 S01 和 S14 建井深度为 8 m，监测点位 S20 建井深度为 6 m，采集 4 个地下水样品（包括 1 个平行样），检测项目包括理化性质（2 项）、重金属（7 项）、VOCs（27 项）、SVOCs（11 项）、石油烃（$C_{10} \sim C_{40}$）、多氯联苯、锡、银、丙酮、氟化物（图 10.8）。

　　根据样品检测分析结果，土壤对照点样品中重金属和无机物砷、镉、铜、铅、汞、镍、锡、银和氟化物共 9 项均有不同程度的检出，各检出项目含量均低于本报告所选取的土壤污染风险筛选值。而其他监测项目，包括基本项中的挥发性有机物、半挥发性有机物和六价铬以及附加项多氯联苯、石油烃（$C_{10} \sim C_{40}$）、丙酮均未检出。调查场地内土壤整体偏酸性，主要原因是受酸性降水影响；重金属和无机物，具体包括砷、汞、镉、铜、镍、铅、锡、银和氟化物均有不同程度检出，但都低于土壤风险筛选值；土壤有机物监测指标仅石油烃（$C_{10} \sim C_{40}$）有检出，且检出值低于土壤风险筛选值。

　　地下水样品偏弱酸性，未超筛选值；监测指标镉、铅、砷、镍共 4 项有不同程度的检出，检出项目含量均低于相应的筛选值；铜、汞和六价铬均未检出；VOCs（27 项）与 SVOCs（11 项）、多

图 10.6 现场踏勘、人员访谈照片

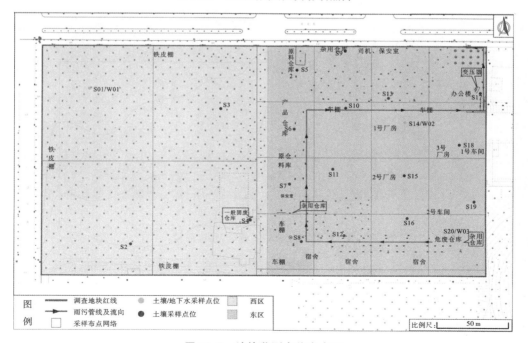

图 10.7 地块监测点位布点图

图 10.8　现场钻孔、岩芯、采样照片

氯联苯、丙酮均未检出;重金属锡有不同程度的检出,但低于土壤风险筛选值,银未检出;石油烃($C_{10} \sim C_{40}$)和氟化物有不同程度的检出,均低于土壤风险筛选值。

评估类案例 2 案例素材由广东禹航环境工程有限公司提供,感谢该单位对本书编写工作提供的帮助!

10.2 修复工程类

10.2.1 优秀案例 1

项目案例:广州市番禺区某场地土壤石油烃污染的原地异位建堆热脱附修复工程项目。

广东禹航环境工程有限公司于 2021 年研发的原地异位建堆热脱附技术,该技术属于热脱附技术的一种,用于挥发性、半挥发性及难挥发性有机污染物(如石油烃、农药、多氯联苯等)污染土壤的处理。其技术原理是在微负压条件下,对建成堆体的污染土壤进行加热并维持在一定温度,促使污染物从土壤中脱附并进入气相,并通过抽提的方式将污染物抽出,再进行气体处理,最终实现有机物污染土壤的修复。该技术优点:能够就地处理已经开挖或浅层有机污染土壤;建堆修复工程相对简单,无须大量公辅配套;避免污染土的长距离运输;修复土方量大和对场地周边环境适应性强等。该技术工艺原理如图 10.9 所示。

燃烧器
抽提管
加热管内管
加热管外管
石油污染土壤

图 10.9 原地异位建堆热脱附技术工艺原理示意图

技术适用性的特点主要有以下几点:

① 该工艺不受土壤性质限制,能应用于任何土壤(包括黏土);

② 可以根据场地修复方量采用模块化设计,修复土壤方量不受限制;

③ 应用工程设计和控制,及配套废气废水处理系统,保证对周边环境无二次污染;

④ 计算机模拟预测辅助系统实现设计和操作最优化;

⑤ 与炉式热脱附或回转窑相比,不需预处理,挖掘出来的土壤可以直接进行热脱附;

⑥ 工程周期短,系统能重复使用;

⑦ 特别适用于 NAPL 或重金属污染土壤,综合性价比比较高;

⑧ 使用清洁能源,能量利用率高;

⑨ 没有大型复杂设备的安装和拆卸;

⑩ 不受水文地质条件影响。

典型案例分析:

广东禹航环境工程有限公司于 2021 年 2 月在广州市番禺区某场地开展了土壤石油烃污染的原地异位建堆热脱附修复工程项目工作。该场地位于广州市番禺区,污染因子为砷、石油烃(C_{10}～C_{40})和氟化物,处理污染土方共计约 5000 m^3,工期 33 天。

其中砷污染采用水泥窑协同处置,石油烃采用土壤原地异位堆式热脱附,设置目标温度为 200 ℃。该项目石油烃浓度最高为 4060 mg/kg,修复目标值为 2248 mg/kg。

1. 总技术路线

原地异位建堆热脱附技术路线图如图 10.10 所示。

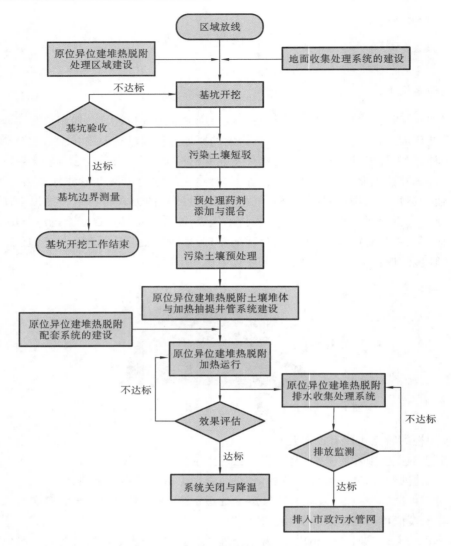

图 10.10 原地异位建堆热脱附技术路线图

2. 修复实施情况

1）土壤预处理

本项目需要异位堆式热脱附修复的土壤为经过前期挖掘、筛分破碎等工序预处理后待异位热脱附的污染土壤，在预处理过程中去除土壤中大尺寸的建筑垃圾并对土壤团块进行初步破碎处理，经预处理后的土壤含水量小于 15%，最大粒径不超过 50 mm。并且在筛分破碎过程中，使土壤进一步松散化并且均质化，保证后期堆体加热的均匀性（图 10.11）。

2）热堆实施流程

异位热堆修复系统配套燃气烟气系统，抽提冷凝系统以及废水处理系统同步完成安装，并在堆体建设完成后，与堆体的加热、抽提和监测系统进行连接。

异位热堆修复系统的建设安装完成后接通天然气，完成电气控制调试与点火测试后，调试相关设备及管路连接。

在此环节后，热堆正式开始加热运行。加热运行期间对热脱附堆体温度进行实时监测，获

（a） （b）

图 10.11 斗筛、破碎、振动筛分现场照片

取热脱附运行与修复进程信息。

堆体按照不同场地石油烃污染土明确区分，并按标识标示清晰，如图 10.12 所示。

（a） （b）

图 10.12 石油烃污染土堆体照片

3．项目成果

1）土壤升温结果

在运行期间，每日对堆体的各个测温热电偶进行巡检和测温，修复过程中土壤堆体温度记录结果见图 10.13。

2）土壤修复结果

堆体的土壤自检结果，样品合格率均达到 100％。

综上所述，本项目在较短时间内完成，处理后土壤能够满足国家和地区对相关指标的管控要求，工程完成度高，施工过程规范，具备开展大规模现场应用条件。原位与异位热脱附在设备启动与预热环节中会消耗大量能源，而异位建堆热脱附对能源利用率相当高，与国家节能方针楔合度极高，适合推广运用，具有较高的应用价值。

修复工程类案例 1 素材由广东禹航环境工程有限公司提供，感谢该单位对本书编写工作提供的帮助！

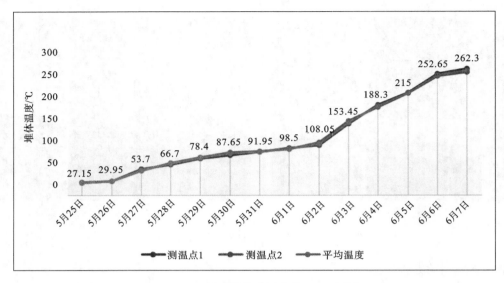

图 10.13　场地堆体升温曲线(4、5 地块)

10.2.2　优秀案例 2

项目案例:广州市增城区新塘镇某垃圾填埋场土地复垦工程项目。广东国地规划科技股份有限公司致力于空间资源优化,共筑人类理想家园,为政府、企业及相关科研事业单位等提供空间大数据全生态链服务,如调查评价、空间规划、自然资源咨询、土地整治、城市更新、乡村振兴及智慧城市等科技服务,是自然资源(国土)、住建、发改、农业农村及生态建设等领域的科技咨询服务机构。机构围绕数据采集、处理及应用,目前已形成测绘调查、资源资产评价、空间规划、土地整治设计、国土咨询、工程咨询、乡村振兴、城市更新、系统开发及大数据平台、智慧城市 10 大产品体系。近年来积累了许多复杂、典型的土壤相关的工程项目经验,以广州市增城区新塘镇某垃圾填埋场土地为案例进行分析。

项目地址位于广州市增城区新塘镇内,该垃圾填埋场位于×××,经过数十年使用,库容饱和。为防止雨水下渗导致渗滤液增多、垃圾腐败产生有害气体及滋生蚊蝇,×××委托广东国地规划科技股份有限公司实施封场整治,主要建设内容包括垃圾堆体整形工程、封场覆盖工程、渗滤液导排污染控制工程等。

工程复垦区面积为 1000 hm²,全部为林用地,不涉及基本农田。该林用地损毁类型全为建筑材料与施工器械堆放压占(图 10.14)。

工程效益分析:

① 坚持节约集约用地和保护耕地的原则,合理制订施工组织方案,通过实施渣土清除、覆土、植被恢复等工程措施,提高临时用地的使用效率,有效减少因工程建设而临时占用的耕地面积。预防水土流失,促使复垦区生态系统向良性循环转化,实现土地资源的可持续利用。

② 坚持"谁开发,谁保护;谁损毁,谁治理"的原则,保证落实复垦实施经费,提高建设项目的生态效益、社会效益和经济效益。

③ 本项目复垦责任范围面积为 1.0000 hm²,按要求全部实施复垦,复垦后地类保持不变,面积为 1.0000 hm²,土地复垦率为 100%。复垦后农用地地类面积不减少,质量不低于损毁前。

（a）　　　　　　　　　　　　　　　　　　　　　（b）

图 10.14　现场照片

修复工程类案例 2 素材由广东国地规划科技股份有限公司提供,感谢该单位对本书编写工作提供的帮助!

10.2.3　优秀案例 3

铁汉环保集团有限公司是一家集城市投资建设、设备供应及运营服务于一体的高新科技公司。多年来在工业废水、市政污水、农村污水、河湖治理、土壤修复等方面的研究达到了国内外先进水平,并有大量实践案例。下面以某污染场地历史遗留砷渣和污染土壤修复项目和某矿区场地松散废石处理和污染土壤修复为案例进行分析。

项目案例:某污染场地历史遗留砷渣和污染土壤修复。

自 20 世纪 50 年代以来,随着砒霜厂等国有企业的成立,某市砷的开采冶炼步入大规模工业化时代。至 90 年代末,砷及其化合物产品市场逐步被其他产品替代,企业经济效益迅速下滑或亏损,加上砷冶炼企业工艺装备落后、环境污染严重及国家清理"十五小企业"政策的出台和实施,逐步关停了部分砒霜生产线或生产企业,现在已全部停产关闭,但这些企业数十年采选冶炼生产过程遗留下来的砷渣(废物属性为危险废物)成为无业主废物。该场地共处理含砷废渣及污染土壤约 476.2 km^3,总重量约 85.72 kt。总处理规模 7000 t/d(图 10.15)。

本项目采用"挖掘运输＋药剂稳定化(含原位及异位)＋安全填埋＋场地生态复绿"的总体技术路线(图 10.16)。

通过项目的实施,污染场地历史遗留砷渣安全清运率达到 100％,区域砷污染得到明显控制;入库砷渣及污染土壤砷浸出浓度达到《危险废物填埋污染控制标准》(GB 18598—2001)允许进入填埋区的控制限制(pH:7～12,砷含量≤2.5 mg/L)要求,填埋场运行期间,渗滤液处理后达标排放(砷含量≤0.5 mg/L);通过植被恢复工程的实施,修复砷渣堆存点总面积,防止目标治理区域水土流失,预防和减轻区域环境风险及污染隐患,改善区域范围内的地表水水体环境,保障下游水库水质安全,防止发生污染事件。

项目案例:某矿区场地松散废石处理和污染土壤修复。

江西省赣州市某矿区废石长期风化被酸雨冲刷造成废石中部分重金属随雨水渗入地表水体、土壤中,对工区周边造成了环境风险,根据环境调查的监测结果,在采样检测的样

（a）　　　　　　　　　　　　　　　（b）

图 10.15　项目现场照片

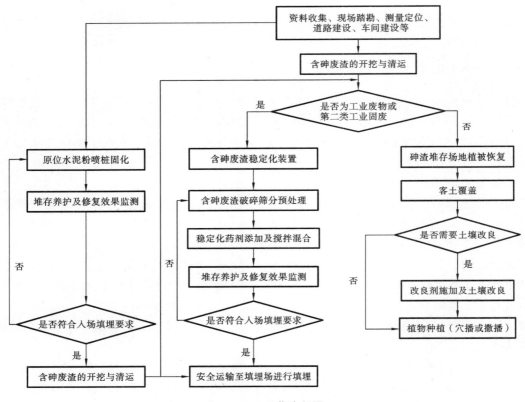

图 10.16　工艺流程图

品中,部分土壤样品 pH 较低,土壤偏酸性,主要受到重金属砷污染。矿区治理面积约 30.6 万 m²,重污染土壤修复面积 3190 m²,现有废石积存量约 17 万吨,重污染土壤约 1595 m³ 需治理(图 10.17、图 10.18)。

　　本项目采用"原位覆土阻隔＋固化/稳定化(含原位及异位)＋安全填埋＋场地生态复绿＋废石综合利用"的总体技术路线(图 10.19)。

（a） （b）

图 10.17　项目施工前现场照片

（a） （b）

图 10.18　项目施工现场照片

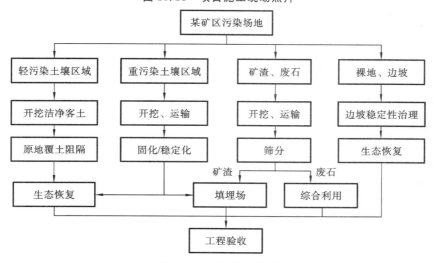

图 10.19　工艺流程图

　　通过对场地内历史遗留环境问题进行综合整治,使该场地的环境质量得到改善。本项目治理根本在于大块废石综合利用,细粒废石进行填埋,裸露地表恢复植被,以达到防止水土流失,防风固沙,涵养水源,调节气候、减少污染,不再污染下游土壤及地下水的目标。本项目场地治理完成后,拟规划为林业用地,场地治理目标为场地内土壤砷总量达到《土壤环境质量建设用地土壤污染风险管控标准(试行)》(GB 36600—2018)第二类用地筛选值,污染土壤通过固化/稳定化处理后土壤中砷浸出浓度低于《污水综合排放标准》(GB 8978—1996)中最高允许排放浓度。

　　修复工程类案例3素材由铁汉环保集团有限公司提供,感谢该单位对本书编写工作提供的帮助!

10.3　修复工程环境监理类

　　项目案例:广州市天河区某污染场地进行土壤修复的环境监理项目。广州市环境保护科学研究院国内率先开展土壤修复技术服务工作,吸收国际国内领先技术和先进理念,在土壤环境管理、环境质量监测、场地调查、风险评估、方案设计、修复工程、施工期环境监理、后期评估、竣工验收等项目中积累不少经验,以广州市天河区某污染场地进行了土壤修复的环境监理项目为案例进行分析。

　　该地块位于广州市天河区,占地面积为 48074 m^2,土壤污染状况调查表明,该场地存在土壤镍污染,敏感用地镍的修复目标值为 150 mg/kg,非敏感用地镍的修复目标值为 200 mg/kg,需修复土壤面积为 10532 m^2,土方量为 5266 m^3,超过修复目标值的最大深度为 2.0 m。场地将规划为二类居住用地、商业金融用地、公共绿地、防护绿地及道路,其中商业及居住用地 B_1B_2/R_2。

　　该场地为重金属镍污染土壤,总体治理工艺路线如下:①根据场地调查报告所标识的污染区域及污染深度,对污染土壤进行彻底清挖,满足场地后续规划用地要求;②清挖过程中产生的施工废水及场地进出车辆的清洗废水统一收集处理达标后回用于场内洒水降尘或排入市政污水管网。清挖出的污染土壤通过陆路运输至珠江水泥厂暂存场地进行暂存及处置,采用水泥窑协同处置修复技术对污染土壤进行处理(图10.20)。

　　在修复工程设计阶段,环境监理单位对施工方案与修复方案相符性、配套环保设施与措施的合理性及环境监管体系和管理计划的完整性进行审核,该项目施工方案与修复方案基本相符。

　　在修复工程施工准备阶段,成立了环境监理项目部,审核施工单位的修复工程设计方案,根据国家和地方有关环境保护法律法规、技术规范和施工方案等,编制了项目环境监理方案,并取得环保主管部门备案文件。

　　本项目施工期主要环境影响是施工扬尘、施工噪声和施工废气对周边环境的影响。通过施工期环境监理对工程施工开展旁站、巡视检查、污染监测、监理例会、问题反馈并持续要求改进,使施工扬尘防治、噪声控制、水环境治理设施等各项环保措施得到落实,将本工程施工对环境的影响降至最低,施工过程没有造成环境污染事件,没有造成水土流失事故,取得了较好的环境效益(图10.21)。项目施工过程中,根据修复工程实施方案、环境监理实施方案等的要求,落实了大气、噪声、固体废物等环保措施,固体废物及时清运,较有效地控制了修复工程实施期间对周边环境的影响(图10.22)。本环境监理实施期间,环境监理单位没有接到对本项

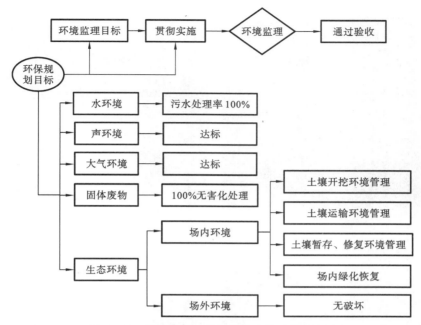

图 10.20 环境监理工作目标及实施过程示意图

（a）

（b）

（c）

（d）

图 10.21 现场旁站、巡视照片

（e）　　　　　　　　　　　　　（f）

续图 10.21

（a）　　　　　　　　　　　　　（b）

（c）　　　　　　　　　　　　　（d）

图 10.22　二次污染防治照片

目实施产生的环境影响的投诉。

　　修复工程环境监理类案例素材由广州市环境保护科学研究院提供，感谢该单位对本书编写工作提供的帮助！

10.4 修复工程效果评估类

10.4.1 优秀案例 1

项目案例：广州市天河区某污染场地进行土壤修复的效果评估项目。

该场地位于广州市天河区，总用地面积为 13088 m²。风险评估报告明确，该场地基于第二类用地类型为石油烃($C_{10}\sim C_{40}$)污染，共一个基坑，需修复土壤面积 294.61 m²，土壤工程量为 412.45 m³，污染深度为小于 1.4 m。

整体修复技术路线如下：污染土壤经清挖筛分破碎预处理后，去除粒径大于 50 mm 粗颗粒，粗颗粒冲洗干净，检测达标后填埋或者资源化利用。小于 50 mm 的细颗粒污染土壤进行化学氧化修复，验收合格后回填至本场地内(图 10.23)。

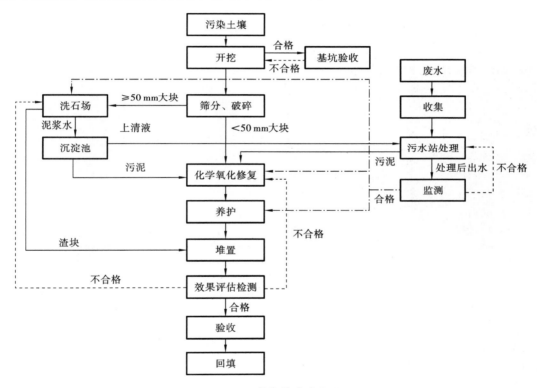

图 10.23 修复技术路线图

效果评估单位于 2020 年 7 月 15 日、2020 年 7 月 29 日及 2020 年 8 月 10 日分别对清挖基坑底、基坑壁、修复后土壤、筛上物、潜在二次污染区域，按照《污染地块风险管控与土壤修复效果评估技术导则(试行)》(HJ 25.5—2018)要求，进行布点采样监测。清挖后坑底分 3 个检测单元，每个检测单元按系统平均分布法采集 9 个土壤样品，混合成 1 个检测单位样品。清挖后基壁分 2 层，每层 5 个检测单元，其中第一层深度为 0～0.2 m，第二层深度为 0.2～1.4m。修复后土壤根据土壤堆体形状，用警戒线划分为 3 部分，随机选 3 个点插旗，拍照。两边部分采集表层样各 1 个，中间部分让施工单位用挖机刨开 1 m 的深度采集 1 个样品。在筛上物堆体中收集并刮出筛上物残余土壤,采样量约为每个 1 kg。本项目筛上物测量方量为 58.6 m³,采集 1 个样品(图 10.24、图 10.25)。

(a)   (b)

图 10.24　基坑底部监测单元采样照片

(a)   (b)

图 10.25　基坑侧壁监测单元采样照片

检测结果表明,场地基坑内、修复后土壤(图 10.26)、筛上物及潜在二次污染区域石油烃($C_{10} \sim C_{40}$)污染因子已达到《土壤环境质量　建设用地土壤污染风险管控标准(试行)》(GB 36600—2018)中规定的第二类用地标准限值要求。

修复项目施工过程中落实并实施了相关的二次污染防治措施,如修复大棚建设、尾气处理设施建设、预处理区防渗混凝土建设、处理区防渗混凝土建设、洗车区/渣块清理区/渣块堆置区防渗混凝土建设、污水处理设施建设等。修复施工过程中环境监理单位按照备案方案环境监测计划要求落实了废气、废水、噪声的环境监测,施工环境监测结果符合相关环境标准要求,施工过程中无事故发生、无投诉,修复工程实施未对周边环境造成不良影响或二次污染。

10.4.2　优秀案例 2

修复工程效果评估类案例 1 素材由广州市环境保护科学研究院提供,感谢该单位对本书编写工作提供的帮助!

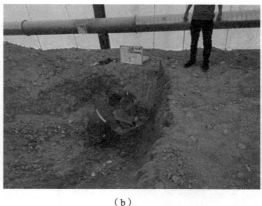

| （a） | （b） |

图 10.26 修复后土壤采样照片

项目案例：广州市白云区某污染场地进行土壤修复的效果评估项目。

该场地位于广州市白云区，总用地面积为 45904.94 m²。用地规划为二类居住用地与代征道路和代征绿化用地等。经备案的场地环境调查风险评估报告确定场地土壤的主要污染物为砷；污染面积为 7209.49 m²，最大污染深度为 8.0 m，污染主要分布六层，总污染土方量为 10495.46 m³。

场地污染土壤砷的治理修复采用原地异位稳定化修复技术，修复合格土壤进行阻隔回填，总体施工流程如下：① 污染土壤开挖：根据场地调查报告所标识的污染区域及污染深度，对污染土壤进行彻底清挖，清挖后对基坑进行自检，直至自检合格。② 污染土壤修复：采用稳定化技术对清挖出的污染土壤进行处理。③ 对修复合格土壤进行阻隔填埋。④ 基坑回填：基坑效果评估合格后，利用开挖产生的干净土壤、放坡及基坑超挖的干净土壤进行基坑回填，恢复至现标高（图 10.27）。

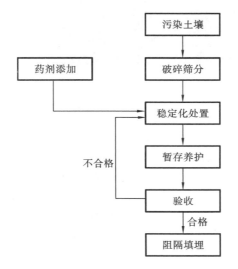

图 10.27 修复技术路线图

修复效果评估对象包括：① 污染土壤清挖与修复范围测量；② 基坑清挖效果；③ 污染土壤异位稳定化修复效果；④ 基坑回填土壤；⑤ 回填区阻隔防渗效果等。基坑侧壁样品采集:根据场地大小和污染的强度,将基坑四周的侧壁等分成段,每段最大长度不应超过 40 m 的要求,依据基坑侧壁周长将基坑侧壁均匀地分成若干个不超过 40 m 的监测段,每个点位在其监测段采集 9 个表层土壤样品制成混合样。基坑底部样品采集:将底部均分成块,按照单位最大面积不超过 400 m²,在每个场地中均匀地采集 9 个表层土壤样品制成混合样(图 10.28、图 10.29)。

(a)   (b)

图 10.28　基坑底部监测单元采样照片

(a)   (b)

图 10.29　基坑侧壁监测单元采样照片

修复效果评估监测结果表明,场地内相关区域范围内的污染土壤,已经全部得到清挖与治理修复,效果评估监测结果均符合相应的修复目标值要求,说明污染土壤的治理修复能有效消除或降低污染物浓度,降低环境风险;相关区域采取有效阻隔防渗措施后,可有效稳定控制土壤重金属污染物的迁移,有效降低场地土壤污染物对人体健康和环境的风险(图 10.30)。

阻隔回填区采取阻隔防渗的工程控制措施,包括四周挂网喷砼支护结构,抗渗钢筋混凝土阻隔层(底板与顶板),回填区内部均铺设 HDPE 土工膜与土工布等阻隔防渗措施。施工记录、工程与环境监理资料显示,阻隔防渗的工程设计指标包括四周挂网喷砼支护结构厚度、抗渗钢筋混凝土阻隔层(底板与顶板)厚度,回填区内部铺设的 HDPE 土工膜和土工布的质量与焊接质量要求等均符合设计要求,通过了土建施工验收,说明回填区所采取阻隔防渗措施已得到落实,采取相应阻隔防渗的工程控制措施后,能有效切断污染途径,重金属污染土壤得到妥

（a）　　　　　　　　　　　　　　　　　（b）

图 10.30　修复后土壤采样照片

善的封闭存放，避免造成二次污染。

　　修复工程效果评估类案例 2 素材由广州市环境保护科学研究院提供，感谢该单位对本书编写工作提供的帮助！

参 考 文 献

[1] 杨再福.污染场地调查评价与修复[M].北京:化学工业出版社,2017.

[2] 崔龙哲,李社锋.污染土壤修复技术与应用[M].北京:化学工业出版社,2016.

[3] 陈梦舫,韩璐,罗飞.污染场地土壤与地下水风险评估方法学[M].北京:科学出版社,2017.

[4] 周启星,宋玉芳.污染土壤修复原理与方法[M].北京:科学出版社,2004.

[5] 环境保护部自然生态保护司.土壤污染与人体健康[M].北京:中国环境科学出版社,2013.

[6] 张乃明.环境土壤学[M].北京:中国农业大学出版社,2013.

[7] 陈怀满.环境土壤学[M].北京:科学出版社,2005.

[8] 贾建丽,于妍,薛南冬.污染场地修复风险评价与控制[M].北京:化学工业出版社,2015.

[9] 龚宇阳.污染场地管理与修复[M].北京:中国环境科学出版社,2012.

[10] 李金惠,谢亨华,刘丽丽.污染场地修复管理与实践[M].北京:中国环境出版社,2014.

[11] 张百灵.中美土壤污染防治立法比较及对我国的启示[J].山东农业大学学报,2001,(1):79-84.

[12] 黄明健.环境法制度论[M].北京:中国环境科学出版社,2004.

[13] 曹志洪,周健民.中国土壤质量[M].北京:科学出版社,2008.

[14] 奚旦立,孙裕生,刘秀英.环境监测[M].3版.北京:高等教育出版社,2007.

[15] 薛南冬,李发生.持久性有机污染物(POPS)污染场地风险控制与环境修复[M].北京:科学出版社,2011.

[16] 姜林,龚宇阳.场地与生产设施环境风险评价及修复验收手册[M].北京:中国环境出版社,2011.

[17] 毕润成.土壤污染物概论[M].北京:科学出版社,2013.

[18] 隋红,李洪,李鑫钢,等.有机污染土壤和地下水修复[M].北京:科学出版社,2013.

[19] 赵景联.环境修复原理与技术[M].北京:化学工业出版社,2006.

[20] 胡文翔,庄红梅,周军.污染场地调查评估与修复治理实践[M].北京:中国环境科学出版社,2012.

[21] 李广贺,李发生,张旭,等.污染场地环境风险评价与修复技术体系[M].北京:中国环境科学出版社,2010.

[22] 赵勇胜.地下水污染场地的控制与修复[M].北京:科学出版社,2015.

[23] 国家环境保护局.环境背景值和环境容量研究[M].北京:科学出版社,1992.

[24] 谷朝君,宋世伟.生态类项目工程环境监理管理模式探讨[M].北京:中国环境科学出版社,2007.

[25] 骆永明,李广贺,李发生,等.中国土壤环境管理支撑技术体系研究[M].北京:科学出版社,2015.

[26] 张从,夏立江.污染土壤生物修复技术[M].北京:中国环境科学出版社,2000.

[27] 张文君,蒋文举,王卫红.区域环境污染源评价预警与信息管理[M].北京:科学出版社,2012.

[28] 中华人民共和国环境保护部.建设用地土壤污染风险管控和修复术语.HJ 682—2019[S].北京:中国环境科学出版社,2019.

[29] 中华人民共和国环境保护部.污染土壤修复工程技术规范 异位热脱附.HJ 1164—2021[S].北京:中国环境科学出版社,2021.

[30] 中华人民共和国环境保护部.污染土壤修复工程技术规范 原位热脱附.HJ 1165—2021[S].北京:中国环境科学出版社,2021.

[31] 中华人民共和国环境保护部.一般工业固体废物贮存和填埋污染控制标准.GB 18599—2020[S].北京:中国环境科学出版社,2020.

[32] 中华人民共和国环境保护部.污染场地术语.HJ 682—2014[S].北京:中国环境科学出版社,2014.

[33] 中华人民共和国环境保护部.场地环境调查技术导则.HJ 25.1—2014[S].北京:中国环境科学出版社,2014.

[34] 中华人民共和国环境保护部.场地环境监测技术导则.HJ 25.2—2014[S].北京:中国环境科学出版社,2014.

[35] 中华人民共和国环境保护部.污染场地风险评估技术导则.HJ 25.3—2014[S].北京:中国环境科学出版社,2014.

[36] 中华人民共和国环境保护部.污染场地土壤修复技术导则.HJ 25.4—2014[S].北京:中国环境科学出版社,2014.